電腦網路
概論與實務 (第七版)

Computer Networks ： Fundamentals & Practices

序言

本次的改版，在內容上新增了許多網路應用的新興議題，增加行動通訊 5G 的發展，區塊鏈（Blockchain）Fintech 帶來的應用與影響，以及 Fintech 的未來發展。作者希望本書能讓初入網路知識領域的讀者們以更輕鬆、更有效率地方式，學習電腦網路世界內豐富的知識，並期待本書在讀者們建置與使用網路時，提供有效且實用的協助。

學術界和產業界長久以來一直存在著一個問題；產業界認為學校訓練出來的學生未能符合產業界的需求，由於筆者待過產業界和學術界，深知其中之差異，所以藉由網際網路實用技術系列書籍，來為學術界與產業界之結合盡一點心力。作者歷經電腦網路大廠（包含 Fluke、Red Hat（Linux）、Microsoft、Novell、Lucent、Intel、3Com、Accton、DLink、Cisco）的洗禮後，對於電腦網路有更深一層的體會與認識，希望藉由本書「電腦網路概論與實務」協助學生們與網路初學者的學習，以達到一般產業界所需的專業標準與實力。本書可以引導初學者快速地入門學習，另外，由於網路實務內容太多，我們編著一系列的網路書籍（例如：TCP/IP 最佳入門實用書），書籍的內容將電腦網路的理論和實務一一加以的印證，期望學員可以提升能力，達到一般電腦網路專業人員的水準。

本書的完成，感謝家人的支持，Cisco（思科）與聚碩科技的幫忙以及眾多朋友的協助，這些朋友是：

◎ 李坤森、林松儒先生的幫忙

◎ 碁峰資訊：蔡彤孟 經理、王建賀先生、江佳慧小姐及相關的同仁

最後還要感謝此書的每一位讀者，由於你們的支持，才有更好的作品出現，編著此書時，雖力求完美但學識及經驗尚有不足，敬請讀者不吝指正。

蕭文龍、徐瑋廷 敬上

macshiau@yahoo.com

導讀

　　從網路概論與實務發行至今，我與許多夥伴們持續地為本書進行更新與修正，我認為我們有職責確保本書的內容保持在最新狀態，讓剛進入網路知識領域的學習者或使用者們，能夠獲取最新且正確的資訊，這正是我們致力於推動第七版發行的最大動力。

　　本次改版我們更新了 4G 行動通訊的最新現況，增加行動通訊 5G 的發展，亦新增許多網路新興的應用介紹，加入區塊鏈（Blockchain）Fintech 帶來的應用與影響，以及 Fintech 的未來發展：例如使用美國蘋果公司的 Apple pay 行動支付服務，也加入了 NFC 最新 Beacon 在物業管理與室內導航的應用介紹、更加入了 AI、VR/AR 等應用介紹，希望本次的改版可以讓讀者們在學習的過程中，瞭解產業界正在發生的「Big thing」，讓讀者們可以保持在網路發展的最新動態、也冀望能讓讀者在所學之中找到樂趣與機會。

　　本書在各章節後亦新增了相關升學考試近幾年的歷屆考題，除了可提供給網路使用者實用的重點彙整與內容複習之外，也提供了網路學習者在面臨往後相關升學考試時，一本可作為電腦網路相關考題的彙整複習工具書，透過章節的介紹與系統性的整理，讓學習者在準備考試時更為事半功倍！

目錄

Part 1　網路基本概念

Chapter 1　網路概述

Chapter 2　訊號與傳輸

Chapter 3　電腦通信介面

Part 2 區域網路技術

Chapter 4 區域網路

Chapter 5 區域網路的元件及連線

Chapter 6　區域網路作業系統

Chapter 7 TCP/IP 通訊協定

Chapter 8　區域網路的安裝

Part 3　無線區域網路／廣域網路／行動通訊

Chapter 9　無線區域網路

Chapter 11　行動通訊

Part 4　網路應用篇

Chapter 12　ADSL 與 Cable Modem

Chapter 13 網路的應用服務

Part 5　網路規劃篇

Chapter 14　網路規劃建議書

Chapter 15　綜合測驗與解答

網路基本概念

CHAPTER

1

網路概述

1-1　網路簡介

1-1-1　歡迎來到網路世界

以"秀才不出門，能知天下事"來形容今日網路所為我們帶來資訊傳播的便利，是再貼切也不過了，如圖 1-1 今日的世界，網路已成為我們生活中的一部份，也改變了不少我們傳統的生活習慣，換句話說，如果今天您還不會上網，收發 e_mail，那就真的是落伍了。

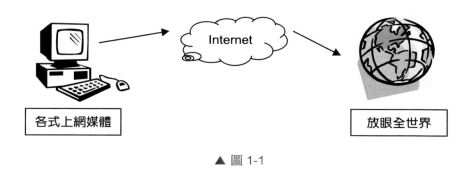

▲ 圖 1-1

網路的觀念，簡單來說，就是"資源共享"。

以圖 1-2 為例，辦公室裡每個人的電腦均連上同一個網路，因此，資料便可在電腦間透過網路線而達到互相傳遞之目的，這也是網路的其中目的之一。

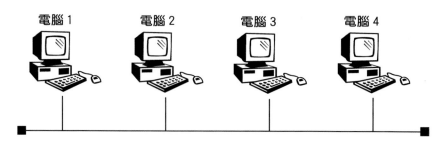

▲ 圖 1-2

由此可知，我們一般所謂的電腦網路，是包含以下各項：

1. **一群電腦**（包含小到個人電腦，大至超大型電腦）

2. **網路介面卡**（為傳送與接收在實體網路線上的資料）

3. **電纜線**（資料所傳送的實際通道）

4. **週邊設備**（如印表機、傳真機及數據機等）

5. **軟體**（包括作業系統以及各種應用軟體）

再由網路作業系統對整個網路作管理及控制，結合上述五項而達成互通訊息、共享資源等目的。

1-1-2　網路作業系統（Network Operating System；NOS）

由上述所言，我們可以了解到網路作業系統非常的重要，因為整個網路都要由它來掌控，若是網路作業系統不穩定，將會造成一定程度的影響，輕則網路運作不正常，重則資料損毀，所造成的損失將難以估計。因此，慎選一個網路作業系統是十分重要的。網路作業系統既然這麼重要，我們該如何選擇網路作業系統呢？我們在此提出網路作業系統必備的基本條件如下：

一　資源共享

在網路發展之初，其最主要的目的就是要能共享資源，而這些資源又以檔案共享和印表機共享最為重要，我們舉例來說明：

檔案共享

在某公司裡，業務甲更改了一位公司客戶的資料，而下次由業務乙再與這位客戶交易時，就可直接讀取存放在網路伺服器內的這位客戶的資料，不必拿隨身碟向業務甲索取資料。

印表機共享

某公司有二十幾台電腦，由二十幾位員工分別使用，一般來說，公司不會為每一台電腦準備一台印表機，特別是昂貴的高階印表機都是大家一起共用的。如果印表機不能共享的話，那麼就需要經常搬移印表機給需要列印的電腦，或是，使用隨身碟將檔案傳來傳去，要是印表機種類繁多，還需要重新設定相關的參數，相當的不便。若是使用網路，將印表機設定成共享，那麼只需購買一台印表機，就能讓網路上所有的使用者共用。

二　穩定性

　　網路作業的環境和一般單機作業差異很大，單機的情況下，萬一機器當機，受影響的只有一台電腦，但一旦網路當機，有可能會影響到伺服器，那後果將會十分嚴重。網路提供了便捷及節省成本的優勢，相對的，對於網路作業系統的穩定性要求，則高出甚多。

三　安全性

　　作業系統的安全性，和使用者的權限是息息相關的，而使用者的權限是由管理者依企業內的需求而設定的。每個使用者除了可擁有自己的區域外，也可以讀取公共區，甚至可以遠端存取他人的資料，因此，網路作業系統所提供的安全防護，顯得十分重要。

四　相容性

　　網路作業系統若只局限於在某一機型或只支援某種協定，那這套作業系統勢必畫地自限，無法在網路市場中佔有一席之地，所以，一個成熟的網路作業系統必定能連結不同的機型，更能支援不同的通信協定。

五　回復能力

　　回復能力是指系統受損時，如遭遇天災（如水災、火災）、人禍（操作不當、蓄意破壞），已儲存的資料是否能救回，或是有備份是否也能回復至原先的樣子，期使傷害降至最低。如果經費許可，尚可考慮一些容錯（**Fault Tolerance**）措施，像是磁碟映存（**Disk Mirroring**）的方式，將資料複製一份在另一個機器上。

六　網路管理簡單化

　　網路管理簡單化是指在操作整套網路作業系統時，學習者可以很快地進入狀況，而不至於需要非常專業的人才可以操作，這樣也才可以普及化、平民化。

七　前瞻性

　　一套成熟的網路作業系統，必須能考慮未來的擴充性和相容性，否則企業在將來擴充時，還得要再花費一次，如此電腦化的代價也太高了。

綜合上述幾項特點的介紹，希望您對網路有一個概略的了解。

1-1-3　微軟主從式架構發展

網路作業系統的功能是為了達成資源共享的目的，而網路作業系統多屬於主從式架構（Client-Server Model），提供服務的一方稱為伺服器端（Server），而對伺服器端發出請求、接收回應的其他電腦即為客戶端。

微軟（Microsoft）熟為人知的產品就是我們經常使用的 -Windows 作業系統，微軟在 1985 推出了 Windows 1.0 版，使用的是 Intel x86 微處理晶片，開始致力於發展標準化的使用者介面作業系統，一直到現在大家所使用的 Windows 7 或是更新在 2012 年 10 月推出的 Windows 8 都是微軟所推出的作業系統。

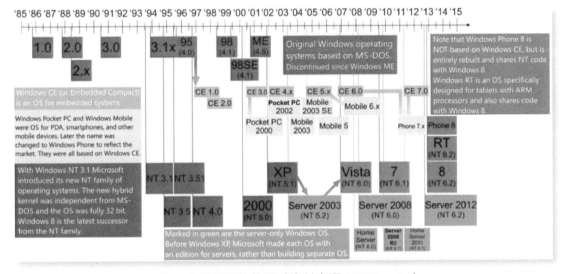

▲ 圖 1-3 微軟家族族譜（資料來源：Wikipadia）

主從式架構中，伺服器端主機因提供服務給多台客戶端主機，所需的硬體需求比一般客戶端的高出許多，在作業系統上也截然不同，在微軟的作業系統家族中，當然也包含了伺服器作業系統，在 1996 年發行的 Windows NT 4.0 為微軟 NT 家族的第四套產品，是一套具伺服器版本的產品，是 Windows Server 2003、2008，甚至 Server 2012 的前身，如圖 1-3 我們可以從 Windows 家族祖譜看見 NT 架構的發展。

主從式架構為兩層式（2-tier）服務模式，若使用者使用 Windows 8 作業系統，而提供服務之伺服器為 Windows Server 2012 作業系統，服務模式便如圖 1-4 所示。

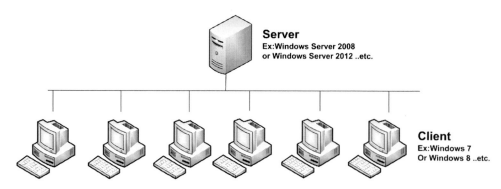

▲ 圖 1-4 主從式架構服務模式

　　另有三層式（3-tiers）的服務架構，如 IBM 的 Websphere，我們稱為中間件或稱做中介軟體（Middleware），用以連接前端應用程式與後端伺服器（如圖 1-5）。

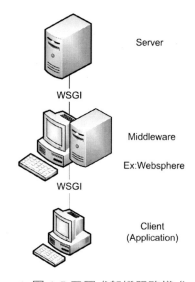

▲ 圖 1-5 三層式架構服務模式

1-2　網路的分類

談到網路的分類，目前一般區分為下列三大類：

🌐 區域網路（Local Area Network；LAN）

🌐 大都會網路（Metropolitan Area Network；MAN）

🌐 廣域網路（Wide Area Network；WAN）

一般是以範圍來作區分，標準如下：

- **區域網路**：在 4 公里以內的網路系統。
- **大都會網路**：在 20 公里以內、4 公里以上範圍內的網路系統。
- **廣域網路**：大於 20 公里以上範圍的網路系統。

　　由於網路設備不斷地進步，相信不久的將來，區域網路會不斷地擴大範圍。

　　不同的網路依距離、區塊最後連結成更大的網路稱為網際網路（Internet），我們在此先介紹 - 區域網路、大都會網路及廣域網路，之後再向各位介紹網際網路（Internet）：

- **企業內網路（Intranet）**
- **校園網路（Campus Area Network;CAN）**
- **骨幹網路（Backbone）**
- **網際網路（Internet）**

　　不同的網路會依照不同的距離與區塊運作。

1-2-1　區域網路（LAN）

一　目的

　　以區域網路的特性而言，我們可以看到它的範圍是較小，主要的目的是將一小範圍內的用戶與週邊設備連結起來，以便作通訊（Communication）、分散式的處理（Distributed Processing），以及分散式資源共享（Distributed Resource）。

　　在實際的區域網路中，至少會有一部稱為伺服器的機器，連接著許多設備，例如：大容量的硬碟、印表機等；操作的習慣並沒有太大的改變，所不同的是，當您要使用時，需要簽入（Login）、輸入使用者名稱（User Name）、密碼（Password）等，才能使用應用程式或是網路上的資源，離開時，則需簽出（Logout）。

二　特色

　　區域網路有下面幾項特點：

1. **高穩定性和擴張性**（不易損壞、容易連接）
2. **低成本**（企業所重視的成本效益問題）

3. 管理簡單、控制容易

4. 範圍不超過 **4** 公里以上

5. 輕易地支援百個以上的終端設備

6. 高效率的使用

7. 適用於不同的傳輸線路及訊號

8. 符合國際標準組織（International Standard Organization；ISO）的開放式系統連結模組（Open System Interconnection Model；OSI）

1-2-2　大都會網路（MAN）

　　大都會網路其應用為適當範圍內區域網路的連接，例如：企業內網路（Intranet）- 同公司裡不同廠房的網域連結，或是校園網路（Campus Area Network）- 不同校區的網路連結；LAN 與 LAN 之間，經由網路交換器（Switch）設備依區段前後適當放置其位置，透過骨幹網路（Backbone）連接，若網域距離超過兩公里範圍則須用光纖鋪設，而多模與單模選擇也是架構成本及網路頻寬所需考量的。但大都會網路的定義來自於距離的條件，在超出範圍的區塊間要做連接，就稱作廣域網路。

1-2-3　廣域網路（WAN）

　　當區域網路的範圍再擴大，例如，公司有台北分公司、台中分公司、台南分公司以及高雄分公司，若要將這四個分公司的電腦彼此以網路線相連，將很難達成，因為，要配置這樣一條長距離的網路線實屬不易，再加上網路線的物理特性，也無法在這麼長的距離下，成功地傳送訊息，因此，在一般區域網路上所用的設備，當距離太長時，就需要更換成為專線。不過，使用專線費用較為昂貴，而且也很難達到一般網路線的速度，因此，如何建置這種形態的網路以及避免這種長距離的情況下網路速度緩慢，都需做整體的考量和規劃，和區域網路的規劃是不同的，這種網路，我們稱之為廣域網路（Wide Area Network；WAN）。當然在台北、台中等這四個地方也都不僅僅只有一台電腦，每個分公司都會有一個區域網路，以專線將四個地方的區域網路相連起來，也稱為廣域網路。

1-2-4　企業內網路（Intranet）

以前許多企業內部資源的管理都使用單機作業，而將 Internet 的概念導入企業後，便成為 Intranet(稱為企業內部網路)，如圖 1-6。

Intranet 的特點如下：

◉ 一般多透過防火牆（Fire wall），以避免外界的侵入。

◉ 如同企業內部的 Internet，所以同樣也採用 TCP/IP 協定。

◉ 透過內部的 WEB 伺服器，在企業內部同樣可以享受如同 Internet 上的多媒體服務。

◉ 資源分享容易，不須透過複雜的轉換與傳遞。

▲ 圖 1-6 Intranet 示意圖

1-2-5　校園網路（CAN）

校園網路的理念跟企業內網路（Intranet）相近，同樣有防火牆的建立、Web 伺服器的設置，校園網路一樣是連接 LAN 與 LAN 之間所形成的網絡，只是範圍限定在校園內，在校園網路裡的終端，與 Internet 進行連結時也如同企業內網路般，會存在較多的限制，例如：限制造訪某些危險網站等的連線限制。校園網路主要提供行政、教育、學術等性質的網路服務，學校的教職員和學生透過校園網路對外的服務註冊，瀏覽許多學術、教育機構網站時，都將享有優惠甚至免費的文件存取、下載使用權等。

1-2-6　骨幹網路（Backbone）

在前面的大都會網路中提到，透過骨幹網路的連接可完成網路間區塊與區塊的連結，甚至是國家與國家的連結，既然稱作網路的骨幹，在線路的長度與鋪蓋範圍自然不像區域網路一般，就家用網路而言，若要連上網際網路，去瀏覽國外網站時，必須透過撥接或是 ADSL 的連線方式，先連上區域性網際網路服務提供者（ISP），再往上游連線至大型 ISP、國家 ISP，透過衛星、電纜、海底電纜的傳輸，與其他國家的骨幹網路連接上，最後透過其他國家的骨幹網路連接至網站伺服器存取網站資料，再循相同的路徑傳回至你家的電腦。

　　骨幹必須負責成千上萬的封包傳輸作業，更講求頻寬的速率，所以在區域或是大型骨幹網路的鋪建會考慮以光纖（Fiber）為介質，稱作光纖分散資料介面（FDDI）的網路標準，但光纖在硬體價格上仍然過於昂貴，替代方案便是透過超高速乙太網路（Gigabit Ethernet），完成網路高速連結的目標（參閱本書的第 10 章）。

1-2-7　Internet（網際網路）

　　飛機的發明，使得全球在交通上有天涯若比鄰的便利，而今日流行的網際網路，更可利用其豐富的圖案、文字、聲音、多媒體來傳達資訊，真可謂四海一家。所謂的 Internet（網際網路），就是透過共通的協定 "TCP/IP" 來通訊的全球性電腦網路，您可以將它想像成一個超大的資料庫，換言之，利用 TCP/IP，那怕是個人電腦，只要連上 Internet 您便隨時可以雲遊四海，取得您想要的豐富資料（當然，這必須是合法的取得，勿當電腦駭客，害人害己）。

　　事實上，網際網路提供了一個全球性的平台，為全球競爭帶來了新的契機。網際網路的發展初期，主要是提供電子郵件、檔案傳輸以及遠端登錄的服務，利用這些服務，使用者可跨越不同的地理空間的限制，讓資訊的普及與流通更加便利。正因為其便利的特性，因此吸引了大量的使用者，而無形中也促使廠商投入更多的人力，致力於開發更多的網際網路服務、拓展更廣的應用範圍。而全球資訊網（World Wide Web；WWW）的出現，更是為全球資訊開啟了歷史的新頁。全球資訊網（WWW），整合了影像、聲音、文字、影片於一身，多采多姿的表現方式，立刻得到使用大眾的青睞。

　　這些提供上網的機構稱為 ISP（Internet Service Provider）網際網路服務提供機構，其提供民眾申請帳號、機關網址等服務。目前台灣地區的幾個網路服務機構，如 HiNET（中華電信）、SEEDNET（數位聯合）、還有學生的最愛 TANET（教育部），它們的用戶或使用者的成長速率驚人，其中 TANET 是提供給一般學校做為學術用，而一般的民眾或公司行號、企業，則可透過 HiNET、SEEDNET 或者其他的 ISP 來上網。

▲ 圖 1-7（ISP：SEEDNET）

▲ 圖 1-8（ISP：HiNET）

二十一世紀是網際網路資訊的年代，正因為如此，行政院國家資訊通信基本建設（National Information Infrastructure，NII）專案小組，將網際網路之普及應用列為重點推動工作，並以三年 300 萬人口上網為目標，為了達成全民上網的理想，政府也制訂了八項重點工作方針：

1. 國家網路工程的建設

2. 網際網路的應用及推廣

3. 提供全民電子化、網路化的政府服務

4. 中小學的網際網路推廣

5. 遠距教學的規劃與建立,以推廣全民終身學習網

6. 推動網路的商業應用

7. 故宮文物的上網服務

8. 相關法規的研討及民間諮詢

1-2-8　我們所生活的網路世界

經過前面章節的介紹,我們從區域網路瞭解到網際網路,但到底它們之間是怎麼連在一起的呢?我們可以透過下圖一窺網路與網路之間的聯結是如何運作的:

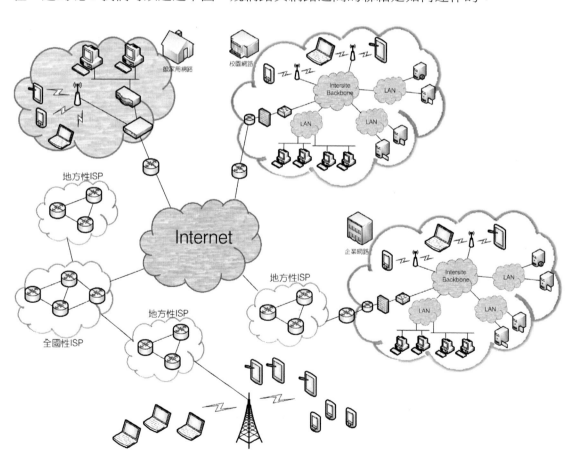

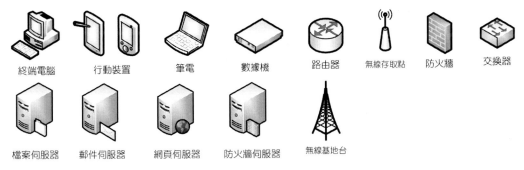

終端電腦　　行動裝置　　筆電　　數據機　　路由器　　無線存取點　防火牆　　交換器

檔案伺服器　郵件伺服器　網頁伺服器　防火牆伺服器　無線基地台

▲ 圖 1-9 我們生活的網路世界

　　本章節將介紹網路世界是如何運行的，網路世界透過不同類型的網絡連接起整個網際網路，使得人們儘管身在家裡，都能從網際網路上取得自己需要的資訊。

1-3 無線通訊新勢力──Wireless 與 Mobile

　　由於現在載具嶄新的發展與網路的便利快捷，今時今日的人們生活效率不可同日而語，搭乘捷運時、等人時，人們現今無時無刻都與網路繫在一起，現在就讓我們透過這一小節為大家簡單介紹一下何謂無線網路與行動通訊吧！

1-3-1　無線網路（Wireless Network）

　　無線網路分作無線個人網路（Wireless Personal Area Network）、無線區域網路（Wireless Local Area Network）與無線都會網路（Wireless Metropolitan Area Network）三種類型，依照涵蓋距離範圍的長短作為區分，IEEE（美國電子電機工程學會）將三種類型無線電波的通信標準分別由：無線個人網路 802.15 小組、無線區域網路 802.11 小組以及無線都會網路的 802.16 小組進行負責；我們在本書後面章節會對 802.11 通訊標準作更為詳細的介紹。

1-3-2　行動通訊（Mobile Communication）

　　行動通訊衍生至今已到了第四代的行動通訊，從第一代（1G，Firt Generation）的類比式行動通訊 NMT（Nordic Mobile Telephone）、AMPS（Advanced Mobile Phone System）由北歐、美國致力出的行動標準，依照基地台的座落，將區域劃分成蜂巢式（Cellular）的結構，使基地台的區域容納量更多，以作接收訊息與發送訊息的中心。

到了第二代行動通訊（2G，Second Generation）的數位式行動通訊，聲音傳輸技術已由類比傳輸晉升為數位傳輸，2G 主要的全球化行動通訊標準為 GSM（Global System Communication），突破第一代行動通訊各個區域 / 國家的通訊標準受限性，由歐洲電信標準協會（ETSI）完成 GSM 的第一版本，在 2G 到 3G 的演進過程中，2G 的技術持續豐富化，包括簡訊服務（SMS）、通用封包無線服務（GPRS），從 2G 演進到 3G 的過程便是順著這些新興技術的豐富，漸漸地升級。

隨著 1G 與 2G 的演進，行動通訊在基礎設施與技術的發展越趨完備，從蜂巢式的結構、SMS、GPRS 等軟硬技術結合，產生了突破第二代行動通訊傳輸速度的 -3G（3rd-Generation），支援高速的蜂窩移動通訊技術，提供通話、即時通訊與電子郵件的服務。

直到了 4G（Fourth Generation）行動通訊，其定義為資料在靜態傳輸速度達 1Gbps 高速移動下傳輸速度達 100Mbps，4G 行動通訊的標準分作 LTE-Advanced（長期演進技術升級版）與 Wireless MAN-Advanced（全球互通微波存取升級版），近幾年智慧型行動裝置發展，背後最大的功臣，就是第四代行動通訊技術（參見本書第 11 章）。

1-4　Internet 的應用

三百六十行，行行可上網，網際網路的應用，無論是吃喝玩樂或是上山下海，真的是多到 "族繁不及備載"，在近幾年裡，我們的生活中因智慧型手機的普及，造就了網際網路中更多方便的應用，下面我們將一些好用的網際網路應用分作 Website 及 App 的種樣貌介紹給大家：

1-4-1　電子郵件

身為同學會的召集人，想到要寄三、四十封通知函給同學，就覺得有些累了，影印、貼郵票、寫信封……，另外郵資也是一筆花費。

是的，若是用傳統的方式，寄信給一堆人，的確是蠻累的，要是一次寄上上百封信，那可得花費不少的精力和金錢。

此時，網際網路為您提供了一項貼心的服務，那就是──E-mail（電子郵件）。

最近的名片上，流行加一列 E-mail 的位址，如 E-mail：macgyver@ms4.hinet.net（macgyver 為帳戶名，ms4.hinet.net 表示使用 HiNET 的郵件伺服器）。E-mail 的原理，事實上和真正的郵局有點像，不同的是，這郵局可以說是建在網路上，是由 ISP 所提供，用戶只要有 ISP 所提供的電子郵件帳號，就可以隨時收發信件，電子郵局是 24 小時、全年無休的（除非 ISP 的電子郵局系統當機了）。

E-mail 和傳統信件有許多的不同，它提供了許多傳統信件所沒有的優點，諸如：

1. **傳遞快速**：使用者只需利用 E-mail 的軟體來編寫信件，完成後，按個傳送鈕，您的信件即以迅雷不及掩耳的速度（當然，傳遞設備及傳輸線路要能配合），飛快地傳給對方。

2. **可一次傳送多人**：寄發 E-mail 的信件，您只要編寫一次，無論是只寄給一人，或是要同時寄給多人，都是一樣的簡單，省時又省力。

3. **節省成本**：想想，若是以傳統方式寄信，光是郵資，就是一筆很大的花費，假若您善用 E-mail 的功能，馬上就能替您省下一筆可觀的費用。例如，一家業務量很大的公司，其每個月國際電話費有時可能超過數十萬元，但若用 E-mail 的方式來連絡，可能只須數千元用來支付撥接或專線費用即可，這樣，您覺得 E-mail 值得用嗎？相信答案是肯定的。

4. **天涯若比鄰**：您不必擔心，信要寄到很遠的地方，時效如何？那怕是非洲，只要對方有 E-mail address，您的信就能迅速寄到。

5. **保密安全性**：使用 E-mail，還有一個好處是傳統信件所比不上的，那就是保密性，藉由多種加密技巧，可增加對電子信件的保護，這樣信件的安全性就提高許多了。

    例如：微軟的 Microsoft Outlook Express，如圖 1-10。

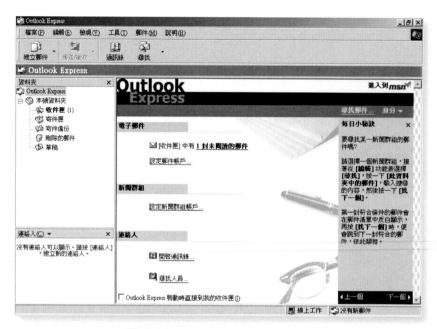

▲ 圖 1-10 Microsoft Outlook Express

　　只要您有取得 ISP 所提供的撥接
或專線服務，安裝此軟體後，您即可
擁有自己的電子郵件信箱，不錯吧！

▲ 圖 1- 11 電子郵件：Gmail 手機 App 登入畫面

1-4-2　網路通訊

　　基於網際網路的拓展、網路的基礎設施越趨快速，人與人之間的通訊不再只有付費
的 GSM 一途，更多了電腦上的網路電話如 Skype 及手機上的通訊軟體如 Line 等應用。

▲ 圖 1-12 網路通訊：Skype 登入畫面　　　　▲ 圖 1-13 網路通訊：Line 手機 App 登入畫面

1-4-3　網路銀行

　　許多公司行號，可能都有跑三點半的經驗，沒錯，這是台灣傳統銀行的不便處之一。假如，銀行能像 7-11 一樣 24 小時、全年無休，該有多好。為了滿足用戶的需求，網路的電子銀行便產生了。

　　全世界第一家網路電子銀行已經開張了，名叫 SFNB（Security First Network Bank）安全第一網路銀行，如圖 1-14。

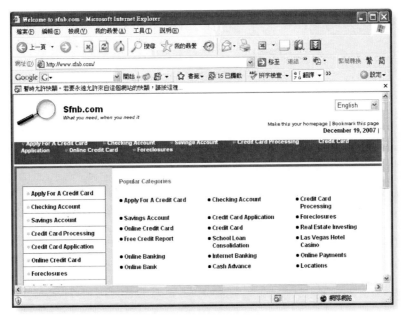

▲ 圖 1-14 SFNB

我們可以看到，畫面上有圖畫的指示，像服務台、客戶服務中心、利率行情表、示範、甚至還有警察呢（安全保密說明），和真正的銀行很像吧！其網址如下，您可去參觀一下：http：//www.sfnb.com。

或許，您會擔心其安全及保密性不夠，這點，您可以放心，這家電子銀行可是有加入美國聯邦保險的，安全性和保密性絕對無虞，否則保險公司不會願意讓其投保的。

目前在 SFNB 上所使用的貨幣，仍是一般傳統的貨幣，而到底它是如何運作的呢？

其運作步驟如下：

1.　先連結到 SFNB 的網站，填寫開戶申請表。

2..　SFNB 收到此開戶申請表，經審核後，便會為此新用戶開立一個新的存款戶頭。

3.　接著，SFNB 會寄給新用戶一份客戶資料袋，裡面包括了開戶須知、帳戶號碼以及客戶在 SFNB 的密碼。

此時，用戶可利用其他銀行的戶頭轉帳將錢轉入 SFNB 的帳戶中，然後，您就可享受網路電子銀行的便利來進行如轉帳、代付帳款、匯款，還可以開電子支票呢！隨著網路應用的擴展，相信在不久的未來，網路電子銀行的普及是必然的趨勢。

看過了外國的網路電子銀行，我們也去逛逛目前國內的網路銀行吧！當然囉！現在手機上面也有銀行的 App，可供使用者更方便地使用。

▲ 圖 1-15 網路銀行：合作金庫

▲ 圖 1-16 網路銀行：合作金庫手機 App

1-4-4　金融科技（Fintech）

　　金融科技（Finacial Technology, Fintech）是一種企業提供金融服務新科技模式，近年來廣泛地在世界各地出現新興金融科技服務，例如 Paypal、支付寶、LendingClub 等都是 Fintech 的應用，如圖 1-17。Fintech 有別於透過銀行提供服務或交易處理，採用區塊鏈等公開驗證的技術，確保服務提供跟交易的過程的安全、不易捏造性，讓使用者或消費者可以透過簡易的流程完成金融服務。其實追根究柢，自動櫃員機（Automated Teller Machine, ATM）、網路銀行等都是 Fintech，關鍵的突破性是在於電子商務的活絡，且在 2009 年時比特幣的這種點對點（Peer to Peer, P2P）開放性模式的區塊鏈技術發跡，近年來迅速地被企業改良、應用在各種諸如支付、借貸、保險、個人財務管理等的金融服務上，關於其他更多更詳盡的金融服務內容，我們將在後續的章節為您作介紹。

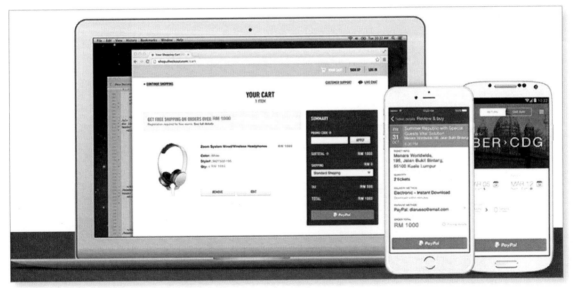

▲ 圖 1-17 Fintech:Paypal 支付平台應用

圖片來源：www.paypal.com

1-4-5　大眾運輸路線查詢

　　想出門訪友，不知該怎麼搭公車、捷運，別擔心，上網查一下、手機滑一下就知道囉！

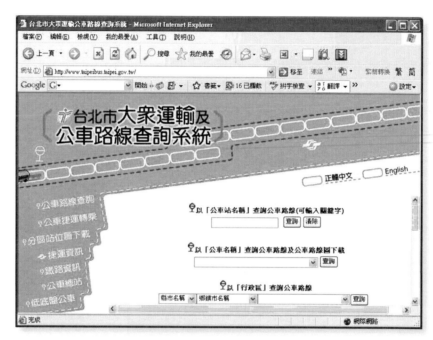

▲ 圖 1-18 大眾運輸路線查詢

▲ 圖 1-19 台北捷運手機 App

1-4-6　檔案傳輸／雲端硬碟

　　檔案、文件、影片好多東西都想隨身帶著走，身上卻又沒帶 USB 該怎麼辦呢？沒關係通通放到雲端去！

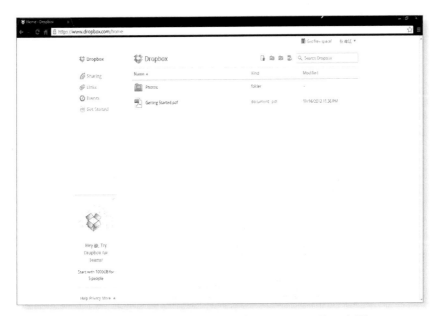

▲ 圖 1-20 檔案傳輸 / 雲端硬碟：DropBox 登入畫面

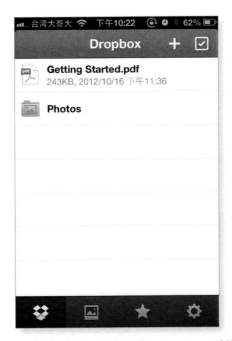

▲ 圖 1-21 檔案傳輸 / 雲端硬碟：DropBox 手機 App

1-4-7　地圖導航

不管是開車、搭大眾運輸還是你要走路，地圖導航如 Google Map 都是你在迷路中最好的幫手！

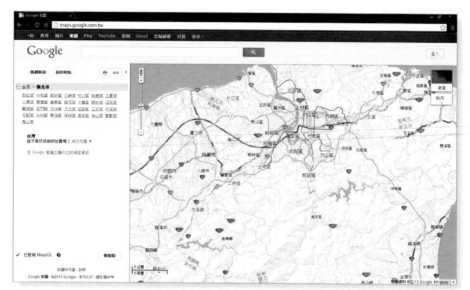

▲ 圖 1-22 地圖導航：Google Map

▲ 圖 1-23 地圖導航：Google Map 手機 App

1-4-8 網路訂票

不想再去徹夜排隊，只為了訂返鄉的車票嗎？沒問題，上網滑鼠點幾下、手機按幾下就 OK 了。

▲ 圖 1-24 網路訂票：台鐵訂票網站

▲ 圖 1-25 網路訂票：台鐵訂票手機 App

1-4-9　網路掛號

醫院所提供的網路及 App 掛號服務，讓病患看病掛號更方便～！

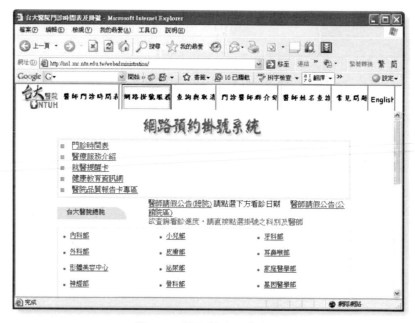

▲ 圖 1-26 網路掛號：臺大醫院

▲ 圖 1-27 網路掛號：掛號通 手機 App

1-4-10 社群網路

社群網路近年來的快速普及，大家每天一打開電腦，第一件事情不是趕緊工作，而是先看看朋友們都分享了哪些狀態～！

▲ 圖 1-28 社群網路：Facebook 登入畫面

▲ 圖 1-29 社群網路：Facebook 手機 App

1-4-11　媒體分享

聽音樂、找時事，或是有趣的影片想跟網路上的人一同分享，通通沒問題！

▲ 圖 1-30 媒體分享：Youtube

▲ 圖 1-31 媒體分享：Youtube 手機 App

1-4-12　行動支付

　　行動支付是透過與銀行合作或是利用儲值等方式，利用行動裝置進行支付的一項應用。在世界各地已發展出知名的應用，由於行動支付技術可以讓消費者不用攜帶現金或信用卡即能結帳，甚至還能進一步自動記錄消費、累積優惠回饋、管理消費支出等多種優點，所以廣泛地受消費者的使用支持，例如中國阿里巴巴公司的「支付寶」、騰訊公司的「微信支付」、美國蘋果公司的「Apple Pay」、台灣 PC home 的「Pi 行動錢包」等都是行動支付的成功應用實例。

▲ 圖 1-32 台北市政府路邊停車費智慧繳費服務
圖片來源：台北市政府公開新聞稿（http://www.gov.taipei）

1-4-13　虛擬實境 / 擴增實境

　　虛擬實境（Virtual Reality, VR）與擴增實境（Augmented Reality, AR）都是透過裝置模擬影像並能讓人與之互動的技術。但是在應用面，則還是得透過 Internet 的連接才能有更完備的體驗，例如：透過 VR 眼鏡連結網路，讓使用者可以不用搭飛機出國，就有置身國外的感受，VR 技術的應用在遊戲娛樂、教育學習、醫療輔助等多有成熟的應用。擴增實境則是透過投影技術，利用演算法透過光學投影系統將擴增物件投射於指定座標顯現，使用者則可透過裝置連結 Internet 與之互動，同樣的，擴增實境在許多領域產業也有相關的應用，例如：遊戲發展出透過擴增實境讓遊戲裡的角色模擬出現在真實的世界當中，讓玩家可以在現實當中直接與遊戲裡的角色互動，另外，也已經應用在遠端會議，讓正在與你講話的人出現在你面前，或是透過擴增實境的運用在導覽等應用上面呢！

▲ 圖 1-33 台北市政府 VR 城市文化導覽

圖片來源：台北市政府資訊局（www.gov.taipei）

Q&A 測試

1. 何謂網路？

2. 網路有哪幾大類？

3. 區域網路的目的是什麼？

4. 我們在家中使用數據機（Modem）連上 Internet，這是屬於區域網路還是廣域網路？

5. 請概述何謂 Intranet。

6. 請列舉三種在網際網路上的應用。

◎ 參考解答 ◎

1. 網路是由一群電腦、網路介面卡、電纜線、週邊設備、網路作業系統和各種應用軟體所組成，以達到互通訊息、共享資源的目的。

2. 廣域網路、大都會網路和區域網路。

3. 一個小範圍內的用戶和週邊設備連結起來，以便做通信、分散式的處理和分散式的資源共享。

4. 廣域網路。

5. Intranet（稱為企業內部網路），透過內部的 WEB 伺服器，在企業內部提供如同在 Internet 上的多媒體服務。

6. 遠距教學、電子購物、電子銀行。

CHAPTER

訊號與傳輸

2-1　簡介

訊號在資料的傳輸占了很重要的地位,一般而言,我們可以將其分為二類,即數位訊號與類比訊號,週期與非週期訊號。

不同類別的訊號,依其特性,在傳輸上有不同的方式,可以分為下列三類:

1. 單工、半雙工與全雙工
2. 串列、並列式
3. 同步、非同步

無論是類比訊號或數位訊號,在傳輸時,為了達成一些目的,例如:提高傳輸速率、長距離傳送……等,因而有了調變與編碼技術的產生。

在通訊時,減少雜訊的干擾,是很重要的課題,因此,一般我們不直接把訊號傳送出去,而是依此訊號再加上一些處理(如:混合載波),再傳送出去,此種方式為將原始訊號處理後,使其適合傳輸媒體的傳輸,稱為 "調變"。

而所謂載波,一般為訊號產生器所產生的高頻正弦波,調變技術則是改變載波的振幅、頻率、相位等。

編碼,則是將類比或數位資料,經特定方式轉換成數位式訊號,以便數位通訊用,而在接收端,則經由解碼的程序,將數位訊號再轉換成原來的資料型式。

總之,藉由編碼技術,類比式或數位資料,皆可轉換成數位訊號來傳送。

2-2　訊號的種類

2-2-1　類比與數位訊號

訊號若是依其數值大小變化的連續性與非連續性,可分為**類比**(Analog)與**數位**(Digital)。

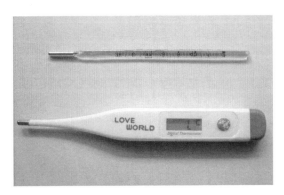

▲ 圖 2-1 類比式溫度計（上），數位式溫度計（下）

▲ 圖 2-2 類比式電流表（左）；數位式電流表（右）

一 類比訊號（Analog）

所謂的類比訊號，一般是指電壓（或電流）與時間之間的關係。在此我們以將聲音轉換成電氣類比訊號為例來說明，如圖 2-3。

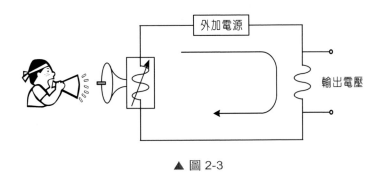

▲ 圖 2-3

在圖 2-3 中，我們可以看到當對著麥克風說話時，隨著聲波振幅大小的變化，會對麥克風內的傳導介質產生影響，也就是說，可能改變了其電阻值大小，因此對整個傳輸

迴路而言,其迴路電流的大小就會隨著時間而變化,換言之,輸出電壓的大小同樣地也會隨著時間而變化。

而電壓大小對時間的關係圖,如圖 2-4,我們稱其為類比訊號。

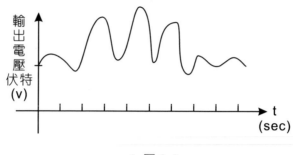

▲ 圖 2-4

類比訊號的波形,通常我們以正弦波為例,如圖 2-5。

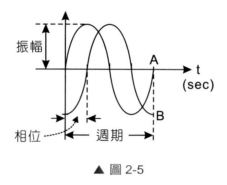

▲ 圖 2-5

其包括了以下三個部份用來表達此波形:

振幅(Amplitude)

用來表示訊號波形的大小變化。

頻率(Frequency)

用來表示每秒波形重複的次數,單位為 Hz(週/秒),其剛好為週期(秒/週,每個波形所占的時間)的倒數。人類所能接收到的聲音頻率範圍為 300Hz 至 3400Hz 之間。

相位(Phase)

用來表示波形在單一週期內的時間位置,在圖 2-5 中,A、B 相位差為 90 度。

此外，還有幾個相關的名詞如下：

頻寬

在訊號傳輸上所謂的頻寬有二種意思，一種是指傳輸的訊號其在傳輸的過程中，最高頻率和最低頻率的差值，例如，某種傳輸媒體其傳輸訊號的頻率可接受範圍在100Hz ～ 5000Hz，則其頻寬為 5000-100 ＝ 4900(Hz)。

一種是指傳輸媒體所能提供的傳輸速率，例如 Cable Modem 稱所提供的頻寬為2M/256K，是指其資料下載速率 2Mbps，上傳速率 256kbps（bps: bit per second，每秒傳輸的位元數）。

頻譜

電磁波是以某一固定速度在某種通道中傳輸，其頻率與波長是成反比的關係。整個頻率的範圍即稱為電磁波的頻譜。而頻譜又可依不同的功能而分成數個頻帶。

表 2-1 為頻率範圍與頻譜名稱的對照表。

◎ 表 **2-1** 頻率範圍與頻譜名稱的對照表

頻率範圍	頻譜名稱
3～30GHz	SHF（Super High Frequency）超高頻
300～3000MHz	UHF（Ultra High Frequency）特高頻
30～300MHz	VHF（Very High Frequency）極高頻
3～30MHz	HF（High Frequency）高頻
300～3000KHz	MF（Medium Frequency）中頻
30～300KHz	LF（Low Frequency）低頻
10～30KHz	VLF（Very Low Frequency）極低頻
3～10KHz	ELF（Extremely Low Frequency）特低頻

註 $K = 10^3$，$M = 10^6$，$G = 10^9$

頻譜與傳輸媒體及應用領域之對照圖，如圖 2-6。

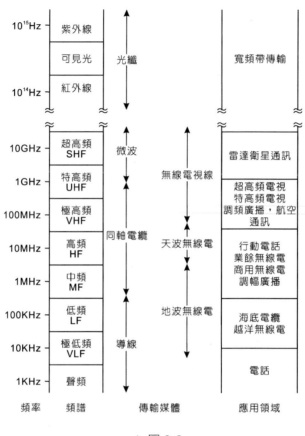

頻率	頻譜	傳輸媒體	應用領域
10^{15}Hz	紫外線		
	可見光	光纖	寬頻帶傳輸
10^{14}Hz	紅外線		
10GHz	超高頻 SHF	微波	雷達衛星通訊
1GHz	特高頻 UHF		超高頻電視 特高頻電視 調頻廣播，航空 通訊
100MHz	極高頻 VHF	無線電視線	
10MHz	高頻 HF	同軸電纜 天波無線電	行動電話 業餘無線電 商用無線電 調幅廣播
1MHz	中頻 MF		
100KHz	低頻 LF	地波無線電	海底電纜 越洋無線電
10KHz	極低頻 VLF	導線	
1KHz	聲頻		電話

▲ 圖 2-6

類比訊號的特性如下：

1. 訊號是連續性的變化

2. 其振幅的大小可為任意值

一般常見的類比訊號，如車速、溫度、聲音……等。

二 數位訊號（Digital）

數位訊號是由一連串的脈波所組成，這些脈波稱為 "位元"，也就是以 "0"、"1" 兩個值來傳送，其分別代表不同的電壓值。目前大部份的電話網路多用類比訊號來傳輸，而電腦和其週邊設備則是用數位訊號傳輸。

圖 2-7 為三種基本的數位訊號類型。

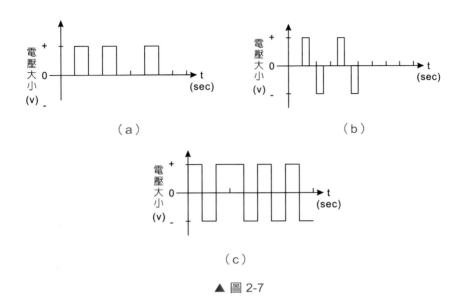

（a）

（b）

（c）

▲ 圖 2-7

　圖 2-7（a）為單極性訊號：其圖形大小變化，只有單極性的變化，其將 "1" 設為正電壓，"0" 設為零電壓，即表示，若電壓 5 伏特，則表示成 "1"，若電壓 0 伏特，則表示成 "0"。

　圖 2-7（b）為雙極性訊號：其圖形大小變化會出現在＋、－兩個極性區中，其以 "1" 表示正電壓，"0" 表示負電壓，而當在正電壓和負電壓轉換期間（正→負，負→正），訊號會以 0 表示並持續一段時間，直到轉換完成。

　圖 2-7（c）為雙極性非歸零訊號，它和雙極性訊號不同的是，其在正電壓和負電壓轉換期間，訊號不會在 0 電壓處停留，而是直接依正電壓 "1" 和負電壓 "0" 來表示。

　在數位訊號的處理上，有一些常用的詞彙，說明如下：

位元（bit）

為二進位數值，其數值為 "0" 或 "1"。

位元速率（Bits per second；bps）

即每秒可傳送的二進位位元數目。

鮑德率（Baud rate）

即每秒可傳送多少個獨立的訊號單元，訊號單元可能是由 2 個或 3 個以上 bit 所組成，若已知其訊號單元 = 1 bit，則此時 Baud rate = bps。

頻率（band width）

對於數位訊號而言，頻寬表示傳輸的最高位元速率，例如，某傳輸媒體可以最高 9600bps 的速率傳輸，則其頻寬為 9600bps。

2-2-2 週期訊號與非週期訊號

若將訊號看成是時間的函數，可分成二種型式，訊號沒有中斷或具連續性，稱為連續訊號，以 f(t) 表示，另一種是訊號只在固定數值中變化，則稱為離散訊號，以 f(n) 表示。

而所謂的週期性訊號，簡單來說，是指訊號在相同的時間間隔後，會重複前一次的波形。

以數學式來表示的話，週期性訊號必須滿足下列的條件：

連續週期訊號

f(t + rT) = f(t)　　　　　r 為整數，T > 0

離散週期訊號

f(n + rN) = f(n)　　　　　r、N 為整數

圖 2-8（a）、（b）為週期性訊號的範例。

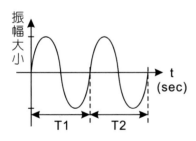

（a）週期性正弦波（T1 = T2）

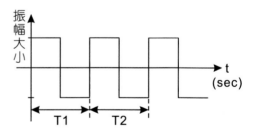

（b）週期性方波（T1 = T2）

▲ 圖 2-8

2-3 資料傳輸的方式

2-3-1 串列式與並列式

依照傳輸線數目的多寡、通訊裝置距離的遠近，我們可將資料傳送的方式，概分成二種：

一 串列通訊（serial communication）

當通訊距離在 100 呎以上，多採用串列通訊，常用的串列通訊協定（protocol），如：RS232C。

串列通訊在傳送資料時，是依序一次送出或接收一個位元，在此以電腦和 Modem 之間的通訊為例，如圖 2-9。

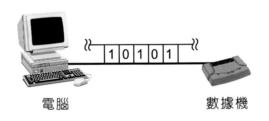

電腦　　　　　　　　　　　　數據機

▲ 圖 2-9

其優、缺點如下：

🌐 **優點**

(1) 架設方便，容易維護。

(2) 線路成本較低。

🌐 **缺點**

傳輸速率較慢。

 並列通訊（parallel communication）

當通訊距離在 100 呎以內，多採用並列通訊，常見的並列通訊協定，如：IEEE488。

在並列通訊中，資料是在同一時間內，由多條資料線傳送與接收，在此以圖 2-10 為例。

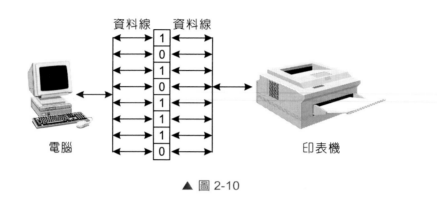

▲ 圖 2-10

在圖 2-10 中，即是一次送出 8bit 資料，與接收 8bit 資料。

並列通訊常應用於電腦和週邊設備之間的資料傳輸，其優、缺點如下：

🌐 **優點**

傳輸速率快。

🌐 **缺點**

(1) 線路成本高。

(2) 維修不易。

(3) 易受干擾。

總之，串列通訊適用於長距離、低速率的通信；而並列通訊適用於短距離、高速率的通訊。

2-3-2　單工、半雙工與全雙工

在串列通訊中，依資料流程的方向，又可分成單工、半雙工以及全雙工等三種模式。

一 單工（Simplex）

如圖 2-11。

▲ 圖 2-11

在單工的模式下，資料傳輸的流向，僅允許單方向傳輸，在日常生活中的應用實例，如：收音機、電視，其只可單方向接受訊息。

▲ 圖 2-12　單工範例——收音機

二 半雙工（Half-Duplex；HDX）

如圖 2-13。

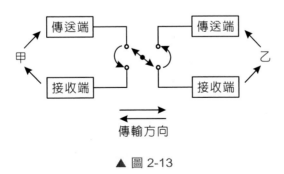

▲ 圖 2-13

在半雙工的模式之下，資料傳輸的流向允許做雙向的傳輸，但在同一時間，只有單一方向的資料可傳輸，也就是說，半雙工無法在同一時間，做雙向的資料傳輸。

在日常生活中的應用實例，如：對講機，其可雙方通話，但一次只能單方面送出訊息。

▲ 圖 2-14 半雙工範例──對講機

 全雙工（Full-Duplex；FDX）

如圖 2-15。

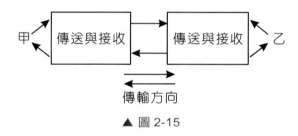

▲ 圖 2-15

和單工以及半雙工模式最主要的差別在於，全雙工模式可提供雙向同時的資料傳輸，此種方式傳輸效率最高。

在日常生活上的應用實例，如：電話，其雙方可同時進行通訊。

▲ 圖 2-16 全雙工範例──電話

2-3-3 同步與非同步

⬡ 一 非同步傳輸（Asynchronous）

非同步傳輸，在傳輸時，是一次傳送一個字元，因此又稱字元導向傳輸。如圖 2-17。

▲ 圖 2-17

在傳輸前，必須先傳送一個起始位元（start bit），再傳資料（5bit 為鮑多碼，6bit 為標準 BCD 碼，7bit 為 ASC II 碼，8bit 為 EBCDIC 碼），最後再傳送同位元（分成奇同位與偶同位）與停止位元（占 1、1.5 或 2bit），故又稱為起止式傳輸。

在此，我們以傳送 ASC II 碼中的 "A" 為例。

在 ASC II 碼中，"A" ＝ 41(H)＝ 1000001(b)，其若以非同步傳輸，我們設定為偶同位，停止位元為 1bit，則其傳送的格式，如圖 2-18。

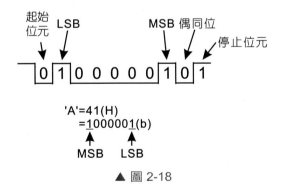

▲ 圖 2-18

由圖 2-18 中，可以看出，傳送了 10 個位元，但其中只有 8 個位元是真正用來定義所要表達的資料，所以其傳送效率為 80％。

二 同步傳輸（Synchronous）

在同步傳輸模式下，資料的傳送是以一個資料區塊為單位，因此同步傳輸又稱區塊傳輸。在傳送資料時，須先送出 2 個同步字元，然後再送出整批的資料，如圖 2-19。

1byte	1byte		1byte	1byte
sync	sync	data block	BCC	EOB

sync：同步字元
data block：資料區塊
BCC：區塊檢查字元
EOB：區塊結束碼

▲ 圖 2-19

與非同步傳輸比較起來，同步傳輸的效率較高，因為其資料的傳輸是整批的，比起非同步傳輸一次一個字元，當然效率比較高了。

三 多工技術

在通信系統中，常可看到多工器（Multiplexer；MUX）及解多工器（Demultiplexer；DeMUX），其為構成多工技術的主要元件。

多工技術的主要目的在於將多個低速的傳輸電路，經一高速的傳輸通道，再連接至其他的設備，如此，可提高整體的傳輸效率，如圖 2-20。

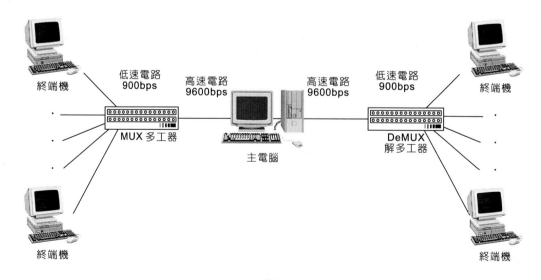

▲ 圖 2-20

一般而言，多工器處理訊號的方式，可概分為下列三種：

分時多工（Time Division Multiplexing；TDM）、分頻多工（Frequency Division Multiplexing；FDM）、統計分時多工（Statistic Time Divison Multiplexing；STDM）。

分時多工（TDM）

分時多工常用於數位訊號的傳送，其運作方式是在取樣的週期中，由每個連到 TDM 的電路各取樣一次，然後依序收入時槽（Time Slot）中，再傳送，如圖 2-21。

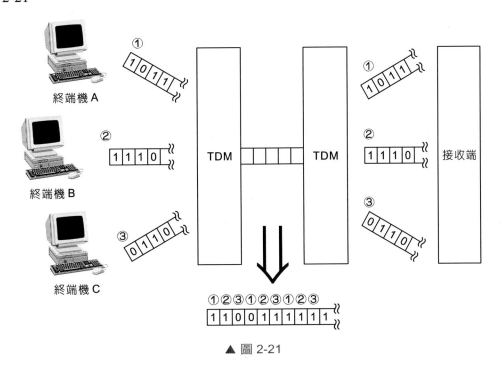

▲ 圖 2-21

其在高速通道中的傳輸速度為各傳輸設備傳輸速度的總和，在圖 2-21 中，其高速通道的傳輸速度 ＝（2400＋3600＋2400）＝ 8400（bps）。

事實上，分時多工和換向器的操作方式十分類似，如圖 2-22。

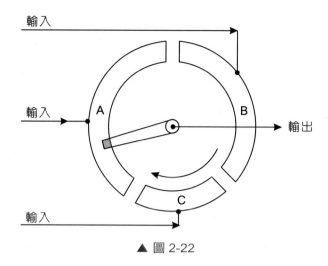

▲ 圖 2-22

圖 2-23 為分時多工器與電腦連接示意圖。

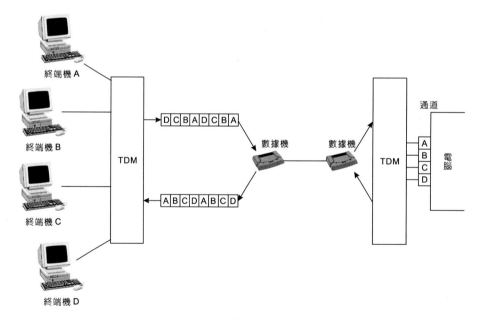

▲ 圖 2-23

◎ 分頻多工（FDM）

分頻多工常用於類比訊號的傳輸，如收音機、電視機；其工作原理，是利用不同的載波頻率來傳送不同的輸入訊號。

分頻多工將每一訊息經調變（Modulation）變成不同的載波頻率，各個訊號有自己的頻寬，為了避免訊號間彼此的干擾，因此各載波之間有適當的頻率間距，如此一來，各載波之間便不會有訊號互相重疊而干擾的現象產生。

此處，我們以電話機傳送語音類比訊號為例來說明分頻多工，如圖 2-24。

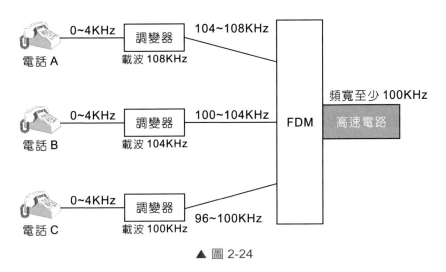

▲ 圖 2-24

在圖 2-24 中，每個電話的頻率為 0 ～ 4KHz，第一個電話以 108KHz 為載波，第二個以 104KHz 為載波，第三個以 100KHz 為載波。

經過 FDM 的處理後，可將不同的調變訊號移到不同的頻帶上，使其不會互相干擾，如圖 2-25。

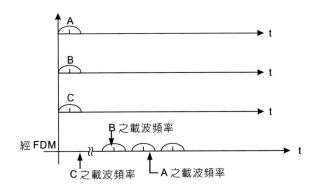

 每一載波頻率間格須大於該訊號頻寬至少4KHz，以免干擾發生。

▲ 圖 2-25

處理後的訊號，以高速通道傳送，最後經解調──濾波……等程序後，即可還原成原來的訊號，其程序如圖 2-26。

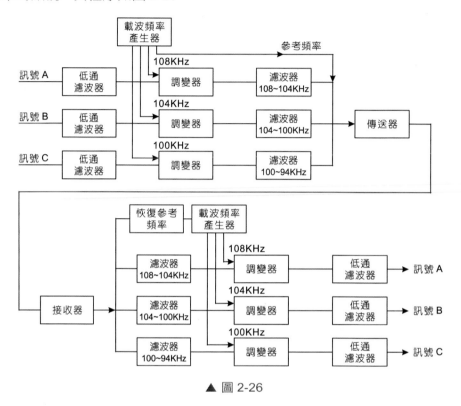

▲ 圖 2-26

為簡化起見，圖 2-26 採單方向傳輸來說明。

訊號利用低通濾波器來去除高頻成份，再和不同的載波合成，再經過調變器、濾波器、傳送器、接收器、濾波器、解調器、低通濾波器等程序，即可得到訊號。

在此例中，只需一條高速傳輸通道，即可同時傳送 3 個不同的電話訊號。圖 2-27 為分頻多工器與電腦連接示意圖。

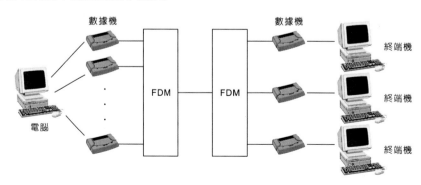

▲ 圖 2-27

🌐 **統計分時多工（STDM）**

如圖 2-28。

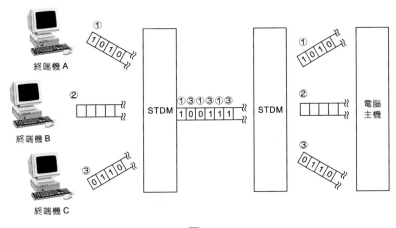

▲ 圖 2-28

統計分時多工，是一種比分時多工更有效率的多工方式，其傳輸的訊號種類為數位訊號。

前面所提到的分時多工（**TDM**），對於每一個輸入端均會分到一個時槽，但若某一輸入端，其閒置時間（即無資料傳輸）很長，則分配給此輸入端的時槽，不但浪費了空間，更浪費了時間；反觀 **STDM**，則是只對有資料要傳送的輸入端分配時槽，因此可節省空間及時間，所以其使用效率比 **TDM** 更高。**TDM** 與 **STDM** 的比較如圖 2-29。

TDM：各輸入端，無論資料有無，皆占一時槽，因此會有閒置的空時槽。

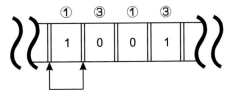

STDM：有資料的輸入端才分配時槽，因此沒有空時槽。

▲ 圖 2-29

2-4　訊號的調變

調變技術，主要是用來將類比或數位資料轉換成類比訊號。各種調變方式，如表 2-2。

◎ 表 2-2

Analog Data 類比資料	➡	Analog Signal 類比訊號	調幅（AM）
			調頻（FM）
			調相（PM）
Digital Data 數位資料	➡	Analog Signal 類比訊號	振幅移轉鍵式調變（ASK）
			頻率移轉鍵式調變（FSK）
			相位移轉鍵式調變（PSK）

2-4-1　類比資料→類比訊號

要將類比資料轉換成類比訊號傳送，主要是要使其能作長距離傳送。一般常用的調變訊號技術包含三種：

- 振幅調變（**Amplitude Modulation；AM**）
- 頻率調變（**Frequency Modulation；FM**）
- 相位調變（**Phase Modulation；PM**）

如圖 2-30。

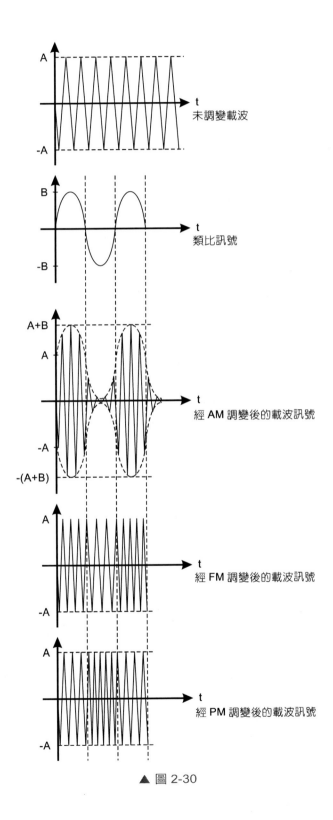

未調變載波

類比訊號

經 AM 調變後的載波訊號

經 FM 調變後的載波訊號

經 PM 調變後的載波訊號

▲ 圖 2-30

一 振幅調變（AM）

調幅（AM）是最早使用的調變技術，其中載波的頻率是固定的，但是，其振幅會隨著輸入的類比訊號大小幅度改變而改變。

二 頻率調變（FM）

頻率調變技術的主要目的，在於使高頻的載波訊號隨著輸入的類比訊號的頻率改變而改變。

其中，載波的振幅是固定的，而載波頻率是隨時在變化的。當接收端收到 FM 訊號後，經由 FM 解調器將訊號還原成原本的類比訊號。

由於調頻（FM）被調變後的訊號其振幅是定值，所以其雜訊免疫的能力比調幅（AM）為佳，這也就是為什麼我們聽廣播時，FM 會比 AM 清楚的原因。

三 相位調變（PM）

此種調變方式，主要是利用調變訊號的振幅來改變波的相位移。

目前在實用上，低速的傳輸多用振幅調變（AM），300、600、1200bps 多採頻率調變（FM），而其他更高速的傳輸，則用相位調變（PM）。

AM、FM、PM 的主要特性比較如表 2-3。

◎ 表 2-3

調變方式	AM	FM	PM
所需頻寬	小	寬	寬
頻譜複雜性	簡單	複雜	複雜
功率效率	差	良好	良好
調變／解調處理	簡單	難	適度
抗雜訊力	弱	強	強

2-4-2 數位資料→類比訊號

要將數位資料轉換成類比訊號，一般是利用下列三種技術：

- 振幅移轉鍵式調變（Amplitude Shift-keying；ASK）
- 頻率移轉鍵式調變（Frequency Shift-keying；FSK）
- 相位移轉鍵式調變（Phase Shift-keying；PSK）

一 振幅移轉鍵式調變（ASK）

此種方式是以載波的振幅大小來表示二進位的值（"1" 或 "0"），例如以 "0" 表示沒有輸出，"1" 則以固定振幅的載波表示，如圖 2-31。

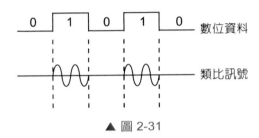

▲ 圖 2-31

二 頻率移轉鍵式調變（FSK）

此種方式，是利用載波頻率的不同來表示二進位的值（"1" 或 "0"），例如以 $S_1(t)$ 表示 "1"，$S_2(t)$ 表示 "0"，$S_1(t)$ 和 $S_2(t)$ 的頻率不同，因此可由其表示二進位的數位訊號，如圖 2-32。

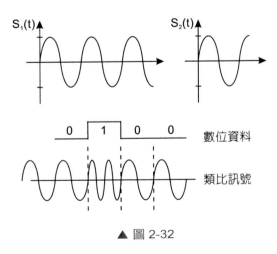

▲ 圖 2-32

三 相位移轉鍵式調變（PSK）

此種方式，是以改變載波的相位來表示二進位的值（“1”或“0”）。如圖 2-33。

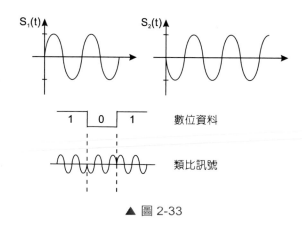

▲ 圖 2-33

在圖 2-33 中，$S_1(t)$ 和 $S_2(t)$ 分別用來表示“1”和“0”，二者的頻率相同，但相角不同，剛好相差 180 度，因此可用其來表示二進位的值（“1”或“0”）。

2-5 訊號的編碼

前面曾提到數位資料轉換成數位訊號來傳送，數位資料是由二進制值（“0”或“1”）組成，傳送時利用 0、1 一連串的組合來表示，而這種組合，我們稱之為“碼（code）”。

在編碼中，有幾個名詞常出現，介紹如下：

◉ **極性（Polar）**：用來表示數位訊號的邏輯狀態（“0”或“1”），分別用正、負電位來代表。

◉ **差分編碼（Differential Encoding）**：訊號在比較極性時，是參考相鄰訊號，而不是用固定的對應參考值。

◉ **Mark**：用來表示邏輯“1”。

◉ **Space**：用來表示邏輯“0”。

2-5-1　資料編碼

編碼，又可分為二種，一種稱為 "資料編碼" 是指如何在傳輸媒體上表示二進位資料，也就是說，如何表示 "1"，如何表示 "0"；另一種是考慮到訊號的同步、錯誤偵測、抗雜訊等方面，稱為 "通訊編碼"。

首先，我們就來介紹幾種常見的資料編碼：

◎ **RZ**：歸零（Return to Zero）編碼

◎ **NRZ**：不歸零（Nonreturn to Zero）編碼

◎ **Manchester**：曼徹斯特編碼

◎ **Differential Manchester**：差分曼徹斯特編碼

◎ **AMI**：交替轉換（Alternating Mark Inversion）編碼

◎ **Duobinary**：雙二進位編碼

⬡ RZ：歸零（Return to Zero）編碼

如圖 2-34。

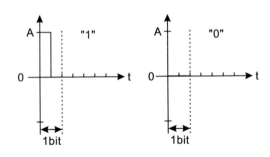

1011010 以 RZ 編碼

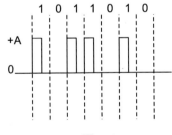

▲ 圖 2-34

此種編碼方式，是將一個位元切成前後二部份，邏輯 "1" 是用前半部準位 1、後半部準位 0 來表示，而邏輯 "0" 則是以無脈波（即歸零）表示。

其優點就是 RZ 所沒有的同步能力，不過，其需要兩個訊息來表示 1 個位元，使得所需的頻寬較大，這是其缺點。

 NRZ：不歸零（Nonreturn to Zero）編碼

如圖 2-35。

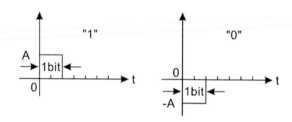

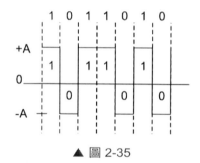

▲ 圖 2-35

此種編碼方式，是以正脈波來表示 "1"，而以負脈波來表示 "0"，當訊號有連續的 "1" 出現時，則一直保持正脈波，直到出現 "0"，才轉成負脈波。

NRZ 的編碼及解碼過程較簡單，因此廣泛用於通訊編碼，唯一的缺點是其缺少同步的能力，無法提供較佳的訊號校正能力。

三 Manchester：曼徹斯特編碼

如圖 2-36。

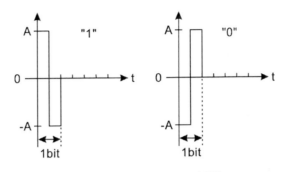

1011010 以 Manchester 編碼

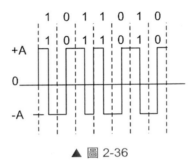

▲ 圖 2-36

　　曼徹斯特編碼 , 是以二種波形分別來表示邏輯 "1" 與 "0"，由於其不含電壓 0，因此較易分辨邏輯 "1" 與 "0" 或是無資料（電壓為 0）。

　　如此，每一位元都有預期之轉換特性，因此若是在傳輸過程沒有預期的轉換發生，則表示有傳輸錯誤發生，所以曼徹斯特編碼有良好的偵錯能力，使得許多區域網路皆採用此種編碼技術，如 Ethernet 即是採用曼徹斯特編碼的訊號格式來傳送資料。

　　曼徹斯特編碼的頻寬要求為 NRZ 的二倍。

四 Differential Manchester：差分曼徹斯特編碼

　　如圖 2-37。

1011010 以差分 Manchester 編碼

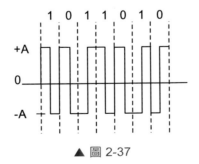

▲ 圖 2-37

 註 0：一開始就變換準位，經過中間間隔再換一次準位。
1：一開始保持和前面相同準位，經過中間間隔，換一次準位。

差分曼徹斯特編碼和曼徹斯特編碼不同的是，其沒有用固定的波形來表示邏輯 "1" 與 "0"，其訊號波形在間隔的後半部進行轉換。當訊號是邏輯 "1"，則一開始保持和前面訊號相同的準位，在間隔的後半部再進行轉換；若訊號是邏輯 "0"，則一開始就變換準位，而在間隔的後半部同樣再進行轉換。

差分曼徹斯特編碼也提供不錯的偵錯能力，在區域網路上，IEEE802.5 的 Token Ring，即是採用此種編碼方式。

差分曼徹斯特編碼的頻寬要求為 NRZ 的二倍。

五 AMI：交替轉換（Alternating Mark Inversion）編碼

如圖 2-38。

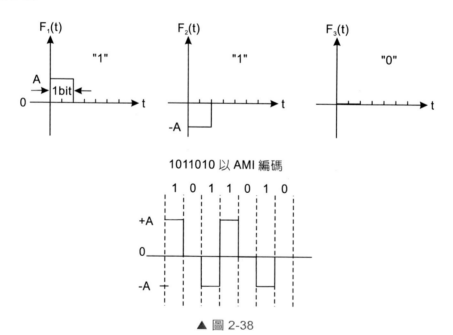

▲ 圖 2-38

AMI 編碼的方式，是使用 3 種訊號來分別表示邏輯 "1" 與 "0"，在圖 2-38 中，我們可以看出，以 $F_1(t)$ 和 $F_2(t)$ 來輪流表示邏輯 "1"，也就是說，若這一次用 $F_1(t)$ 表示邏輯 "1"，則下次用 $F_2(t)$ 來表示，依此類推，而邏輯 "0"，則用 $F_3(t)$ 來表示。

AMI 編號的訊號頻寬和 NRZ 相同。

六 Duobinary：雙二進位編碼

如圖 2-39。

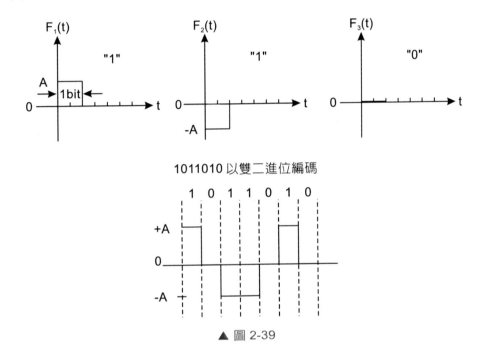

▲ 圖 2-39

　　Duobinary 編碼和 AMI 編碼的方式類似，也是用 3 種訊號來分別表示邏輯 "1" 與 "0"，以 $F_1(t)$ 和 $F_2(t)$ 來表示邏輯 "1"，邏輯 "0"，則用 $F_3(t)$ 來表示，不同的是，其何時用 $F_1(t)$ 或 $F_2(t)$ 須依據下列的規則：

1.　當目前的 "1" 訊號和前一個 "1" 訊號之間所包含訊號 "0" 的個數為 "偶數" 時，則後面 "1" 的訊號格式和前面 "1" 的訊號格式相同，也就是說，前面是用 $F_1(t)$ 則後面也用 $F_1(t)$，前面用 $F_2(t)$ 後面也用 $F_2(t)$。

2.　當目前的 "1" 訊號和前一個 "1" 訊號之間所包含訊號 "0" 的個數為 "奇數" 時，則後面 "1" 的訊號格式和前面 "1" 的訊號格式相反，也就是說，前面是用 $F_1(t)$ 則後面用 $F_2(t)$，前面若用 $F_2(t)$ 則後面用 $F_1(t)$。

2-5-2　通訊編碼

接著我們再來討論通訊編碼。

通訊編碼，主要是用來表示文字、數字、特殊符號及控制文字等。一種編碼所能表達的範圍大小，是由其編碼所包含的 bit 數來決定的。

例如：某一種編碼，是用 4bit 來代表其中一組編碼，4bit 共可表示 2^4 ＝ 16 種不同的組合，也就是說，此種編碼共有 16 種組合可用來表示文字、數字、特殊符號及控制文字等。

我們列舉目前三種常見的編碼方式來介紹：

🌐 **Baudot 碼（Baudot Code）**

🌐 **ASC II 碼（American Standard Code Information Interchange）**

🌐 **EBCDIC 碼（Extended BCD Interchange Code）**

⬡ Baudot 碼（Baudot Code）

Baudot Code 是通訊業最早採用的 5 位元碼，其也稱作電傳打字碼（Telex Code）。此種編碼，用 5 個位元來編碼，因此可表示 2^5 ＝ 32 種變化。但無法涵蓋 26 個英文字母、10 個數字及一些標點符號及控制字元，故使用數字移位（Figure shift）及文字移位（Letter shift）字元，來擴充成為 58 種編碼。

此種編碼在電報應用上十分廣泛，但由於其無法提供檢查字元的功能，因此在目前的數位通訊上較少使用。

⬡ ASC II 碼（American Standard Code Information Interchange）

ASC II 碼是用 7 個位元來編碼，故其可表示 2^7 ＝ 128 種編碼。但為了配合 IBM PC 特殊字元，因此又設定出 ASC II 擴充字元（IBM PC Special ASC II extension characters），其多加入了 1 個位元，使成為 8 個位元來編碼。當資料的代表值在 0 至 127 之間，只要用 7 個位元即可，但若超過 127，則必須用 8 個位元來表示。

圖 2-40 為 ASC II 碼的字元集表示圖。

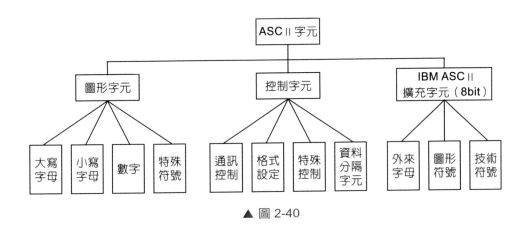

▲ 圖 2-40

ASC Ⅱ 碼將一個位元組分成二半，一半是區域位元，一半是數字位元，如圖 2-41。

▲ 圖 2-41

舉例來說，要表示字元 "A"，其區域位元取 "100"，而數字位元則以 "0001" 表示，故其 ASC Ⅱ 碼為 "1000001(b)＝ 41(h)"。

而其區域位元的代表字元種類，如表 2-4。

◎ 表 2-4

Zone（區域位元）	代表字元種類
000	前32個為控制碼與通訊碼
001	
010	特殊符號
011	數字
100	大寫字母
101	
110	小寫字母
111	

表 2-5 為 ASC II 碼的編碼字元集。

◎ 表 2-5

位元 $b_4 b_3 b_2 b_1$ ＼ 位元 $b_7 b_6 b_5$	000	001	010	011	100	101	110	111
0000	NUL	DLE	SP	0	@	P	'	p
0001	SOH	DC1	!	1	A	Q	a	q
0010	STX	DC2	"	2	B	R	b	r
0011	ETX	DC3	#	3	C	S	c	s
0100	EOT	DC4	$	4	D	T	d	t
0101	ENQ	NAK	%	5	E	U	e	u
0110	ACK	SYN	&	6	F	V	f	v
0111	BEL	ETB	6	7	G	W	g	w
1000	BS	CAN	(	8	H	X	h	x
1001	HT	EM	)	9	I	Y	i	y
1010	LF	SUB	*	:	J	Z	j	z
1011	VT	ESC	+	;	K	[	k	{
1100	FF	FS	,	<	L	\	l	|
1101	CR	GS	-	=	M	]	m	}
1110	SO	RS	.	>	N	^	n	~
1111	SI	US	/	?	O	_	o	DEL

ASC II 碼可用於微電腦與通訊上。

三 EBCDIC 碼（Extended BCD Interchange Code）

EBCDIC 碼是由 IBM 所發展，是用 8 個位元來編碼，因此可提供 $2^8 = 256$ 種編碼。BECDIC 碼將一個位元組分成二半，一半是區域位元，一半是數字位元，如圖 2-42。

▲ 圖 2-42

而其區域位元的代表字元種類，如表 2-6。

◎ 表 2-6

Zone（區域位元）	代表字元種類
0111	特殊符號
0110	特殊符號
0101	特殊符號
0100	特殊符號
0000	小寫字母a至i
1001	小寫字母j至r
1010	小寫字母s至z
1100	大寫字母A至I
1101	大寫字母J至R
1110	大寫字母S至Z
1111	阿拉伯數字0至9

舉例來說，要表示字元 "A"，其區域位元取 "1100"，而數字位元則以 "0001" 表示，故其 EBCDIC 碼為 "11000001(b)＝ C1(h)"。

表 2-7 為 EBCDIC 碼的編碼字元集。

 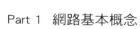

◎ 表 2-7

位元 B3B2B1B0 ＼ 位元 B7B6B5B4	0000	0001	0010	0011	0100	0101	0110	0111	1000	1001	1010	1011	1100	1101	1110	1111
0000	NUL	SOH	STX	ETX	PE	HT	LC	DEL		RLF	SMM	VT	FF	CR	SC	SI
0001	DLE	DC1	DC2	DC3	RES	NL	BS	IL	CAN	EM	CC		ITS	IGS	IRS	IUS
0010	DS	SOS	FS		BYP	LF	EOB/ETB	ESC/PRE			3M			ENR	ACK	BEL
0011			SYN		PN	RS	UC	EOT					DC4	NAK		SUB
0100	SP										¢	.	<	(	+	|
0101	&										!	$	*	)	;	¬
0110	-	/								/	|	,	%	_	>	?
0111											:	#	@	'	=	"
1000		a	b	c	d	e	f	g	h	i						
1001		j	k	l	m	n	o	p	q	r						
1010		~	s	t	u	v	w	x	y	z						
1011																
1100	{	A	B	C	D	E	F	G	H	I						
1101	}	J	K	L	M	N	O	P	Q	R						
1110			S	T	U	V	W	X	Y	Z						
1111	0	1	2	3	4	5	6	7	8	9						

EBCDIC 碼主要可用於 IBM 大型電腦。

2-6　類比與數位傳輸

由前面的介紹，我們可以知道，資料的傳輸不外乎採用類比或者是數位傳輸。

類比傳輸，傳輸介質是用類比訊號，由於長距離的傳送，會造成訊號強度的衰減，因此類比傳輸系統中使用了放大器，以增強訊號的強度。但如此一來，又造成了另一個問題，那就是雜訊。雖然訊號強度被放大了，但同樣的，雜訊也被放大了，換句話說，當在長距離的傳輸時，訊號和雜訊都經過了好幾級的放大器，如此一來，雜訊被一級級的放大，訊號的失真現象會越來越嚴重。若傳送的資料，是語音，則訊號的失真，只是使語音的品質較差，但傳送的資料，若是數位數據，則會造成十分嚴重的錯誤。

數位傳輸，在傳送時有固定的距離限制，以避免數位的錯誤，若是要做長距離傳輸，則可使用中繼器（Repeater）。中繼器和放大器不同，其並不會放大訊號，而是將數位訊號中的二進位資料 "0" 與 "1" 回復其型式，如此便可克服訊號衰減的問題。而雜訊所造成的干擾問題，可利用數位傳輸的訊號錯誤偵測技術來解決。

目前，傳輸的方式已漸漸走向數位傳輸，主要是數位傳輸所提供的功能越來越便利。

數位傳輸的優點有下列幾點：

1. 設備成本降低

由於近來大型積體電路（LSI）與超大型積體電路（VLSI）的技術不斷地更新，使得數位電路的成本降低，而體積也越來越小，如此可附加的功能越來越多，這是類比傳輸所無法提供的。

2. 數據資料的正確性

由於數位傳輸是使用中繼器而不是用放大器，因此不會有累積雜訊的困擾，對於數據資料正確性十分要求的場所，數位傳輸是最好的選擇。

3. 安全保密性

在數位傳輸時是使用數位訊號，目前已有許多安全加密的技術，應用在數位傳輸上，因此對於傳輸時的安全性更多了一層保障。

4. 附加性

利用數位技術，目前已可將語音、視訊影像等數據資料和數位訊號相結合，加上電腦的功能日新月異，而其處理是採用數位訊號，因此更增加了數位傳輸的功能附加性。

Q&A 測試

1. 訊號在資料上的傳輸方法，依數值大小變化的連續性與非連續性，可分為 _____ 、 _____ 兩種。

2. 何謂頻寬？

3. 某傳輸設備每秒可傳送 3 個訊號單元，每個訊號單元為 2bit，則該傳輸設備傳送的鮑德率為何？

4. 以傳輸線數目的多寡、設備的遠近來區分資料傳輸的方式：
   IEEE 488 是屬於_____ ；
   RS232-C 是屬於_____ 。

5. 串列通訊中，依資料流程的方向，可分為哪三種？

6. 非同步傳輸與同步傳輸何者效率較高？原因為何？

7. 將類比資料（Analog data）轉換成類比訊號（Analog signal）的調變技術一般可分為哪三種？

8. 試分別以 ASK、FSK、PSK 來轉換數位資料 01101 為類比 data。

9. 試以 Manchester 的編碼方式對 "0100111" 做處理。

10. 數據通信系統中，依據資料通訊傳輸的模式可分為：（1）全雙工傳輸（2）半雙工傳輸（3）單工傳輸（4）全雙工與半雙工輸出。請問依據你的瞭解，目前國內電視台（例如，台視、中視、華視）的電視廣播節目之資料通訊傳輸模式應為：（中山資管所 98 學年度計算機概論）

    (1) 全雙工傳輸

    (2) 半雙工傳輸

    (3) 單工傳輸

    (4) 全雙工傳輸和半雙工傳輸

◎ 參考解答 ◎

1. 類比、數位。

2. 就類比訊號而言，頻寬指傳輸訊號的最高頻率和最低頻率之差值。就數位訊號而言，頻寬指傳輸的最高位元速率。

3. $3 \times 2 = 6$，所以鮑德率 $= 6$bps。

4. 並列傳輸，串列傳輸。

5. 單工、半雙工、全雙工。

6. 同步傳輸的效率較高，因為同步傳輸是以一個資料區塊為傳輸單位，傳送時是以整批方式送出；而非同步傳輸則是一次傳送一個字元，故效率較差。

7. AM、FM、PM。

8.
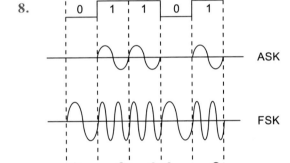

9.
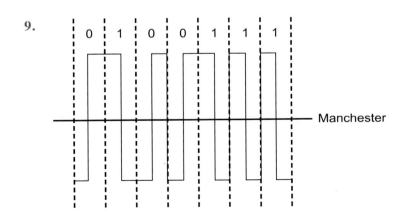

10. **(C)** 在單工的模式下，資料傳輸的流向，僅允許單方向傳輸，在日常生活中的應用實例，如：收音機、電視，其只可單方向接受訊息。

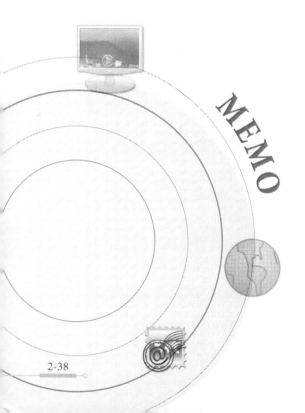

MEMO

CHAPTER

3

電腦通信介面

3-1 簡介

電腦和其週邊裝置的連接，須考慮很多的問題，其中包含了硬體與軟體的結合性，為了使連接順利方便，而有 "介面（Interface）" 的產生。事實上，介面所扮演的角色可以看成是 "中間人"，其提供了三項轉換的功能：

- **電氣特性的轉換**：針對訊號的準位（level）設定
- **機械特性的轉換**：對連接器（connector）和接腳（pin）的功能定義
- **資料的轉換**：將資料作適當的格式轉換

而介面的使用，在網路資訊發達的今日已是十分普遍了，本章中我們也會探討一下其功能及基本原理。

3-2 RS-232 介面

正因為介面對連接的重要性，因此，美國的電子工業協會（Electronic Industries Association；EIA）便於 1969 年制定了串列介面規格 RS-232C（Recommended Standard；RS）。

圖 3-1 為其介面的一些應用。

RS-232C 其硬體架構為全雙工式，但也可利用軟體規劃為半雙工式。在傳送資料時，RS-232C 是採用串列傳輸方式，主要是要利用電話線路及數據機來降低長距離線路架設成本。

串列傳輸，可分為同步式與非同步式兩種，以軟體設計而言，非同步式較容易，但若以傳送速度而言，同步式傳輸則較快。

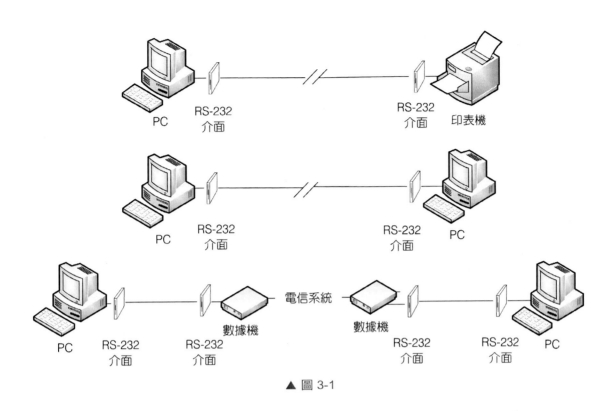

▲ 圖 3-1

3-2-1　RS232C 的電氣特性

RS-232C 的訊號準位，如表 3-1。

狀　　態	"0"（Hight）	"1"（Low）
◎ 表 3-1　**RS-232** 訊號準位（採用「負邏輯」）		
驅動器邏輯準位	+3V～+15V	-3V～-15V
名　　稱	Space	Mark

註　+3V～-3V為過渡區。

RS-232C 的介面訊號準位，如圖 3-2。

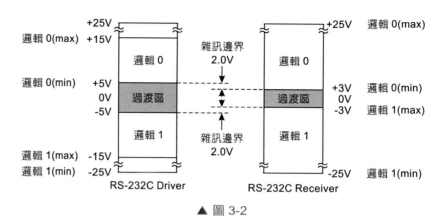

▲ 圖 3-2

在實用上，電源電壓多採 ±12 伏，其判斷線路斷線的方法如圖 3-3。

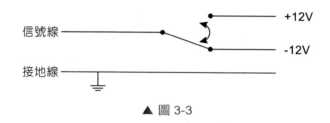

▲ 圖 3-3

未傳送資料之前，訊號線保持在 "1" 的狀態，若訊號線發生斷線情況時，則訊號線電壓＝ 0 伏，即線路上沒有電流流過，由此便可容易判斷傳輸線路是否發生故障。

RS-232C 的其餘電氣特性，如表 3-2。

◎ 表 3-2

特性名稱	參考值
Line length（max）最大線長	50ft
Frequency（max）最大頻率	20K baud/50ft
Short circuit current短路電流	500mA
Noise immunity雜訊免疫力	2.0V
Number of receiver allowed on one line單一線路上允許連接的接收器數目	1個
Receiver input voltage range接收器輸入電壓範圍	±15V
Max voltage applied to driver output驅動器最大輸出電壓	±25V
Input impedance輸入阻抗	3-7kΩ, 2500PF

3-2-2　RS232C 的機械特性

連接器

一般 RS-232C 用的連接器，是指 25pin 的 D 型連接器，依其接頭的公母，分為 DB-25P（公）與 DB-25S（母），如圖 3-4。

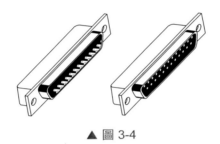

▲ 圖 3-4

另外，針對一些其他的用途，如個人電腦的滑鼠，RS-232C 也提供了 9pin 的連接器，以便其連接，不過當然 9pin 會省略了部份接腳功能。9pin 在個人電腦中多設定為 com1，而 25pin 多設定為 com2。

3-3　RS-499/RS-422A/RS-423A/RS-485 介面

為了改善 RS-232C 的一些缺點，例如，傳送速度不快、傳送距離不長、須提供額外的電壓，因此便有了以下一些改良的介面出現：

RS-422A

RS-422A 是屬於平衡型（即傳送、接收訊號線完全對等）介面，而 RS-232C 則是屬於不平衡型介面。

平衡型介面有下列二項優點：

1. 平衡型介面其抗雜訊能力較強，較適合於通信使用。
2. 其電源電壓使用 ±5 伏即可，不須再使用額外的電壓。

RS-422A 的介面訊號準位，如圖 3-5。

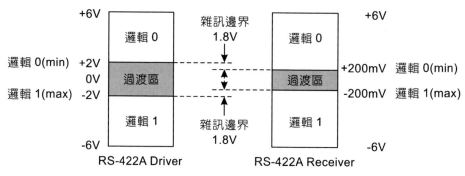

RS-422A介面訊號準位

▲ 圖 3-5

 RS-423A

RS-423A 也是由 RS-232C 改良而來，但因為 RS-423A 也是使用不平衡介面，性能不如 RS-422A，所以，除非針對特別要求，否則多半不使用此型介面。

RS-423A 的介面訊號準位，如圖 3-6。

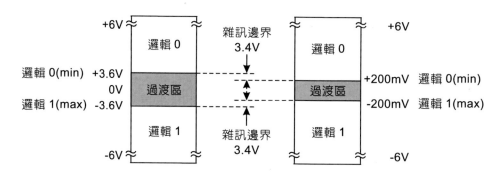

RS-423A 介面訊號準位

▲ 圖 3-6

 RS-485

RS-485 為 RS-422 的改良型，RS-422 採一對一的傳輸方式，而 RS-485 則是利用匯流排的技術，為一對多的傳輸方式。

四 RS-499

　　RS-499 其訊號線種類和 RS-232C 相同，RS-499 主要是要改善 RS-232C 的距離及傳輸速度，兩者不同處在於 RS-499 是屬於平衡型介面，而且其控制線數目較多，因此，連接器接腳同時使用 37 腳和 9 腳這兩種型式組合，另外，RS-499 的雜訊免疫力也比 RS-232C 好。

　　表 3-3 為 RS-232C 和 RS-499 的比較表。

◎ 表 3-3

	連接器接腳數	傳輸速度（amx）	傳輸距離（max）
RS-232C	25pin	20Kpbs	15公尺
RS-499	37pin（主通道） 9pin（幅通道）	2Mbps	60公尺

3-4　USB1.1/2.0/3.0

　　以前我們在使用電腦週邊設備時，滑鼠、鍵盤、印表機、掃瞄器，每項週邊設備都有不同規格的連接線與連接埠，讓消費者在使用上很不方便，於是 Intel、Compaq、IBM、Digital、Micorsoft、NEC、Northern Telecom 等國際著名的電腦通訊大廠便共同制定了 USB（Universal Serial Bus）通用串列介面的傳輸標準，其介面最多可同時連接 127 個不同設備。

　　在 1996 年所推出的 USB1.0 標準，由於當時市場的電腦作業系統尚未完全支援 USB，且相容的週邊產品也未達市場規模，所以並未得到熱烈迴響。

　　到了 1998 年，USB 推出新的版本 USB1.1，除了技術更加成熟穩定外，另外也得到 Windows 98 的正式支援，至此，其支援的週邊商品便如雨後春筍般出現，最好的例子就是——隨身碟，如圖 3-7。

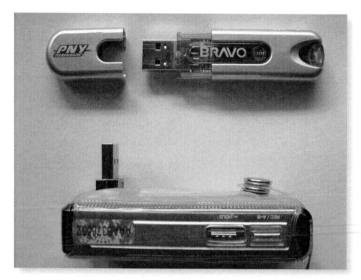

▲ 圖 3-7

目前支援 USB 的電腦週邊產品有下面幾項特點：

🌐 **支援隨插即用**：插入由系統自動安裝與驅動。

🌐 **支援熱插熱拔**：即在開機狀態下可插拔使用。

2000 年發表的 USB 則是進展到 2.0 版，USB 1.1 和 USB 2.0 主要的差別在於其最大傳輸速度的演進，USB 1.1 為 12Mbps，而 USB 2.0 則是其 40 倍，可達 480Mbps; 而在 2008 年年底 USE3.0 正式問世，USB3.0 的最大傳輸速度更達到了 5Gbps，相較於 USB2.0 整整高了 10 倍。

🌐 **USB3.0**

USB3.0 的接口與過往 USB2.0 的設計略微不同，其接口的顏色為藍色，且在 pin 腳上也不同，USB3.0 上排增加至 5-pin，下排則保有與以前 USB2.0 相同的 4-pin;USB3.0; 在電源上，USB3.0 也較 USB2.0 介面輸出電流高出了 400mA 不僅在最大傳輸速率非常優異，也無須在現行的裝置上安裝額外的電源供應即可順利傳輸，再來 USB3.0 其傳輸介面能向下相容是最大的成功要素，意即 USB3.0 是完全可以與 USB2.0 舊式的裝置接口互通，在一般 USB2.0 的裝置接口上插入 USB3.0 的介面，其傳輸速率便是 USB2.0 的傳輸速率，若裝置有支援同為 USB3.0 的藍色接口，插入 USB3.0 介面則立即變為最大傳輸速度 5Gbps 的高傳輸速度（如圖 3-8），如此高的向下相容性是 USB3.0 介面在未來快速取代 USB2.0 甚至 IEEE1394 的原因，若我們實際舉例來說明：一個 20GB 的檔案，使用 USB3.0 的介面傳輸，檔案在 51 秒即可完成傳輸，是不是很快呢！因此在 USB3.0 介面這樣快速的發展下，相信在未來檔案在傳輸上會更具效率與便利性。

▲ 圖 3-8 USB3.0 介面與裝置連結圖

▲ 圖 3-9 USB3.0 硬碟埠口接頭圖

3-5　IEEE 1394

　　IEEE 1394 是由 IEEE（電機電子工程師協會）在 1995 年所制定的傳輸標準，是屬於高速串列匯流排介面，其最高傳輸速度為 400Mbps，最多可同時連接 63 個不同設備，和 USB 一樣，也支援隨插即用、熱插熱拔功能。

　　在 USB2.0 尚未問世前，其速度是遠遠超過 USB1.1，因此，對於資料量大需要傳輸速度快的設備像數位攝影機、掃瞄器等，IEEE 1394 是項不錯的選擇。

▲ 圖 3-10 IEEE 1394 介面圖

　　事實上，目前 IEEE 1394 發展中的 1394b，其傳輸速度可達 800Mbit/s 甚至超過 1Gbps 以上，這可是 USB2.0 所望塵莫及的。不過，其偏高的價格對市場的普及仍是一大阻礙，有待進一步的努力。

Q & A 測試

1. 試敘述介面主要的功能。

2. RS-232C 採用正邏輯還是負邏輯，來表示訊號準位？

3. 如何辨別 RS-232C 連接器是 DTE 或 DCE？

4. 請比較 USB1.1/2.0 與 IEEE 1394 的最高傳輸速度。

◎ 參考解答 ◎

1. （a）電氣特性的轉換。

   （b）機械特性的轉換。

   （c）資料的轉換。

2. 負邏輯。

3. 用三用電錶量 RS-232C 埠的第二隻腳，若是 -12V，則為 DTE；量第三隻腳，若是 -12V，則為 DCE。

4.

介面種類	最高傳輸速度（Mbps）
USB1.0	12
USB 2.0	480
IEEE 1394	400

PART
2

區域網路技術

CHAPTER

4 區域網路

4-1　簡介

最近流行的網際網路（Internet），正帶動了一股 "網路" 風，網路上的豐富資源，常令人流漣忘返。網路的魅力，使得它正以驚人的速度向全世界擴張。到底 "網路" 有何吸引人之處呢？就個人而言，只要電腦裝上網路卡或藉撥接方式，經由通訊媒體就可以存取以及共享別人電腦或伺服器上的資源。而對於一個企業而言，網路的使用，對內：可以統合企業資源、改善工作方式、提高工作效率、降低管理成本；對外：可以提供服務，提升企業形象。

因此，無論個人或企業，網路已是和我們息息相關，密不可分了。

網路的主要目的，在於資料的傳輸以及資源的共用。

一般而言，若以範圍來區分網路，可分為以下三大類：

1. **廣域網路（WAN）**

   串接地理位置上分佈很廣的使用者而形成的網路，可稱為廣域網路（Wide Area Networks；WAN），其涵蓋範圍約大於 20 公里。

2. **大都會網路（MAN）**

   大都會網路（Metropolitan Area Networks；MAN），其範圍是介於區域網路和廣域網路之間，涵蓋範圍約介於 4 公里至 20 公里之間，可用於企業連接位於大都市內的各個分支機構。

3. **區域網路（LAN）**

   區域網路（Local Area Networks；LAN），其範圍限於一棟建築物或者是彼此非常接近的建築物中，涵蓋範圍約在 4 公里之內。

在本章中，我們針對目前一般常用於公司行號、學校的區域網路架構來說明。區域網路（LAN）在日常生活中的應用，十分廣泛，在第一章中已經介紹過了。下面列舉了一些常用的應用方式：

- 資料共享：網路上的使用者，可以存取網路上任一台電腦的資料（若權限設定正確的話），也可以讓許多使用者共享一部印表機，不同的電腦印表作業送到同一部印表機來排序，依優先權順序執行列印。

◎ **傳遞訊息**：區域網路可提供訊息傳遞的服務，如電子郵件或線上交談，同時也可以應用於中央安全系統，提供監控作業。

4-2　區域網路的架構

　　一般區域網路的組成，是由節點（node）所組成，而節點的型式包含二種類型，一種稱為 "主機（Host）"，其可以是一般的工作站與個人電腦，另一種稱為介面訊息處理站（Interface Message Processor；IMP），其功能主要是用來作各種訊息交換與資料傳輸之用。而連接各節點的通訊媒介，稱為線路（Circuits）。

　　早期的點對點（node to node）的單一傳輸方式，在大量通訊的今日，已不堪使用，取而代之的技術是利用各種交換網路的技術來達成。

　　早期的點對點單一傳輸其缺點為何呢？我們以圖 4-1 來說明。

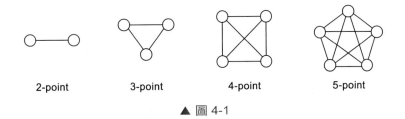

| 2-point | 3-point | 4-point | 5-point |

▲ 圖 4-1

　　在圖 5-1 中，我們可以看到每一個節點和其他的節點之間，都有線路連接，整個網路若假設有 N 個節點，則須 N(N－1)/2 條線路，才能連接整個網路。點對點單一傳輸其優點在於每個節點均可單獨對外通訊，不須經過其他節點的傳遞，因此，其保密性很高，但是其最大的缺點，在於線路架設成本太高，各介面之間連接不易，若是用在長途網路上，那成本可是會令人怯步的，因此，才有其他型態的網路結構產生，用來改善其缺點。

4-3   區域網路的拓樸方式

區域網路的拓樸（Topology）方式分類，是指依網路的外形來作分類，可分為下列三種：

1.　星型（**Star**）

2.　環型（**Ring**）

3.　匯流排型（**Bus**）

4-3-1   星型（Star）

圖 4-2 為星型網路示意網。

星型網路，是將所有的工作站，均連接至中央控制器（一般為伺服器加上集線器——**HUB**），整個網路由中央控制器來管理控制。**IEEE 802.3** 的 **10BaseT**，即是採用此型的區域網路。

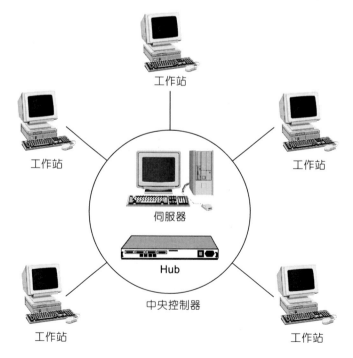

▲ 圖 4-2

星型網路主要的缺點在於，若是中央控制器故障，那整個網路的通信便會完全癱瘓，對於一個大型系統而言，這並不是一個很好的選擇。其優點則在於：

1. **結構簡單**
2. **擴充性高，易於擴充新的節點**
3. **保密安全性較高**

星型網路應用的範例如：**PBX**。

4-3-2　環型（Ring）

圖 4-3 為環型網路示意圖。

環型網路，其將所有的節點，均連接在環（Ring）上，任一節點送出的訊號方向為單一方向，當網路上的節點收到訊號後，會對其做判斷，若是本身即是目的地的節點，則接收此訊號；相反地，若不是，則繼續將訊號往下個節點傳送。

每個節點有類似中繼器（Repeater）的功能，可將接收到的訊息恢復其原有的強度後，再往下一節點傳送，因此，訊息在傳送過程中，不會有衰減的現象。

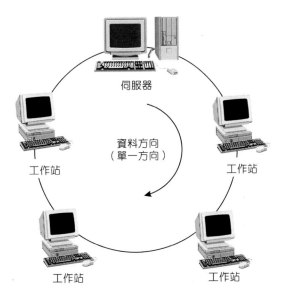

伺服器

工作站

資料方向
（單一方向）

工作站

工作站

工作站

▲ 圖 4-3

🌐 **缺點**

(1) 只要任一節點故障，則整個網路也會癱瘓。圖 4-4 係利用一備份環路，以提高系統的可靠度。

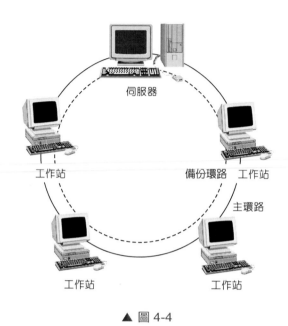

伺服器

工作站　　　　　　　　備份環路　工作站

主環路

工作站　　　　　　　　工作站

▲ 圖 4-4

(2) 若是連接節點的線路是採用光纖，則每次要新增節點時，就必須先停止整個網路作業，將網路切斷，然後插入新節點，如此一來，使架設成本增加很多。

🌐 **優點**

傳輸方向為單一方向，簡化了訊號傳輸的路徑，使其在高負載時，尚可維持高速度及寬頻帶的傳輸效率。

環型網路應用的範例，如 IEEE802.5 的符號環（Token Ring）及光纖網路。

4-3-3　匯流排型（Bus）

圖 4-5 為匯流排型網路示意圖。

匯流排型網路，利用一匯流排（Bus），作為所有節點的共同通道，其傳輸訊息的方向為雙向性，當要新增節點時，只要將節點接到最近的 BUS 上即可。

匯流排的端點，必須加上終端元件，以避免網路上回傳末端的無用回音信號。

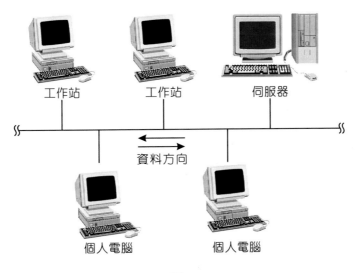

工作站　　　　　工作站　　　　　伺服器

資料方向

個人電腦　　　　　　　個人電腦

▲ 圖 4-5

◎ **優點**

(1) 新增節點容易。

(2) 任一節點故障，不會影響到整個網路的運作。

◎ **缺點**

(1) 每一時刻，只能通過一訊息，因此，其他的使用者必須等候其完成通信後，才可使用。

(2) 保密問題在設計時較複雜。

匯流排型網路應用的範例，如：IEEE 802.4 的 Token Bus。

網路的拓樸方式分類特性如表 4-1。

◎ **表 4-1**

型式	管理方式	容易造成網路癱瘓原因
星型（Star）	集中式	中央控制器故障
環型（Ring）	可為集中式（以某節點為控制中樞）或分散式（每一節點地位相同）	任一節點故障
匯流排型（BUS）	集中式	BUS線故障

4-4　傳輸媒體

通訊媒體就是連接各個實體網路伺服器或工作站間的纜線。大體上可分為下列三種：

1.　雙絞線

2.　各種同軸電纜

3.　光纖

4-4-1　雙絞線（Twisted-Wire Pairs）

雙絞線是由一對（2 條）外面包有絕緣外皮的銅線交纏結合而成。通常是將許多的雙絞線結合在一起，外面再包上絕緣保護外皮，就變成了電纜，如圖 4-6。

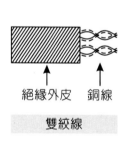

▲ 圖 4-6

而此種電纜，又分成遮蔽隔離式（Shielded-twisted）和無遮蔽隔離式（Unshielded-twisted）二種。

遮蔽隔離式雙絞線電纜（Shielded-twisted-wire-pair cable），此種電纜是使用高保護性外層，較不易受電氣干擾。

基於成本考量，一般是採用無遮蔽隔離式雙絞線，其須和 RJ-45 接頭配合使用。

雙絞線電纜其優缺點如下：

🌐 **優點**

(1) 價格便宜。

(2) 安裝容易。

🌐 **缺點**

(1) 易受電器干擾。

(2) 傳輸速率不快（約 **10Mbps**）。

雙絞線電纜一般應用在電話及低速數據通訊或短距離的通訊。

4-4-2　同軸電纜

其導體外有絕緣層，絕緣層外又以導體網包圍，最後再加上一層絕緣外皮，如圖 4-7。

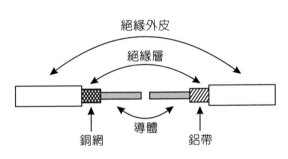

▲ 圖 4-7

一般常見的同軸電纜型式如下：

1. **RG-8**、**RG-11**：用於 Ethernet（50Ω 電阻），外型為寬型。

2. **RG-58**：用於 Ethernet（50Ω 電阻），外型為細型。

3. **RG-59**：用於電視電纜（75Ω 電阻）。

用於基頻傳輸時，一般以銅網為外導體，其特性阻抗為 50 歐姆。

用於寬頻傳輸時，是以鋁帶為外導體，特性阻抗為 75 歐姆。

基頻傳輸和寬頻傳輸之特性，如表 4-2。

◎ 表 4-2

型式	信號類型	信號傳輸方向	使用頻寬技術	傳輸距離
基頻	數位式	雙向性	TDM（Time Division Multiplexer）	數公里
寬頻	類比式	單向性	FDM（Frequency Division Multiplexer）	數十公里

同軸電纜其優缺點如下：

🌐 **優點**

(1) 較雙絞線不易受電器干擾。

(2) 使用壽命較長。

🌐 **缺點**

(1) 價格較貴。

(2) 重量較雙絞線重。

同軸電纜一般多應用於長途電話線路、區域網路通訊等。

4-4-3　光纖（Fiber Optical Cable）

光纖其材質為玻璃纖維，為極細小（50 至 100 微米）和易扭曲的傳輸媒體，而且有較高的折射率，可用來導引光波訊號；外面再包上折射率較低的粗糙層物質，可隔離鄰近光纖的串音。光纖構造如圖 4-8。

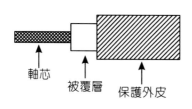

▲ 圖 4-8

傳送方式：在發送端，經轉換系統，將電訊信號轉成光訊號，經光纖送至接收端，再經轉換系統，將光訊號轉成電訊信號。

光纖又可分成以下二種模式：

1. **多模式**：芯心較寬，光線的反射角度有許多種。

2. **單模式**：芯心較細，只有單一反射角度供光線反射。

表 4-3 為其二者之特性比較。

◎ **表 4-3**

多模式	單模式
適合近距離低速率傳輸	適合長距離高速率傳輸
芯心寬度寬	芯心寬度窄
價格較低	價格昂貴
散射大，效率較低	散射小，效率較高

光纖和一般電線傳輸的最大不同處有三：

1. 光纖截面積小。

2. 光纖材料為玻璃，具不導電特性。

3. 光纖使用光線來傳輸訊號，電線用電來傳送訊號。

光纖其優缺點如下：

◎ **優點**

(1) 頻帶寬：光纖可以高於 **2Gbps** 的速率傳輸。

(2) 不受電磁干擾；光纖以光為介質作為資料傳輸，因此不會受到外界電磁波干擾。

(3) 不受雜訊與串音影響：利用其粗糙物質的特性，可使光纖不受雜訊與串音的干擾。

(4) 保密性較高：由於光纖本身不釋放出能量，因此外界不易竊取其資料。

◎ **缺點**

(1) 分接線路不易。

(2) 造價很高。

雙絞線、同軸電纜、光纖傳輸特性比較如表 4-4。

◎ 表 4-4

特性＼類型	雙絞線	同軸電纜		光纖電纜
		基　頻	寬　頻	
頻寬（pbs）	1～10M	3～50M	150～400M	2G以上
雜訊免疫力	差	高頻時高，低頻時低	較基頻差	良好，較雙絞線同軸電纜佳
安裝維修價格	最低	便宜	中等	昂貴
安全保密性	最低	中等	優於基頻	最佳

4-5　交換網路的技術

在網路中，依據資料傳輸的方式及結構，發展出下列三種網路交換技術：

1. 電路交換（**Circuit-Switched Network**）

2. 訊息交換（**Message-Switched Network**）

3. 分封交換（**Packet-Switched Network**）

4-5-1　電路交換（Circuit-Switched Network）

電路交換網路，最常見的範例就是電話網路，如圖 4-9。

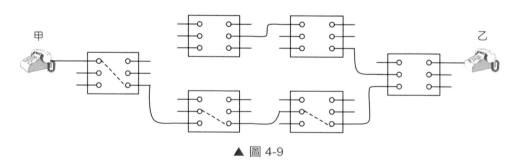

▲ 圖 4-9

此種方式和打電話的情形是類似的。從發送端至接收端由中間的交換機來建立連接，傳送資料後，即將通路連接拆除。例如當甲欲撥號給乙時，經由交換機，其會自動找出一條直接連接甲、乙的通道，以完成連接的動作，資料在此固定的通道上傳輸，

直到電路被切斷前,是一直占用的,在通信的過程中,通道上並不儲存資料。電路交換網路,其傳輸工作包含下列三個步驟:

1. **建立電路**:在傳送資料時,首先須建立二端之間的通道,其通道的組合方式,不是唯一的,只要其交換機線路有空即可,不過,若是大量通信時,常會造成忙線,無法接通,舉例來說,有時電話打不進某位朋友家,不一定是其正在用電話,也有可能是當地的交換機正在忙碌中,因此無法接通。

2. **資料的傳送**:電路建立後,便可開始傳送,訊號與語音資料可藉由全雙工方式進行傳輸,即雙方資料可同時傳遞,像打電話時,當電話打通,且對方拿起話筒(建立好電路),即可進行通話。

3. **切斷電路**:當資料傳送完成後,必須切斷此電路(例如:對方掛上電話),將此電路的使用權還給網路,以供其他使用者使用。

電路交換網路的特性如下:

1. 適合作語音通訊。

2. 因為其電路通道有占用性,使得通道使用率不高。

3. 資料傳送時速率是固定的,因此沒有傳輸延遲的現象。

4. 通訊時,雙方設備必須都為正常可用的狀態。

5. 線路不具記憶性。

我們以圖 4-10 為例來說明電路交換方式的流程。

當甲工作站欲送資料給乙工作站時,甲工作站先送出一要求建立電路訊息給工作站乙,其訊息分別經過節點 A、B、C、D,其間會有傳輸延遲時間及處理延遲時間。

當乙工作站接收到甲工作站的建立電路要求後,便會送出接受(Accept)訊息給甲工作站,當甲工作站收到此訊息後,即可開始傳送資料了。

當乙工作站接收完畢後,會送出一 Acknowledgment(認可)訊號給甲工作站,表示資料已完成接收,然後,此電路便可歸還給其他使用者使用了。電路交換網路在區域網路上的應用。如:PBX 系統。

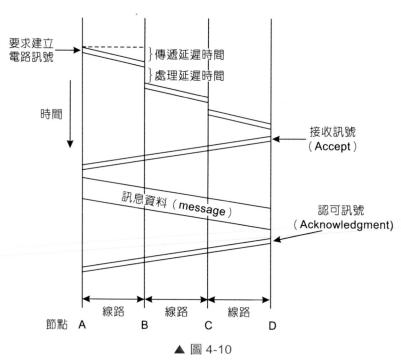

要求建立
電路訊號

}傳遞延遲時間

}處理延遲時間

時間

接收訊號
（Accept）

訊息資料（message）

認可訊號
（Acknowledgment)

節點　A　　線路　　B　　線路　　C　　線路　　D

▲ 圖 4-10

4-5-2　訊息交換（Message-Switched Network）

如圖 4-11。

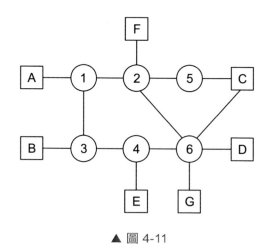

▲ 圖 4-11

　　使用訊息交換的技術，並不建立專用的通道，因此，可改善電路交換的 "佔線"
問題。

而各節點會儲存每個訊息的目的位址，然後自動找出一條空閒的通道，藉由此通道，將資料送往下一個節點，依此類推，直到訊息送至目的地的節點。

在電路交換網路中，典型的網路節點為一些本地與長途的電子式交換機，其並不具有儲存資料的功能，而訊息交換網路，由於須有儲存目的地位址的功能，因此一般多為具有大儲存容量的電腦，作為訊息傳送的緩衝區。

訊息交換網路的優點如下：

1. 可提高線路的使用率，不像電路交換網路常有占用線路的問題，只要節點有空即可。

2. 通訊時，不必雙方皆處於可用狀態，例如：可能某端暫時故障，因為網路的節點具有記憶功能，所以能先記憶資料，等到故障排除後，即可完成傳送。

3. 可以利用其節點會儲存資料的功能，作一對多的訊息複製。

4. 可在欲傳送的訊息上加上編號，用來做訊息的除錯控制及傳送順序的控制。

   當出現大量通訊時，訊息會被延遲傳送，而不會被拒絕傳送。

   以上為訊息交換網路的優點，而其缺點則為：

1. 其傳送資料時具有延遲性，故此種方式不適合用於具有即時性及交談的通訊系統。

2. 當延遲時間過長時，容易造成變數產生，也就是說，會影響資料傳送的正確性。

   訊息交換網路的主要應用，例如：

1. 電子郵件的傳遞

2. 電報通訊

   我們以圖 4-12 為例來說明訊息交換方式的流程。

   當甲工作站欲傳送資料給乙工作站時，可經由節點 A、B、C、D 直接傳送，但每一個節點要接收到完整的訊息後，才會往下一個節點傳送，其間會有傳遞延遲時間和排隊延遲時間。一般而言，區域網路是不採用訊息交換型式的網路。

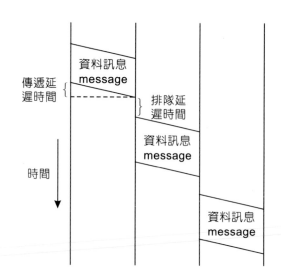

▲ 圖 4-12

4-5-3　分封交換（Packet-Switched Network）

　　分封交換技術是利用改良電路交換及訊息交換技術而來，其傳輸的方式是利用定址封包（addressed packet）的技術，將欲傳送的資料分割成數個特定長度的資料封包（packet），然後再將封包個別傳送至網路上的分封交換裝置（Packet Switch Element；PSE），每一個封包被暫時儲存及複製，每一個封包中均包含了傳送方向的資料，因此封包可送到下一個 PSE，並傳回訊息，此時，上一個 PSE，就可刪除剛才複製的封包，依此類推，最後再由分封交換裝置將這些封包重新組合後，再傳送給接收端的使用者。

　　當資料以分封交換方式來傳送時，系統可採用以下兩種方式之一來控制封包傳送：

　　Datagram（資料元）與 Virtual circuit（虛擬電路）。如圖 4-13。

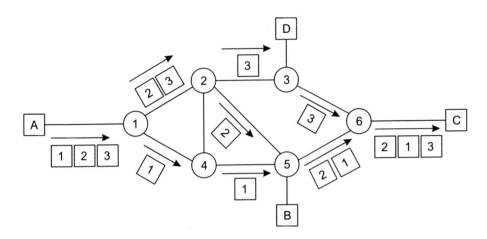

(a) Datagram：每一封包均獨立發送其內含目的位址，可能不按順序抵達目的地

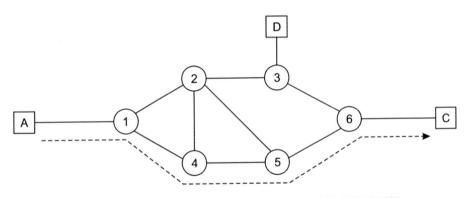

(b) Virtual Circuit：封包中有含順序號碼，因此封包依順序抵達

▲ 圖 4-13

一 Datagram（資料元）

使用 Datagram 來做封包控制時，每個封包均獨立地傳送，由於封包中皆有編號，因此，最後只要再由 PSE 組合，便可送至接收端，其封包的傳遞路徑並非固定。

我們以圖 4-14 為例來說明 Datagram（資料元）封包控制的流程：其和圖 4-12 訊息交換方式類似，不同的是，其資料是以封包方式傳送。

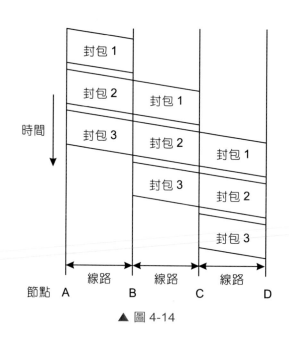

▲ 圖 4-14

 Virtual circuit（虛擬電路）

使用 Virtual circuit 時，和電路交換網路類似，必須先建立一條電路通道，但是，和電路交換網路最大的不同在於，Virtual circuit 在建立電路通道時，只會占用某條路徑頻寬的一部份，換句話說，此條路徑的剩餘頻寬部份，仍可提供給其他使用者來使用，並非像電路交換網路是完全占用通道的。

我們以圖 4-15 為例來說明 Virtual circuit（虛擬電路）封包控制的流程。

其和圖 4-10 電路交換方式類似，也有要求建立電路訊息、接收訊息、認可訊息，不同的是，Virtual circuit（虛擬電路）是以封包方式來傳送資料。

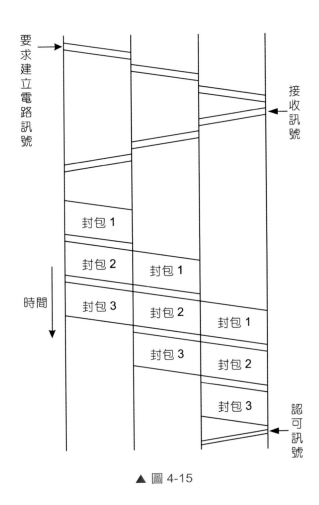

▲ 圖 4-15

Datagram（資料元）和 Virtual circuit（虛擬電路）的差別如下：

1. Datagram（資料元），其封包的傳遞路徑並非唯一，因此，所經過的各個節點都必須執行傳送路徑選擇的工作。反觀 Virtual circuit（虛擬電路）就不同了，其事先就建立好傳送的路徑，因此，各個節點不必都執行路徑選擇的工作。事實上，選擇路徑的工作是很占時間的，因此，若是要傳送大量資料時，最好採用 Virtual circuit（虛擬電路）的方式。

2. 若以可靠性而言，則是以 Datagram（資料元）較佳，原因在於，假若網路上某個節點突然故障，Datagram（資料元）由於其傳送路徑不是唯一的，因此，可以另外找路徑來傳送資料，但 Virtual circuit（虛擬電路）則因路徑是固定的，所以可能較易受到影響而無法正常傳送資料。

上述所談到的"封包"，到底其格式是如何呢？我們以圖 4-16 來說明。

由圖 4-16，我們可以導引出兩種和數據傳輸有密切關係的技術，錯誤檢測以及數據連結控制。

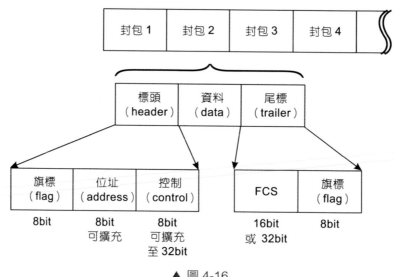

▲ 圖 4-16

當有資料要傳輸時，首先要確定其發送端與接收端之間的線路是否正常，針對於此，國際標準組織（International Standard Organization；ISO）訂定出 HDLC（Higher-level Data Link Control）高階數據連結控制協定。

在圖 4-16 中，我們將資料加上一些控制指令，以便資料能正確地傳送，在 HDLC 中，在資料訊息之前後分別加上標頭（header）及尾標（trailer）。其中的各欄內容如下：

1. **旗標（flag）**：主要用來標明訊息的起始與結束

2. **位址（address）**：主要用來標明接收端的位址

3. **控制（control）**：主要用來標明發送端資料、流量控制與錯誤控制及連結管理控制。

至於錯誤檢測方面，在數據傳輸上，有許多種技術供錯誤檢測，我們在此介紹循環多餘檢測法（Cyclic Redundancy Check；CRC）。

所謂的 CRC，假設欲傳送訊息有 X 個位元，則發送端會自動加上 N 個位元的框架檢查序列（Frame Check Sequence；FCS），然後再傳送出去，要注意的是，此 K + N 個位元可以被某個事先設定好的數整除。當接收端收到的 K + N 個位元資料後，用原先那個設定好的數來除，若沒有餘數出現，則表示資料傳送正確，相反地，若有餘數產生，則表示資料傳送有誤。

在此以下面的範例來說明：

$$D(x) = 1101011011(b)$$
$$D(x) = x^4 + x + 1$$

1. 取 $G(x)$ 之係數 $= 10011(G(x) = 1x^4 + 0x^3 + 0x^2 + 1x + 1)$

2. $D(x) \times 2^4 = 11010110110000_2$

3. $D(x) \div G(x) \rightarrow$ 邏輯除

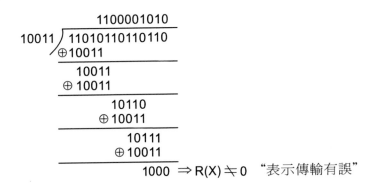

```
                1100001010
        10011 ╱ 11010110110000
              ⊕10011
                10011
              ⊕ 10011
                    10110
                  ⊕ 10011
                        10100
                      ⊕ 10011
                          1110  ⇒ R(X)
```

4. $T(x) = D(x) + R(x) = 11010110111110 \rightarrow$ 合併

5. 假設接收到的訊息

```
                1100001010
        10011 ╱ 11010110110110
              ⊕10011
                10011
              ⊕ 10011
                    10110
                  ⊕ 10011
                        10111
                      ⊕ 10011
                          1000  ⇒ R(X) ≒ 0  "表示傳輸有誤"
```

其中，D(x) 為欲傳送的資料位元，D(x)×24 以邏輯除以數學公式 G(x) 的係數，得到餘數 R(x)，然後將 D(x) 和 R(x) 合併為 T(x)，用 T(x) 傳送到接收端，於接收端再除以 G(x) 的係數，若得到的餘數為 0，則表示傳輸過程無誤，若餘數不為 0，則表示傳輸過程有錯誤。

在前面的範例中，G(X) 稱為 Generation Polynomial（產生多項式）。

以下列舉出一些在 **ITU-IEEE** 規範中所提供 G(X) 及其用途：

名稱	多項式	用途
CRC-1	$x^1 + 1$	同位元檢查
CRC-5-CCITT	$X^5 + x^3 + x^1 + 1$	ITU G.704 （Synchronous frame structures）
CRC-7	$x^7 + x^3 + 1$	通信系統 （MMC:MultiMediaCard）
CRC-8-ATM	$x^8 + x^2 + x^1 + 1$	ATM HEC
CRC-12	$x^{12} + x^{11} + x^3 + x^2 + x^1 + 1$	通信系統
CRC-16-CCITT	$x^{16} + x^{12} + x^5 + 1$	X.25，Bluetooth，PPP，IrDA
CRC-32	$x^{32} + x^{26} + x^{23} + x^{22} + x^{16} + x^{12} + x^{11} + x^{10} + x^8 + x^7 + x^5 + x^4 + x^2 + x + 1$	IEEE 802.3
CRC-64-ECMA-182	$x^{64} + x^{62} + x^{57} + x^{55} + x^{54} + x^{53} + x^{52} + x^{47} + x^{46} + x^{45} + x^{40} + x^{39} + x^{38} + x^{37} + x^{35} + x^{33} + x^{32} + x^{31} + x^{29} + x^{27} + x^{24} + x^{23} + x^{22} + x^{21} + x^{19} + x^{17} + x^{13} + x^{12} + x^{10} + x^9 + x^7 + x^4 + x + 1$	Standard ECMA-182

由上表，我們可以看出 G(X) 的一些原則，像 CRC-N 則首階為 N（如 CRC-7: $x^7 + x^3 + 1$），另外，其首階和最後一階必須為 1。

選用不同的 G(X) 對資料傳輸的錯誤偵測率也不同，G(X) 其階數越高，錯誤偵測率也越高，但同樣的也會佔用多一些傳輸時間。

4-6　網路 7 層協定

　　為了使作業系統與不同的作業系統的通訊，能有一個統一的標準，國際標準組織（International Standard Organization；ISO）於 1978 年提出了一個共通的網路通訊參考模式，稱為開放系統連結模式（Open System Interconnect mode；OSI），其共包含 7 層，如圖 4-17。

| 應用層（Application Layer） |
| 展示層（Presentation Layer） |
| 會議層（Session Layer） |
| 傳輸層（Transport Layer） |
| 網路層（Network Layer） |
| 資料連結層（Data Link Layer） |
| 實體層（Physical Layer） |

▲ 圖 4-17

4-6-1　基本觀念

　　ISO 的 OSI 網路 7 層參考模式，主要是提供一個共用的溝通模式，使得二系統之間資料的通訊（傳送、接收、中斷等）能更加的容易管理。各層都有其主要的功能，欲更新功能時，可個別的修改某些層即可，不必修改整個架構。

　　在圖 4-18 中，我們可以看出二系統在通訊時 ISO 的 OSI 參考模式連結方式，在第一層——實體層（Physical layer），其提供了網路的實質介質連結；而第二層至第七層則是由上而下或由下而上經由各介面來做資料的傳輸，其經由虛擬連結（Visual link），以對等處理（peer process）的方式來和另一系統的同層做連結。換句話說，真正在通訊時，是利用實體層，藉由實際的網路介質來完成資料的傳輸，而其他各層並不是直接連接在一起，而是所有欲傳送的資料與控制信號，往下傳到實體層，再經由實體的網路介質連接將資料送至接收端之實體層後，再上傳至各層。

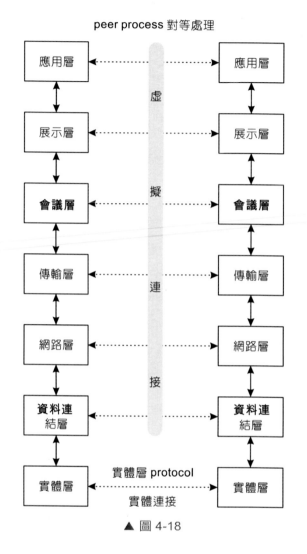

▲ 圖 4-18

　　OSI 參考模式的最低三層（實體層、資料連結層、網路層），主要是用來管理實體網路，偏向硬體技術，其包含了各種的規格，如不同的通訊媒體：雙絞線（Twisted-Wire Pairs）、同軸電纜（Coaxial Cable）、光纖（Fiber Optical Cable）……等，不同的網路存取方式，如：載波多重存取／碰撞偵測（CSMA/CD）、符號匯流排（Token Bus）、符號環（Token Ring）……等，不同的網路拓樸，如：星型（Star）、環型（Ring）、匯流排（Bus）……等。

　　OSI 參考模式的最高三層（會議層、展示層、應用層），則是偏向軟體技術，包含了字碼的轉換、資料的壓縮及解壓縮、使用者應用程式……等。

　　至於 OSI 參考模式的第四層——傳輸層，主要是作為最高三層與最低三層之間的溝通介面，確保傳輸的品質正常。

4-6-2　ISO 的 OSI 參考模式各層詳細功能

一 第一層　實體層（Physical layer）

負責資料位元在實體傳輸媒體上的傳輸，使電氣訊號可在二個裝置間交換，主要包含網路的電氣規格，如：電壓、電流的準位、連接器種類、連接器接腳定義、交換控制電話、傳輸速度、傳輸距離……等。

許多的通訊協定皆有實體層的部份，常見的如：電子工業協會 EIA（Electronic Industries Association）的 RS-232C、國際電報電話諮詢委員會 CCITT（Consultative Committee for International Telegraphy and Telephony）的 X.21，以及電機電子工程師協會 IEEE（Institute of Electrical and Electronic Engineers）的 802 系列等等。

二 第二層　資料連結層（Data link layer）

負責確保實體層連結的資料之正確性，包含資料傳輸的錯誤偵測及錯誤更正功能。由資料連結層建立一個可靠的通信協定介面，使第三層——網路層能正確地存取實體層的資料。

資料連結的通信協定，必須提供以下的基本功能：

1. **信號初始化**

其包含了四項連結服務：要求、指示、回覆、確認，以判斷連結無誤，如圖 4-19。

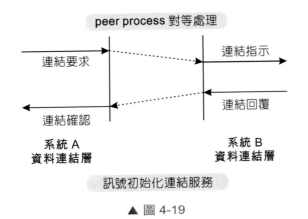

▲ 圖 4-19

2.　資料的分段

在傳輸資料時，先將資料分割成數小段，稱為區段（Block）或是訊框（Frame）後再傳送。

3.　錯誤偵測及錯誤更正

由於可能受到外界的干擾，使得資料在傳輸時，為了保證百分之百正確，因此資料連結層必須有錯誤偵測及錯誤更正的能力，以保持網路傳輸的品質。

4.　同步化

資料連結層在資料傳輸中加入同步位元，藉由同步的技術，使資料能正確地在傳送端及接收端間傳輸。

5.　流量控制

為了避免傳輸時接收端因輸入速度太快而超載，使得資料流失，因此必須控制資料輸入速度即資料流量，其不可快於接收端接收和處理的速度。

6.　終止

當網路停止通訊時，除了實體層中的實體介質會中斷連線之外，資料連結層也會提供終止的功能。

在區域網路協定 IEEE802 系列中（如：乙太網路 Ethernet、符號環 Token Ring、符號匯流排 Token Bus），其媒體存取控制（Medium Access Control；MAC）及邏輯連結控制層（Logical Link Control；LLC）的功能正好對應到資料連結層，如圖 4-20。

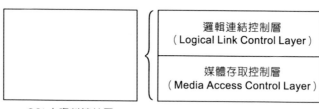

OSI 之資料連結層

▲ 圖 4-20

資料連結層除了上述的例子外，常見的還有，如：CCITT X.25 的連結層、ISO9314-2FDDI 的媒體存取控制層、ISO 的 HDLC（Higher-lever Data Link Control）高階數據連結控制協定……等等。

（三）第三層　網路層（Network layer）

管理節點到另一個節點的路徑，負責建立、維護及終止二個使用者之間的連結，使資料依其路徑傳輸，因此必須有定址的能力。

在網路層中，資料的傳輸是以封包的形式來運作，所謂封包（**Packet**）是指一組位元資料，其包含了傳送端、接收端節點位址位元，以及資料位元。

（四）第四層　傳輸層（Transport layer）

傳輸層主要是確保資料在網路層與會議層之間的傳輸品質，即正確、沒有遺失、沒有重複。像網際網路（**Internet**），其通訊協定 TCP/IP（Transmission Control Protocol/ Internet Protocol）即是屬於傳輸層的通訊協定，其中 **IP** 是針對定址部位的通訊協定，而 **TCP** 是屬於資料封包組合的通訊協定。

（五）第五層　會議層（Session layer）

會議層，主要在管理各使用者之間資料的交換型式，交換型式有單工、半雙工及全雙工。所謂單工，是指資料之傳送與接收，只能單向操作；半雙工，是指傳送和接收資料可雙向操作，但必須分開進行；而全雙工，則可雙向同時傳送和接收資料。

（六）第六層　展示層（Presentation layer）

負責將傳輸的資訊以有意義的形式表達給網路的使用者，其中包含了字碼的轉換、字碼的編碼與解碼資料格式的轉換、資料的壓縮與解壓縮。舉例來說，在 **IBM** 個人電腦上的檔案，以 **ASC** II 碼來表示文字，而 **IBM** 大型電腦則是使用 **EBCDIC** 碼來表示文字，在通訊時，就必須透過展示層的轉換，如此，雙方才可取得溝通。

（七）第七層　應用層（Application layer）

應用層，是 **OSI** 參考模式中的最高層，其提供了使用者網路上的服務，如分散式資料庫的存取、檔案的交換、電子郵件、模擬終端機⋯⋯等等。

4-7　區域網路與 OSI 的對應

　　區域網路採用的是電機電子學會（IEEE）系列標準，IEEE（Institute of Electrical & Electronic Engineers）比 ISO 的 OSI 組織早好些年成立並運作。IEEE 系列有很多標準，對於區域網路而言，所遵循的是 IEEE 802 系列。

　　IEEE 802 委員會成立於 1980 年，以制定區域網路的介面和協定標準化為努力的方向。由圖 4-21 可以十分清楚地看到 IEEE 802 系列標準正好對應到 ISO 的 OSI 第一層至第三層，分別為實體層、資料連結層及網路層。

4-7-1　IEEE 802 系列標準

🌐 IEEE 802.1：負責說明兩部份：

(1) 第一是 ISO 的 OSI 模式與 IEEE 802 的關係，如圖 4-21。

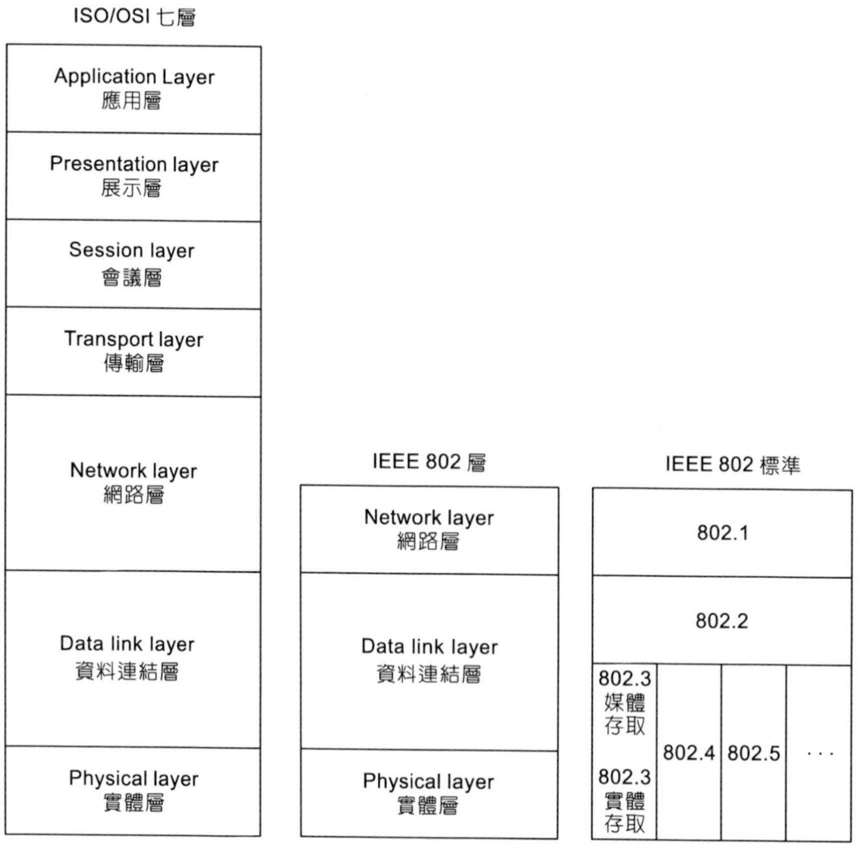

▲ 圖 4-21

(2) 第二是 IEEE 802 系列彼此之間的關係。

◎ **IEEE 802.2**：邏輯連結控制（Logical Link Control）負責連結層內，上層的服務，並提供錯誤控制、流量控制，和建立邏輯連接（Logical Connections）。

IEEE 802.2 更提供了多項不同的服務給上層的通訊協定，多項不同的服務是根據不同的信賴度（reliability）的規格而訂定的，然而不同的信賴度則是廠商依據 IEEE 802.2 委員會所制定出的規格和生產物品所必須具備的特性。

◎ **IEEE 802.3 標準**（使用於乙太（Ethernet）網路卡）

IEEE 802.3 分成二部份，第一部份是媒體存取（Media Access），第二部份是實體層（Physical Layer）。

(1) **媒體存取**

負責載波多重存取／碰撞偵測（Carrier Sense Multiple Access / Collision Detection；CSMA/CD）。有關 CSMA/CD 我們將在後面章節中有進一步的說明。

(2) **實體層**

IEEE 802.3 標準提供了多種不同實體層選項以供使用，如圖 4-22。

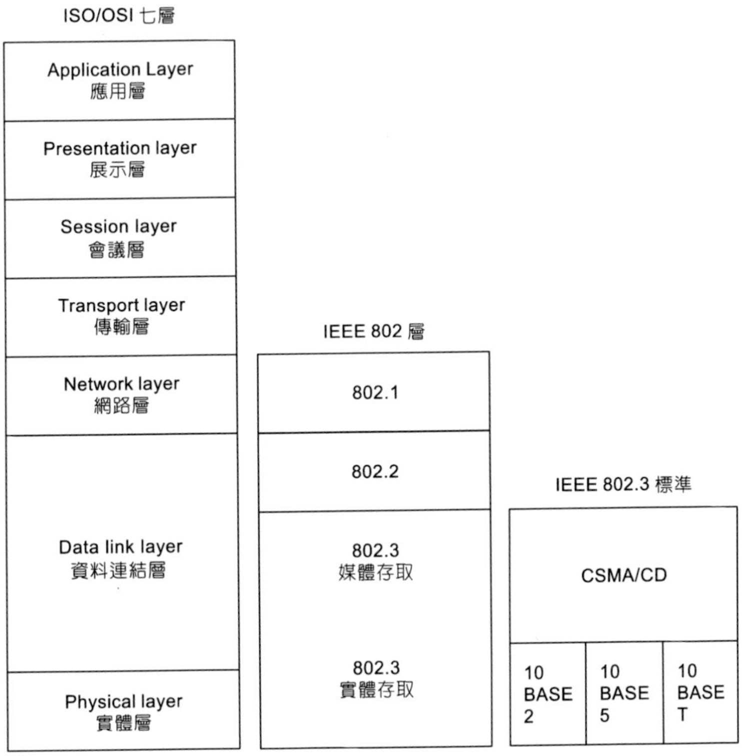

▲ 圖 4-22

Q & A 測試

1. 以涵蓋範圍來區分網路，可分為哪三類？

2. 區域網路的基本拓樸方式包含哪三種？

3. 基頻同軸電纜，使用類比式還是數位式信號？寬頻同軸電纜，使用類比式還是數位式信號？

4. 寬頻同軸電纜的信號傳輸方向為 _____。

5. 光纖依光線的反射角度種類，可分為_____、_____。

6. 光纖傳輸之優點：_____。

7. 分封交換技術中的 Datagram 和 Virtual Circuit 的主要差異為何？

8. 線路交換 Circuit Switch 和分封交換中的 Virtual Circuit 主要的差異為何？

9. 已知欲傳送的資料，以 CRC 方法，求出其傳送到接收端之信號 T(x)？

10. OSI 有哪七層？

11. In the Open Systems Interconnection（OSI）seven-layer communication model，the network layer lies in（台大資管所 100 學年度計算機概論）

    （A）layer2（B）layer3（C）layer4（D）layer5（E）layer6

12. Which of following is wrong in the OSI（Open System Interconnection）model？（台大資管所 102 學年度計算機概論）

    （A）layer 1 is physical（B）layer 2 is data link（C）layer 4 is transport

    （D）layer 5 is presentation（E）later 7 is application

13. The most popular transmission medium option for wired Ethernet networks is：（成大資管所 101 學年度計算機概論）

    （A）Fiber-optic cable（B）Coaxial cable（C）Unshielded twisted pair cable

    （D）Power-Line cable

14. OSI 7-layer 模型裡，為何 layer2 和 layer4 都需要具有錯誤偵測與處理的能力？（中央資管所 98 學年度計算機概論）

◎ **參考解答** ◎

1. LAN、MAN、WAN

2. Star、BUS、Ring

3. 數位式、類比式。

4. 單向。

5. 單模、多模。

6. a. 頻帶寬

   b. 不受電磁干擾

   c. 不受雜訊和串音影響

   d. 保密性高

7. Datagram：

   a. 其資料封包，不保證依序送達目的站。

   b. 不須建立路徑。

   Virtual Circuit：

   a. 其資料封包，會依序送達目的站。

   b. 須建立路徑。

8. Virtual Circuit 建立之路徑非專屬。Circuit Switch 建立之路徑為專屬。

9.
```
                1010100
       10011 ╱ 10110110000
            ⊕ 10011
            ─────────
                10111
              ⊕ 10011
              ─────────
                  10000
                ⊕ 10011
                ─────────
                   1110  ⇒ R(X)
```

$$T(x) = D(x) + R(x) = 10110111100(b)$$

10. 實體層、資料連結層、網路層、傳輸層、會議層、展示層、應用層。

11. （B）

應用層（Application Layer）
展示層（Presentation Layer）
會議層（Session Layer）
傳輸層（Transport Layer）
網路層（Network Layer）
資料連結層（Data Link Layer）
實體層（Physical Layer）

12. （D）

應用層（Application Layer）
展示層（Presentation Layer）
會議層（Session Layer）
傳輸層（Transport Layer）
網路層（Network Layer）
資料連結層（Data Link Layer）
實體層（Physical Layer）

13. （C）

基於成本考量，一般是採用無遮蔽隔離式雙絞線（Unshielded twisted pair cable），其須和 RJ-45 接頭配合使用。

14. Layer2：資料連結層（Data link layer）負責確保實體層連結的資料之正確性，包含資料傳輸的錯誤偵測及錯誤更正功能。由資料連結層建立一個可靠的通信協定介面，使第三層 —— 網路層能正確地存取實體層的資料。

Layer4：傳輸層（Transport layer）傳輸層主要是確保資料在網路層與會議層之間的傳輸品質，即正確、沒有遺失、沒有重複。

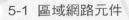

CHAPTER

5

區域網路的元件及連線

5-1　區域網路元件

組成區域網路的元件如下：

🌐 **電腦**：依其功能又可分成網路伺服器、工作站。網路伺服器為提供如檔案、印表機或硬碟空間等資源給其他電腦使用，除了伺服器之外，其餘的電腦皆可稱為工作站。

🌐 **網路卡**：無論是網路伺服器或工作站，要連上網路，必須在其擴充槽上插入網路卡。網路卡主要的功能在於將傳送的資料分割成數段，再加上傳送者及接收者的位址及相關控制訊號，組成了封包，經由傳輸媒體傳送，到達接收者時，其網路卡必須還原封包成原本的資料，並做錯誤檢查。

🌐 **網路卡驅動程式**：一般的網路卡都附有驅動程式，作為網路卡與網路作業系統之間的溝通橋樑。

🌐 **傳輸媒體**：雙絞線、同軸電纜、光纖。

🌐 **網路作業系統**：目前常見的有 Windows 2012、Unix、Linux……等。

🌐 **配線設備**：依據不同的傳輸媒體及功能要求，而有下列幾種配線設備：

(1) **多重工作站存取單元**（Multistation Access Unit；MAU）：在符合 IEEE 802.5 規格的 Token Ring 記號環區域網路，電腦可藉由適當的電纜線，例如：RG-62 或雙絞線，連接至 MAU。MAU 可提供 4 或 8 個連接埠供電腦連接，變成星型結構，而 MAU 與 MAU 之間又可由同軸電纜或光纖連接形成環型結構，如此可建構一較大型的網路。

(2) **訊號增強器**（Repeater）：Repeater 主要是用來增強訊號以增長網路傳輸距離。配線使用 UTP（無遮蔽隔離式雙絞線），其最大有效長度為 100 公尺，若使用 RG-58 則可達到 185 公尺，但是，若超過最大有效長度，訊號可能會衰減，因此必須使用 Repeater，來加強訊號，使用後，其網路線的長度可擴張 2 公里以上。

電的訊號，經由電纜的傳送，其訊號強度會隨著傳輸距離的長度增加而衰減，為了避免訊號因此而失真，必須使用訊號增強器（Repeater）。

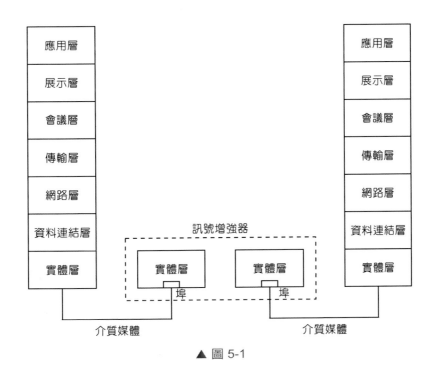

▲ 圖 5-1

Repeater，其主要的功能在增強訊號的強度，使訊號可被正確地傳到更遠的地方。Repeater 是個簡單硬體設備，其操作功能對應到 OSI 的最底層──實體層，如圖 5-1。

不同的網路架構與傳輸介質，所需設置的 Repeater 距離也有所不同，例如：UTP 的有效距離為 100 公尺，Ethernet 粗線（RG-8、RG-11）為 500 公尺，Ethernet 細線（RG-58A）為 185 公尺，若超過其有效距離，訊號便可能過度衰減而造成訊號嚴重失真，因此，必須適時地使用 Repeater。

一個網路區域中，若是增加太多節點，不但會使傳輸品質下降，還會造成網路壅塞。一般而言，一個區域若超過 30 個節點以上時，最好使用 Repeater，將其分成二個或數個以上的區域，如圖 5-2。

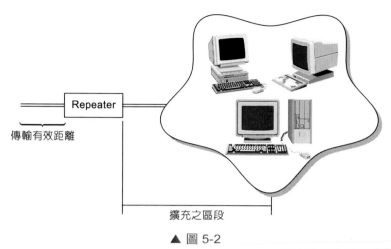

▲ 圖 5-2

要注意的是,經由 Repeater 連接的不同區段,皆是屬於同一個網路,換句話說,延伸區段上的節點位址,和原區段上的節點位址,不能重複。

(3) **集線器(HUB)**:其和 HAU 相同,都屬於星型結構。主要用在乙太網路的 UTP 配線。

一個 HUB 通常提供數個 RJ-45 接頭以及一個以上的 BNC 或 AUI 接頭。BNC 接頭是用來連接細型同軸電纜(如:RG-58),而 AUI 接頭則是用來連接寬型同軸電纜(如:RG-8、RG11)。

若以抗雜訊的觀點而言,HUB 比不上使用同軸電纜,但就網路管理而言,使用 HUB 是個不錯的建議。HUB,又依是否能提供 Repeater 功能,分成主動式(Active)及被動式(Passive)兩種,主動式可提供 Repeater 功能,必須外加電源,被動式則不提供 Repeater 功能,因此不須外加電源。

圖 5-3 為利用 HUB 連線示意圖。

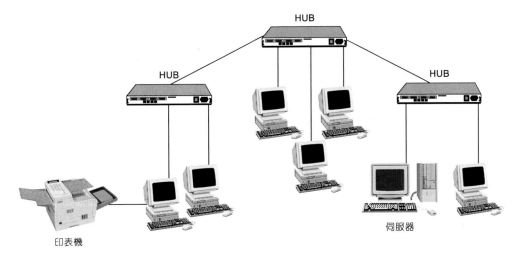

HUB

HUB

HUB

印表機

伺服器

▲ 圖 5-3

　　早期的集線器，只是純粹的提供連接的功能，現在的集線器，則增加了不少其他的功能，例如：訊號增強的功能、網路管理的功能、可堆疊的功能。

🌐 訊號增強功能

　　現在的集線器，大多都必須外加電源，因此包含了 Repeater 的功能，可增強訊號強度。

　　例如：

友訊的 DE-8058 TP（5 10Base-T ports）

　　　　DE-809 TC（8 10Base-T ports，1BNC）

　　　　DE-810 TAC（8 10Base-T ports，1BNC，1AUI）

　　　　DE-816 TP

　　　　DE-824 TP

智邦的 EH2045S（5 10Base-T ports）

　　　　EN2040（8 10Base-T，1BNC）

　　　　EH2046（8 10Base-T）

　　　　EN2041S（16 10Base-T，1BNC，1AUI）

圖 5-4 是友訊的 DE-816TP，DE-824TP

DE-816TP

DE-824TP

▲ 圖 5-4

網路管理

某些集線器,加入 SNMP(Simple Network Management Protocol)的功能,因此集線器也具有簡單的網路管理功能。

可堆疊的功能

利用集線器所提供的 RI(Ring in)、RO(Ring out)埠,可將多台集線器串接在一起。如此的連接方式,主要在於可節省未來擴充設備的經費,只要有一台具備網路管理且具可堆疊能力的集線器(價格較貴),要擴充其他集線器時,就可以只買不具網路管理功能但具堆疊能力的集線器(價格便宜),經由串接方式,即可達到最經濟的擴充功效,如圖 5-5。

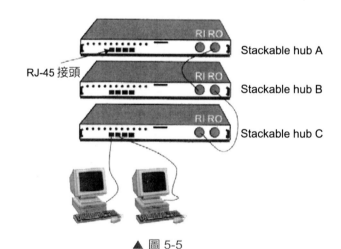

RJ-45 接頭

Stackable hub A

Stackable hub B

Stackable hub C

▲ 圖 5-5

具有可堆疊而不具有網路管理的集線器範例如下：

例如：

友訊的 DE-812 TP ＋（12 10Base-T ports，1BNC，1AUI）

　　　DE-816 TP（16 10Base-T ports，1BNC，1AUI）

　　　DE-824 TP（24 10Base-T ports，1BNC，1AUI）

智邦的 EH2051（16 10Base-T，1BNC，AUI & fiber-optic Module are optional）

具有可堆疊又具有網路管理功能的集線器範例如下：

例如：

友訊的 DE-1812i（12 10Base-T ports，1AUI，SNMP）

　　　DE-1824Ei（24 10Base-T ports，1AUI，SNMP）

　　　DE-1824E（24 10Base-T ports，1AUI，SNMP）

智邦的 EH1501S（16 10Base-T ports，1BNC，AUI & fiber-optic Module are optional）

　　　EH1502S（16 10Base-T ports，1BNC，AUI & fiber-optic Module are optional）

圖 5-6 是友訊的 DE-1824Ei，DE-1824E。

▲ 圖 5-6

5-1-1　橋接器

　橋接器（Bridge），可用來連接 2 個使用同樣通信協定的區域網路，其連接操作的功能，可對應到 OSI 的實體層及資料連結層，如圖 5-7。

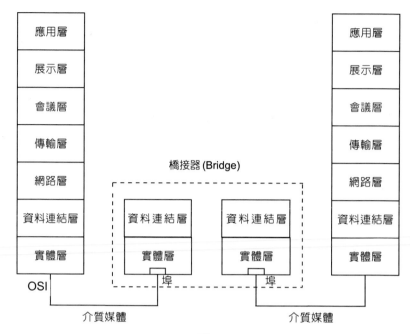

▲ 圖 5-7

橋接器的優點

在區域網路上使用橋接器，有下列幾項優點：

分區管制

當橋接器發現網路上傳遞的封包其位址（**MAC address**），在其資料庫中，表示目的節點和傳送節點是屬於同一個區域，則該封包不會經過橋接器傳到其他區域去，反之，若該封包是要傳到另一個區段，則封包資料就會透過橋接器傳到另一個區域去。如圖 5-8。

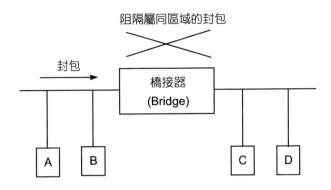

若由 A 傳至 B 時，封包無法透過 Bridge

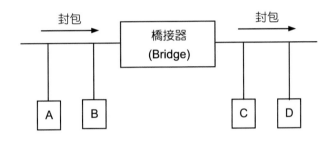

若由 A 傳至 C 時，封包可透過 Bridge

▲ 圖 5-8

提供遠端網路連接

橋接器依使用範圍的大小，可分成本地橋接器（Local Bridge）以及遠端橋接器（Remote Bridge）。

Local Bridge，主要使用於區域網路中，而 Remote Bridge，其具有連接廣域網路的能力，經由數據機，即可連接分隔兩地的不同區域網路，如圖 5-9。

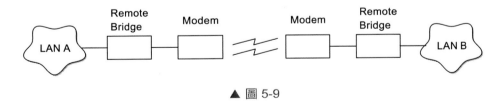

▲ 圖 5-9

提高資料傳輸可靠度

由於橋接器可分隔二個不同的區域網路，當任一邊故障，如：斷線或節點當機等，均不會影響到另一邊。

🌐 **提供安全管制**

某些具有網路管理功能的橋接器，可針對特定的節點或區域網路做管制，因此，可多提供一份網路上的安全保障。

⬡ **二** 橋接器選擇路徑的方法

橋接器選擇路徑的方法，依網路類型不同，而有所差異，例如，在乙太網路中是使用動態樹狀延伸法（**Spanning Tree**），在符號環網路中是使用起始路徑法（**Source routing**）。

🌐 **動態樹狀延伸法（Spanning Tree）**

其包含二個程序所組成，分別是橋接器前向程序（**Bridge forwarding Process**）以及橋接器學習程序（**Bridge Learning Process**）。橋接器前向程序，其操作流程，如圖 5-10。

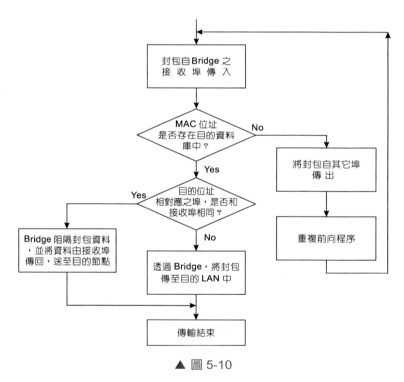

▲ 圖 5-10

當橋接器的接收埠收到資料封包時，它會判斷其 **MAC address** 是否存在於橋接器的資料庫中，若存在，則判斷其目的位址所對應的埠與其接收埠是否相同？若相同，表示傳送節點與目的節點是位於同一區域，因此，封包資料不會再由其他埠傳出，而會從接收埠回傳到目的位址；倘若目的位址所對應的埠與其接收埠不相同，表示目的節點的位址可能在其他區域中，因此，便由其他埠將封包傳出，然後重複上述步驟，以便將資料傳送到正確的目的節點。

我們以圖 5-11 為例：

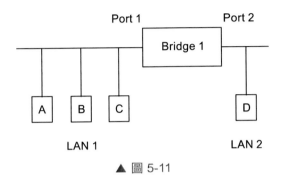

▲ 圖 5-11

1. **Case1**

   假設節點 A 要傳送資料給節點 C，首先，橋接器 1 會判斷目的位址 C，是否在其資料庫中，本例中，橋接器 1 有 C 的位址資料，因此，資料便由埠 1 向橋接器 1 傳送。

   接著，再判斷，其目的位址所對應的埠（本例為埠 1），是否和接收埠相同？經判斷，二者相同，表示節點 A、C 在同一區域中，因此，封包便再由埠 1 回傳到節點 C 中。

2. **Case2**

   假設節點 A 要傳送資料給節點 D，橋接器 1 判斷目的位址 D，其目的位址所對應的埠（本例為埠 2）和接收埠不相同，表示節點 A、D 不在同一區域內，便由橋接器埠 2 將封包資料傳給節點 D。

   橋接器學習程序（**Bridge Learning Process**），其操作流程圖如圖 5-12。

   此程序主要的目的，在於確認及更新資料中接收埠所連接節點資料。透過計時器的作用，來修改資料庫中的資料。每當該筆資料有被比對時，則計時器即歸零重新計時，當計時器達設定值時，表示該連接的節點資料，在此時間中，皆無比對動作，有可能該節點已經自橋接器移除，故橋接器可自動更新資料庫，並記錄最新橋接器的節點連接情形。

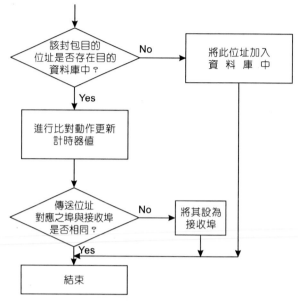

▲ 圖 5-12

起始路徑法（Source routing）

其以動態方式，選擇傳送節點到目的節點的路徑，可避開一些壅塞的路徑，因此，可提高傳輸效率。其運作方式，是先以類似廣播方式，發出探索框（Discovery frame）的訊號，此訊號會沿著所有的路徑，設法抵達目的節點並記錄該路徑，然後依原路徑回到傳送節點，整合所有的可能路徑後，再判斷出最短的一條路徑，最後再以此路徑來傳送資料。起始路徑法的資料格式如圖 5-13。

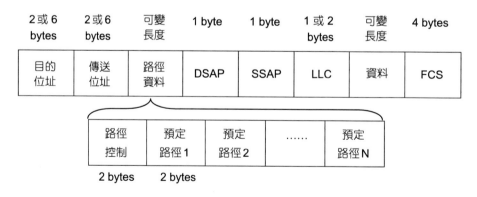

▲ 圖 5-13

5-1-2　路由器

當多段網路要連接時，可以使用路由器（Router）。前面曾提及橋接器，其也可以用來連接網路，但二者有何不同？

一　路由器與橋接器之比較

路由器和橋接器不同的地方有下列幾點：

◎　流量管制

路由器和橋接器最大的不同處，在於路由器具有選擇適當傳輸路徑（網路上流量少、傳輸品質高）的功能，而橋接器只能依封包資料的 **MAC address** 做過濾的動作。

◎　對應的 OSI 層不同

路由器的運作是在 OSI 的底下三層，即實體層、資料連結層、網路層，如圖5-14。而橋接器則是在實體層及資料連結層中運作，換句話說，路由器也可包含橋接器的功能。

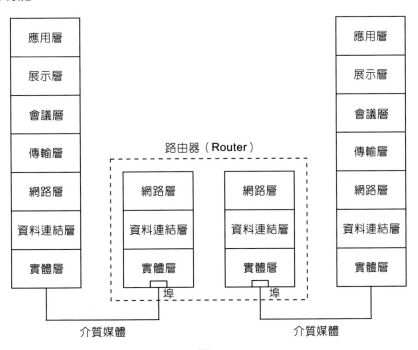

▲ 圖 5-14

網路拓樸方式

前面曾提及橋接器只有依封包資料的 **MAC address** 來傳送資料，並沒有選擇路徑的功能，因此，橋接器只允許做簡單的網路串接拓樸方式，而路由器因有選擇路徑的功能，所以可以採網狀的拓樸方式連接。

二 路徑表的建立

路由器如何能將資料封包經由最佳路徑傳遞呢？主要是藉由路徑表（Routing table）的建立。

在每台路由器中，都內建有一個路徑表，用來記錄相關網站的位址，以供路由器做選擇路徑的參考。

在路徑表中的節點位址，是以階層式的方式表示，所謂階層式的位址，和國際電話的編碼方式類似，國際電話是由三個階層所組成，即國碼、區域號碼、用戶號碼，而節點位址，則是由網路 ID 加上主機 ID 而成，我們以圖 5-15 及表 5-1，來表示其網路連接示意圖及節點 A 主機的路徑表。

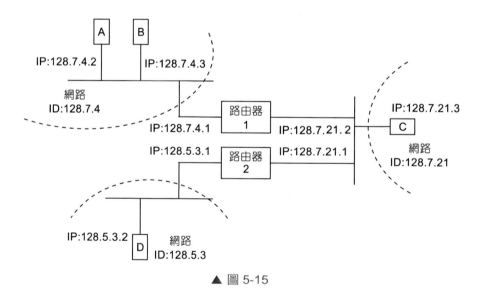

▲ 圖 5-15

◎ 表 5-1

網路ID	Router ID	Hops
128.7.4	NULL	0
128.7.21	128.7.4.1	1
128.5.3	128.7.4.1	2

在網際網路中的 IP 是以 32 位元來表示一個節點的位址，一般以十進位數字表示二進位 8 個位元，32 位元共可以 4 個數字表示，例如：140.118.31.5。

本例中，網路 1、2、3 的位址分別是 128.7.4、128.7.21、128.5.3，而節點 A 的位址是 218.7.4.2。而路由器（Router）是用來連接二個網路，因此其具有二個位址，像路由器 1，其位址是 128.7.4.1 以及 128.7.21.2。

當節點 A 要和節點 B 連接時，由 A 的路徑表可知，Hops ＝ 0，表示二者在同一網路中，所以不須經過路由器，若節點 A 要和節點 D 連接，Hops ＝ 2，表示必須經過 2 個路由器。

三 路徑表的建立方式

路由器的路徑表建立方式，有二種，一是靜態（static）方式，此種路徑表必須由網路管理者自行建立，對網路管理者而言，較不方便。

另一種方式，是動態（dynamic）方式，其路徑表，是經由各路由器自行以探測訊息來溝通而建立彼此的路徑表，其也可以自動顯示目前網路狀況（正常、阻塞或中斷），對於網路管理者而言，十分便利。

四 路由器的通訊協定

路由器是為了使各種網路在廣域網路上能夠進行溝通，因此，必須提供相容的通訊協定，例如：Novell 的 IPX/SPX，以及最流行的網際網路 TCP/IP，路由器也都有支援。

五 路由器的功能

以下以 Cisco System 的 12000 系列和 7500、7000 為例，為您介紹路由器的能力。

◎ Cisco 12000 系列產品為網路界第一款 Gigabit Switch Router（Gigabit 交換式路由器），並以 OC3/STM-1（每秒 155 百萬位元）及 OC12/STM4（每秒 622 百萬位元）之傳輸速率支援 IP 網路骨幹連結。

Cisco 12000 未來速率更將提升至 OC-48/STM-16（每秒 2.4Gigabits），最後並到達 OC-192（每秒 9.2Gigabits）的標準。

Cisco 目前提供兩種 Cisco 12000 版本，分別為 12 個插槽的 Cisco 12012，以及 4 個插槽的 Cisco 12004。其中 Cisco 12012 的交換能力介於 15Gbps 及 60Gpbs 之間，而 Cisco 12004 的交換能力則最高可達 5Gbps。目前這兩款機種都採用高速分散式路由架構，結合流暢交錯式交換架構，能以 mulitigigabit 的速率提供 Layer 3 路由服務。

Cisco 12000 系列產品不但可提升 Internet 的頻寬與效能，還可使 Internet 支援更先進的服務，並達到更高階的強固性；為提供更先進的服務，Cisco 12000 在每個線路卡上內建 Silicon 佇列引擎（Silicon Queuing Engine；SQE），可進行複雜的封包處理，使網路雖在高達 gigabit 的傳輸速度下，依然維持一流的服務品質（QOS）。

除此之外，Cisco 12000 也以最佳化方式處理多元播送（multicast）功能，支援多媒體服務與遠距教學應用軟體。而且為了提高網路之可用性，Cisco 12000 可巧妙地搭配 SONET/SDH 傳輸設備，在設備故障時利用備用連結執行自動保護交換功能（automatic protection switching；APS）。

Cisco 12000 系列產品與 Cisco 7500 系列的功能相輔相成，後者不但是 Internet 連線與集訊（aggregation）的絕佳平台，還可執行 OC-3 以下的 Internet 應用程式。

◎ Cisco 7500 及 Cisco 12000 系列產品皆使用高延展性、功能強大的 Cisco IOS 軟體，提供高效能佇列服務與資料流控管（traffic engineering）服務，以支援各項 IP QOS 產品。Cisco 12000 與 Cisco 7500 一樣，能支援標籤交換（Tag Switching）技術。Cisco IOS 軟體所採用的技術，可在封包式網路或 ATM 網路上整合路由及交換功能，藉以提昇 IP 網路之運作效能。

◎ Cisco 7500 與 7000 系列路由器具備整合路由／交換處理器（Router/Switch Processors；RSPs），其強化功能與配備包括：

(1) 高速串列介面（high-speed serial linterface; HSSI）連接卡（port adapter）模組，提供一至二個全雙工 HSSI 介面，以使用於需要大量連接的分散式交換環境。二片 port adapter 模組（子卡）可以插在 Cisco 新的通用介面處理器（Versatile Interface Processors；VIPs）。

(2) OC-3 連接卡，以 155-Mbps 速率連接專用和公用同步光學網路（SONET）與同步數位分層式（Synchronous Digital Hierarchy；SDH）網路設施。

(3) 8-port 串列介面卡，提供高密度串列連接。

(4) 2-port ISDN PRI 主要傳輸率介面卡，支援由遠端高速存取中央節點的服務。

Cisco 也為其高階路由器發表一個新的壓縮服務卡（Compression Service Adapter；CSA），以強化 Cisco Internetwork Operating System（Cisco IOS）軟體的資料壓縮能力。

此外，網路管理者可以利用 Cisco IOS 新的交換機制 NetFlow Switching，進一步將 WAN 頻寬擴展至最大。NetFlow Switching 能在網路周圍的路由器上，為加值 Layer 3 服務提供高速處理。

Cisco IOS Release 11.2 將提供新的品質服務（quality of service）能力，例如：資源保留協定（Resource Reservation Protocol；RSVP）。RSVP 能和 Cisco IOS 軟體先進佇列技術相輔相成，並根據使用者定義的優先性配置頻寬。

Cisco 也大幅強化其端對端網路安全解決方案，包括為高階路由器發展新的加密服務卡（Encryption Service Adapter；ESA），提供如 Cisco IOS 軟體的加密功能。加密服務卡能將加密處理負荷卸載到專用的硬體上，以確保在對路由器性能影響最小的情況下，達到高效能的加密處理。

5-1-3 閘道器

閘道器（Gateway）的運作是屬於高階的通訊協定，其功能類似一翻譯員，用來解決不同類型網路間的連接問題。

前面所提供的訊號增強器（Repeater）運作於相同實體層的網路中，橋接器（Bridge）用來連接不同的 MAC 層（媒體存取控制層）；路由器（Router）則是在網路層工作，提供尋徑的功能；而閘道器（Gateway）則是可連接完全不同的網路，換句話說，其可連接 OSI 七層完全不同的網路架構，其對應情形，如圖 5-16。

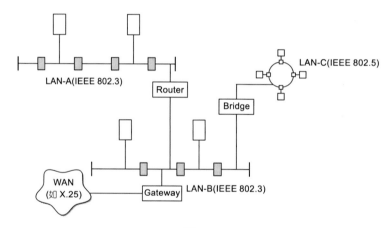

▲ 圖 5-16

在 Internet 盛行的今日，區域網路連上廣域網路常須利用閘道器來完成，如圖 5-17。

▲ 圖 5-17

 LAN-A、LAN-B可和WAN相通（因為利用Router及Gateway），但LAN-A、LAN-B、WAN無法直接和LAN-C中指定的任一台主機通訊（因為Bridge無提供網路層的服務）。

一般而言，閘道器提供以下的功能：

1. **位址格式的轉換**：閘道器可做為不同網路之間不同位址格式的轉換，以便供定址和選擇路徑之用。

2. **定址和選擇路徑**：定址的目的在於指定各設備或資源在網路上的位置，如同家家戶戶的門牌號碼，配合傳輸路徑的選擇，以便建立二網路之間的連接。

3. **封包格式的轉換**：由於連接的網路其架構可能完全不同，因此其可能使用不同長度的封包，閘道器可提供封包的分割與重組，以便適合不同的網路傳輸，如圖 5-18。

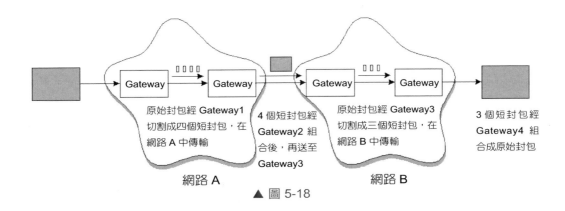

▲ 圖 5-18

4. **資料字元格式的轉換**：閘道器對於不同系統的字元，也必須提供字元格式的轉換，如 ASCII ⟷ EBCDIC。

5. **網路傳輸的流量控制**：網路傳輸的流量必須加以控制，以避免壅塞或資料流失。

6. **協定轉換**：閘道器可提供不同網路間的協定轉換，例如：將 LAN 的 Physical layer 轉換成 X.25 的 X.25-1。

5-2　區域網路的標準及原理

國際電機電子協會（Institute of Electrical and Electronics Engineers；IEEE）針對區域網路（LAN）訂定了有關的標準，以便提供廠商依循。

其內容如表 5-2。

◎ **表 5-2**

工作群組名稱	工作群組簡稱	制定的標準內容
IEEE 802.1	HILI	有關LAN在OSI參考模式中，高階層介面的管理（High Level Interface）。
IEEE 802.2	LLC	有關LAN在OSI參考模式中，第二層的邏輯連接控制標準（Logic Link Control）。
IEEE 802.3	CSMA/CD	有關LAN在OSI參考模式中，第二層的媒體存取控制方式（Media Access Control）以CSMA/CD為標準。
IEEE 802.4	Token Bus	有關LAN在OSI參考模式中，第二層的媒體存取控制方式（Media Access Control）以Token Bus為標準。
IEEE 802.5	Token Ring	有關LAN在OSI參考模式中，第二層的媒體存取控制方式（Media Access Control）以Token Ring為標準。

工作群組名稱	工作群組簡稱	制定的標準內容
IEEE 802.6	MAN	有關OSI參考模式第二層中，都會網路（Metropolitan Area Netwaork）之媒體存取控制方式。
IEEE 802.7	BBTAG	有關OSI參考模式第一層中，寬頻電纜的標準及對802.3及802.4的技術支援。
IEEE 802.8	FOTAG	有關OSI參考模式第一層中，光纖電纜的傳輸及對802.3及802.4的技術支援。
IEEE 802.9	IVDLAN	有關LAN中，聲音／資料整合的功能標準。
IEEE 802.10	SILS	有關LAN中，安全問題的標準。

而有關於信號調變方式、通信媒體存取方式、網路連接型態等，主要規定在 IEEE 802.3、802.4、802.5。

5-2-1　IEEE 802.3

IEEE 802.3 規格，見表 5-3。

◎ 表 **5-3**

規格	IEEE 802.3			
媒體存取方式	CSMA/CD			
信號傳送與調變方式	基頻（Base Band）			
信號編碼方式	曼徹斯特（Manchester）編寫			
種類	10 Base 5	10 Base 2	1Base 5	10 Base T
纜線規格	粗同軸電纜 RG-11	細同軸電纜 RG58 A/U	無遮蔽隔離式雙絞線UTP	
傳送速度	10Mbps		1Mbps	10Mbps
拓樸（網路型態）	匯流排（BUS）		星型（Star）／匯流排（BUS）	
每段最大節點數（可接電腦數）	100台／區段	30台／區段		
可連接之最大區段數	5段	5段		
最大距離	2.5km（500m/區段）	925m（185m/區段）	2.4km	4.0km

n Base m：表示資料傳送速度為nMbps（基頻），而纜線最大長度可達m百公尺。例如：10 Base 5，表示資料傳送為10Mbps（基頻），纜線最大長度為500公尺。IEEE 802.3所採用的媒體存取方式是CSMA/CD（Carrier Sense Multiple Access/Collision Detection）載波多重存取／碰撞偵測。

如圖 5-19。

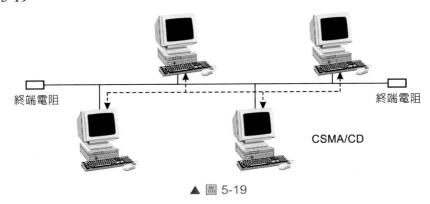

終端電阻　　　　　　　　　　　　　　　　　　　　終端電阻

CSMA/CD

▲ 圖 5-19

載波多重存取／碰撞偵測（CSMA/CD）

區域網路上的一種媒體存取控制方法，如 Ethernet 的媒體存取控制即是運用此法。Ethernet 是透過 CSMA/CD 機制中的 CS（Carrier Sense）載波感應及 CD（Collision Detection）碰撞偵測來達成其 MA（Multiple Access）多重存取的目的。

(1) **CS（Carrier Sense）載波感應**

當某主機要開始傳送資料時，首先會檢查目前傳輸媒體上是否有其他主機正在傳送資料，即載波感應（Carrier Sense）。

(2) **CD（Collision Detection）碰撞偵測**

若網路沒有忙線，則立即將資料傳送出去，並再檢查是否有其他主機也要傳送資料，此稱為碰撞偵測（Collision Detection）。若有其他主機也要傳送資料，則會造成碰撞（Collision）的情形；若沒有，則繼續傳送並偵測有無碰撞，直到傳送完成。

(3) **MA（Multiple Access）多重存取**

當傳送資料產生碰撞情形時，則此資料立即停止傳送，而欲接收資料的主機，會放棄此筆資料，其欲傳送資料的主機會等待一段隨機時間（Random Time）後，再準備重新傳送資料，此稱為多重存取（Multiple Access）。

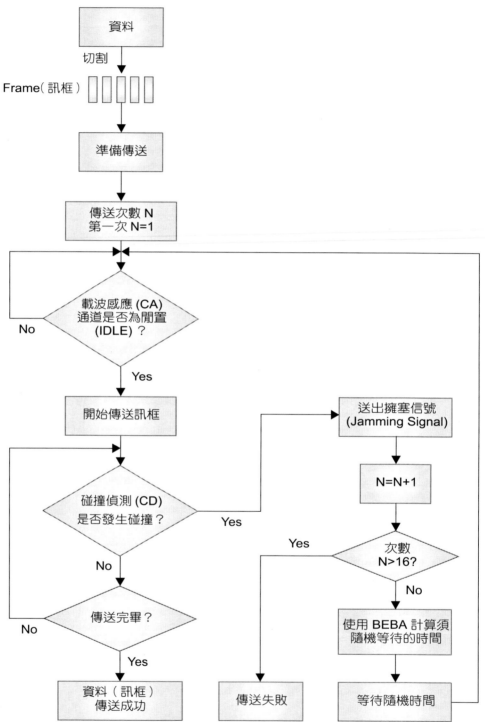

▲ 圖 5-20 CSMA/CD 接收資料流程

我們以圖 5-20、圖 5-21 來說明 CSMA/CD 的傳送流程及接收流程。

說明如下：

1. 要傳送的資料，先切割成 Ethernet Frame（訊框）的格式，準備傳送。

2. 當某主機 A 將在網路上傳送時，首先，需偵測網路上的通道（Channel）是否是閒置的（idle），也就是執行 CA（Carrier Sense）載波感應。

3. 假使通道是閒置的，那麼主機 A 就可以將資料（訊框）傳送出去，然後進入步驟 4；但若發現該通道已有資料傳輸中，則要回到步驟 2。

4. 資料（訊框）傳送出去後，主機 A 就會偵測是否有其他主機也在傳送資料造成碰撞（collision）的情形，也就是執行 CD（Collision Detection）碰撞偵測。

5. 若主機 A 無偵測到碰撞的情形，則可以繼續傳送資料，然後持續步驟 4；但若主機 A 偵測到碰撞的情形，則主機 A 會停止傳送資料，並對整個網路送出擁塞訊號（Jamming Signal），然後計數累計發生碰撞的次數，若小於 16 次（Ethernet 預設值），則使用「二元指數後退演算法」（Binary Exponential Backoff Algorithm：BEBA），計算出隨機等待的時間（random time）並等待後，再回到步驟 2，重新排隊競爭以取得傳送資料的權利。

6. 在步驟 5 中，若計數累計發生碰撞的次數，大於 16 次，那麼主機 A 的資料傳送就正式宣告失敗了。

「二元指數後退演算法」（Binary Exponential Backoff Algorithm；BEBA）：

- Random time= $r \times$ Slot time（時槽時間，在 IEEE 802.3 中定義為 $51.2\,\mu s$）
  $= r \times 51.2\,\mu s$

- $r : 0 \leqq r < 2k$（二元指數）

- n: collision times（發生碰撞的次數）

- k: k=Min（n，10），即取 n 和 10 二者的最小值。

例如：

- 第一次發生碰撞時，n=1，k=Min（1，10）=1，$0 \leqq r < 2^1$（即 r 可以為 0 或 1）因此隨機等待的時間 Random time=0 或 $51.2\,\mu s$。

- 第二次發生碰撞時，n=2，k=Min（2，10）=2，$0 \leqq r < 2^2$（即 r 可以為 0、1、2 或 3）因此隨機等待的時間 =0、$51.2 \times 1 = 51.2 \times 1\,\mu s$、$51.2 \times 2 = 102.4\,\mu s$、$51.2 \times 3 = 153.6\,\mu s$。

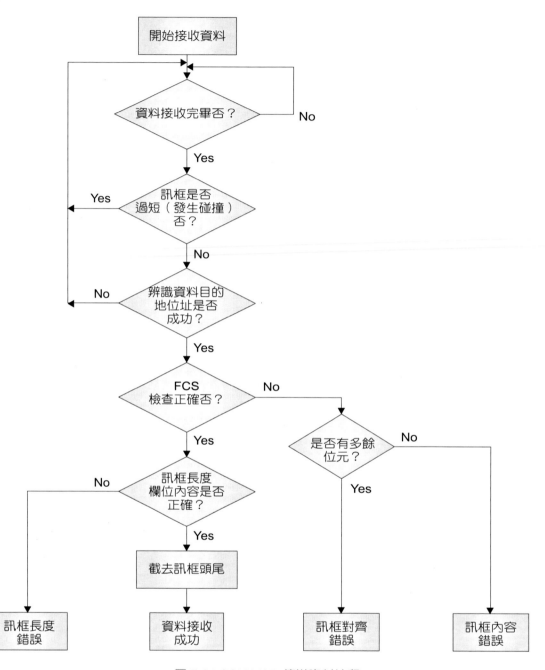

▲ 圖 5-21 CSMA/CD 傳送資料流程

在資料傳送的過程中，有可能因為線路異常、硬體的故障或是驅動程式異常等等原因，造成資料在傳輸時被改變而造成資料接收錯誤。因此，資料接收後，我們必須透過一些檢查機制，如「資料（訊框）是否過短（發生碰撞）」、「資料目的地辨識位址是否成功」、「FCS（Frame Check Sequence）是否正確（使用 CRC-32）」、「訊框的長度、欄位內容是否正確」、「是否有多餘的位元」等，來確認接收到的資料是否正確。

🌐 CSMA/CD 有以下幾項特性：

(1) 同一時間在同樣的傳輸通道中，只允許一個使用者傳輸資料，因此，其傳輸的使用權先搶先贏。

(2) 同一使用區域的使用者（主機）越多，網路發生資料碰撞的機率就越高，一旦發生碰撞，欲傳輸資料的雙方就必須等待一小段隨機時間（random time）後，才能再次嘗試傳送，這使得網路的傳輸效率會越來越差。

(3) CSMA/CD 的機制，對傳輸資料時的訊框大小（Frame Size）有所限制，即「最小訊框大小」。

使用 CSMA/CD 機制時，必須考慮到網路傳輸在最差情形下發生碰撞時，即兩台距離最遠的主機，傳送端能偵測到沒有碰撞（collision）後，才能把下一個資料訊框（Frame）送出。

以 10Base 5 為例，其資料傳送速率為 10Mbps，Ethernet 將資料在二個主機最大距離（2500 公尺）間來回傳送一次所需的時間定為 $51.2 \mu s$（微秒）。

$10Mbps \times 51.2 \mu s = 512bits$（64bytes），因此最小訊框大小必須大於 64 bytes。

另外，Ethernet 為了避免某一主機佔用網路太久，對最大訊框長度限定為 1,518 bytes。

要減低碰撞的機率，可以透過前面 5-1-1 及 5-1-2 中介紹使用橋接器（Bridge）或是路由器（Router），將網路切割成不同的碰撞區域方式來達成，但使用集線器（Hub）則無法切割，如圖 5-22。藉由封包的 MAC Adress 來識別其要傳送到那個區域，將相同區域的封包阻隔在同一區域內，這樣就不會去影響其他區域的傳輸了，換句話說，就是將整個可能碰撞的大型區域，切割成數個較小的區域，以便減少其碰撞的可能性，以提昇整體網路的傳輸效率。

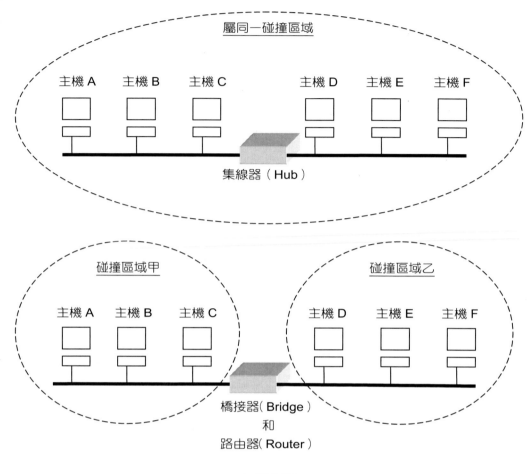

▲ 圖 5-22

5-2-2　IEEE 802.4

見表 5-4。

◎ 表 5-4

規格	IEEE 802.4		
媒體存取方式	Token Bus		
信號傳送與調變方式	FSK（寬頻）		AM/PSK（寬頻）
信號編碼方式	差分式曼徹斯特（Differential Manchester）編碼	直接編碼	多值Duobinary編碼
種類	雙重匯流排		單一匯流排

纜線規格	75Ω，CATV同軸電纜		
傳送速度	1Mbps	5, 10Mbps	1, 5, 10Mbps
拓樸（網路型態）	匯流排（BUS）		
可連接最大節點數	100台以下		100台以上
節點間最大距離	1km		10km

FSK：Frequency shift keying：頻率偏移調變。
AM/PSK：Amplitude Modulation/Phase shift keying振幅調變／相位偏移調變。

IEEE 802.4 所採用的媒體存取方式是符號匯流排（Token Bus）。

如圖 5-23。

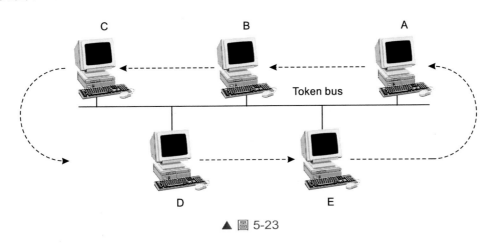

▲ 圖 5-23

⬡ 符號匯流排（Token Bus）

使用 Token Bus 時，每個工作站都有一定的位址，如同公車的站一樣。傳遞時，在網路上有一個符號（Token），沿著各工作站來傳送資料，當某一個工作站收到 Token 時，它就擁有使用傳輸媒體的權利，可以在一段時間內傳送資料，當資料傳送完成後，就將 Token 傳給下一個工作站。

5-2-3　IEEE 802.5

見表 5-5。

◎ 表 5-5

規格	IEEE 802.5	
媒體存取方式	Token Ring	
信號傳送與調變方式	基頻（Base Band）	
信號編碼方式	差分式曼徹斯特（Differential Manchester）編碼	
纜線規格	無遮蔽隔離式雙絞線UTP	遮蔽隔離式雙絞線STP
傳送速度	4Mpbs	4, 16Mbps
拓樸（網路型態）	星型／環型	
可連接最大節點數	72台	260台
節點間最大距離	120m	200m

IEEE 802.5 所採用的媒體存取方式是符號環（Token Ring），如圖 5-24。

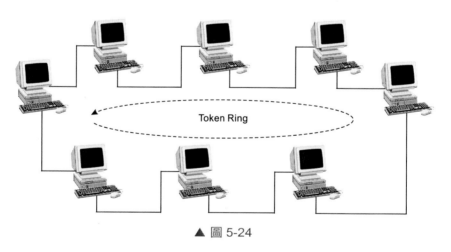

▲ 圖 5-24

⬡ 一　符號環（Token Ring）

Token Ring 符號環是利用環狀拓樸來組成一個邏輯環，其傳輸方向是單方向運行。傳送資料時，是利用 Token 來制定傳送資料的權利，當工作站收到一個閒置符號（Idle Token），且有資料要傳送時，工作站會將閒置符號（Idle Token）改成忙碌符號

（Busy Token），並把資料附加在忙碌符號（Busy Token）之後，然後繼續往下傳送。資料會在網路上依序傳輸，網路上各個工作站收到資料時，會檢查其中的目的位址是否為本身，若不是則繼續傳遞；若是，則將資料處理後再繼續傳遞，最後，資料會回到原發送的工作站，此時，工作站會將資料除去，並將忙碌符號（Busy Token）改回閒置符號（Idle Token），再繼續傳送給要發送資料的工作站。

其中的 Token Bus 以及 Token Ring 由於皆有利用 Token（符號），因此又可合稱為 Token Passing（符號傳遞）。

CSMA/CD 與 Token Passing 比較起來，由於 CSMA/CD 可隨時與任一工作站通信，因此通信速度較快，但若工作站數量太多，資料傳送量大，會使碰撞情形增加，反而會減低網路傳輸的速度，因此就必須使用沒有碰撞情形的 Token Passing。但是若是 Token 發生故障，其問題也是十分複雜的，因此，目前而言，沒有十全十美的網路技術，必須依據需求來選用適當的方式。

5-3　區域網路的連線

一般的區域網路在連線方面，有下列幾種方式：

- ◎ 乙太網路（**Ethernet**）
- ◎ 符號環（**Token Ring**）
- ◎ **ARCNET**
- ◎ **IBM PC**
- ◎ 高速乙太網路（**Fast Ethernet**）
- ◎ 超高速乙太網路（**Gigabit Ethernet**）

5-3-1　Ethernet 網路技術

Ethernet 的發展，首先是由美國夏威夷大學研究出 CSMA/CD 技術，之後在 ALOHA 網路的試驗證明其可行性，然後全錄（Xerox）公司又將 CSMA/CD 的技術應用在電腦區域網路上，而研發出了 Ethernet。到了 1980 年代，全錄（Xerox）、迪吉多（DEC）以及英代爾（Intel）三家公司一起投入了 Ethernet 標準的制訂，並於 1982 年發表了 Ethernet 的規格報告書。目前在區域網路，使用乙太網路（Ethernet）是很普遍的。

一 Ethernet 的速度

標準的細同軸電纜和粗同軸電纜其傳輸速度可達到 10 Mbps。乙太網路（Ethernet）其媒體存取控制方式是採用 CSMA/CD，和其他的方式比較起來，其效率是很好的。

但是，若網路上的傳輸流量太大時，會使 Ethernet 的效率下降，因為流量太大時，會使訊息的碰撞機會加大，而每次碰撞後，工作站會有一段短暫的等待時間，然後才會重新傳送。

因此，若是已知所架設的網路上會有很大量的資料傳輸，可以改用符號環（Token Ring）網路來改進傳輸效率。

二 Ethernet 的網路卡

在連接 Ethernet 上所使用的網路卡，其位址是固定而且是唯一的，位址是由 48 個位元所組成，由製造廠商直接燒錄在網路卡上，在網路傳輸資料時，即是由網路卡的位址判斷是否為目的地。

另外，有一點要注意的是，在安裝網路卡時其跳接器（Jumper）或設定程式是否設定正確，因為一般的 Ethernet 網路卡有提供 DB-15 連接器（用來連接粗的乙太同軸電纜）及 BNC 接頭（用來連接細的乙太同軸電纜），因此必須利用跳接器或設定程式來決定，否則無法與網路正常連接。

三 Ethernet 的纜線規格

一般常用的 Ethernet 纜線有細同軸電纜和無遮蔽隔離式（Unshielded- Twisted Pair；UTP）雙絞線二種。另外，針對特殊的場合如大樓和大樓之間的連接（需增加線路強度），或者是要求通訊品質很高的地方，可利用粗同軸電纜或光纖電纜來達到目的。

其纜線規格的比較，如表 5-6。

◎ 表 5-6 Ethernet 纜線規格表

名稱	10 Base 2 細同軸電纜	10 Base 5 粗同軸電纜	10 Base T無遮蔽隔離式雙絞線	光纖電纜
說明	1.纜線規格代號： RG-58A/U	1.纜線規格代號： RG-11	1.纜線規格代號： 24AWG	1.可分單模、多模
	2.連接頭型式： BNC接頭	2.連接頭型式： AUI接頭	2.連接頭型式： RJ-45接頭	2.利用光電轉換原理傳輸
	3.連接方式：匯流排型	3.連接方式：匯流排型	3.連接方式：星型	3.傳輸距離：數公里以上
	4.接線要求：單一區段可接30台電腦，每區段最長185m，可外加Repeater與多區段連接，最多5個區段	4.接線要求：單一區段可接100台電腦，每區段最長500m，最多5個區段	4.接線要求：4-16台電腦連至集線器（HUB），每台距HUB不可超過100m	4.抗雜訊力：極佳
	5.抗雜訊力：尚可	5.抗雜訊力：佳	5.抗雜訊力：弱	

　　細同軸電纜的連線方式，如圖 5-25，是屬於匯流排架構的佈線。其須利用到 RG-58A/U 纜線、T 型接頭、BNC 接頭、50Ω 終端電阻。其終端電阻的功能在於吸收終端訊號，避免造成訊號的末端反射干擾。在一個完整的乙太網路中，在最終兩端一定要接上終端電阻；若沒有安裝，則網路無法正常傳輸，另外，若是兩端的終端電阻阻抗不同，則會破壞載波訊號的傳送。

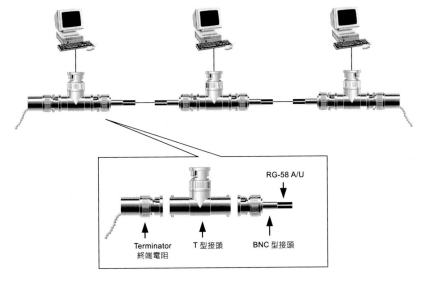

▲ 圖 5-25

　　無遮蔽隔離式雙絞線（10 Base T）的連線方式：若要使用 10 Base T（無遮蔽隔離式雙絞線——UTP）來佈線，則必須配合集線器（HUB），如圖 5-26，是屬於星型架構的佈線。

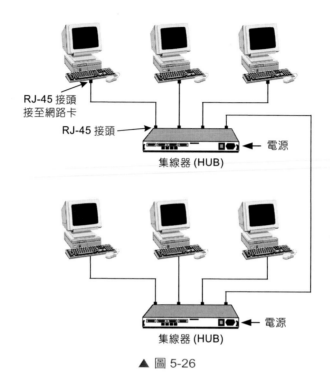

▲ 圖 5-26

　　使用 10 Base T 來佈線，有二個好處，一是可節省線路成本；另一個則是容易增加或減少連接的工作站，只要將 UTP 插入或移開網路卡上的 RJ-45 接頭即可。但其有一缺點，那就是抗雜訊的能力不佳，所以使用環境的條件限制較為嚴格。

　　粗同軸電纜的連線方式基本上和細同軸電纜相似，也是屬於匯流排架構的佈線，二者不同之處，在於粗同軸電纜必須使用分接頭（Tap），由其引出另一條纜線用來和網路卡的 AUI 接頭相連接。如圖 5-27。

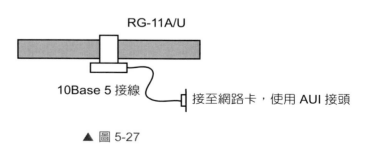

▲ 圖 5-27

其線路架設比細同軸電纜麻煩很多，原因在於安裝分接頭不易。在安裝分接頭時，必須在粗同軸電纜上鑽一個小孔，使其中心導體和分接頭內的探針能相接觸。

四 Ethernet 的資料封包格式

如圖 5-28。

Preamble 前序位元	Destination 目標位址	Source 原始位元	Type 型態	Data 資料	FCS 檢查位元
8	6	6	2	46-1500	4

位元組

▲ 圖 5-28

◎ **前序位元（Preamble）**

長度為 8 個位元組，提供了資料框起始、同步訊息以及解碼的動作。

◎ **目標位址（Destination）**

長度為 6 個位元組，可為單一工作站位址、群組位址或網路全部位址。

◎ **原始位址（Source）**

長度為 6 個位元組，必須是單一工作站位址。

◎ **型態（Type）**

長度為 2 個位元組，用來指示資料欄中所使用的通訊協定，常見的如 0800H（TCP/IP）。

◎ **資料（Data）**

其範圍最小為 46 位元組，最大為 1500 位元組。

◎ **FCS**

長度為 4 位元，用來放置檢查位元，可由 CRC 錯誤檢查技術產生。

5-3-2 Token Ring 網路技術

一般我們所看到的符號環（Token Ring）網路，是以 IEEE 802.5 作為其媒體存取控制的標準。在制定此標準時，是以 IBM 的 Token Ring 網路作為其標準藍本。因此，也有人將 IEEE 802.5 的符號環稱作 IBM 的 Token Ring。

一 Token Ring 和 Ethernet 的比較

Token Ring 和 Ethernet 的不同之處，除了在其網路的基本拓樸外形不相同之外，還有一點，就是資料傳遞的方式不同。就 Token Ring 而言，其在環狀的網路上的資料是輪流在每一個節點上傳遞，每一個節點（電腦）便有如 Repeater 的功能。而 Ethernet 則是使用類似廣播的方式，使每一個節點接收資料並判斷是否其為目的地節點。

二 符號環的規格

◎ **傳輸速度**：早期的符號環網路其資料傳送速度為 4Mbps，目前已進步到 16Mbps。

◎ **資料封包長度**：Token Ring 在網路上傳送的最小封包長度為 24 位元。

三 組合 Token Ring 所需的硬體設備

◎ **符號環纜線**：目前無論是使用 4Mbps 或是 16Mbps 的系統，其所使用的纜線是遮蔽隔離式雙絞線電纜（Shielded-Twisted Pair；STP），當然，其成本比無遮蔽隔離式（Unshielded-Twisted Pair；UTP）貴很多。

◎ **網路卡**：Token Ring 和 Ethernet 相同的地方為：其連接在網路上的每一台電腦，皆需在其內的擴充槽上插入網路卡，並經由符號環纜線及連接器連接至 MAU。

◎ **記號環連接器**：提供了兩端連接插頭，一端是有 9 個接腳的 D 型插頭，用來連接至電腦內的網路卡上，而另一端是有雙接頭的插頭，用來插到 MAU 的電腦連接埠。

◎ **多重工作站存取單元（Multistation Access Unit；MAU）**：在符號環網路上，所有的電腦均須透過纜線、網路卡以及連接器來和 MAU 連接。

MAU 具有 8 個連接埠可連接電腦，以及 RI（Ring In）及 RO（Ring Out）2 個連接埠。

或許，您會覺得奇怪，這樣的連接方式不是像星型拓樸嗎？ Token Ring 不是屬於環型結構嗎？

事實上，由 MAU 的外部連接看，沒錯，是以星型方式連接，但是，看到其內部的連接就可知道，它的確是以環型方式連接，如圖 5-29。

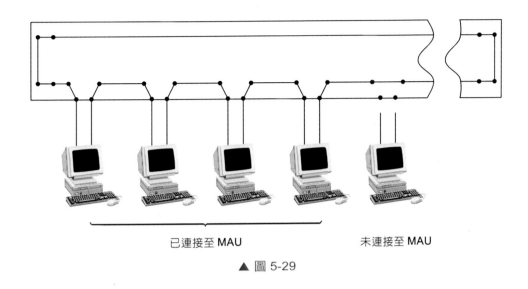

已連接至 MAU　　　　　　未連接至 MAU

▲ 圖 5-29

在實務上，我們常利用 MAU 的 **RI** 及 **RO** 兩個連接埠來擴充網路，如圖 5-30。

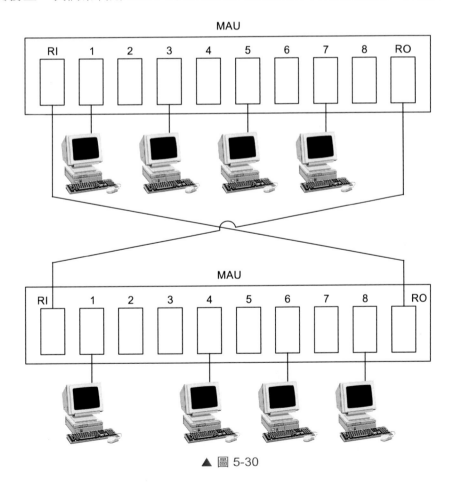

▲ 圖 5-30

四　適用 Token Ring 的大型網路

在介紹 Ethernet 時會提及，當網路時常有大量流量資料傳輸時，若仍用 Ethernet 來架設網路，會使整體傳輸效率大打折扣，因此就需要用 Token Ring 來克服。

圖 5-31 為利用多個 Token Ring 連接大型網路的連接示意圖。

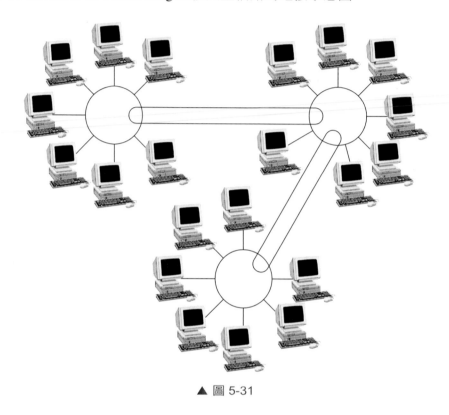

▲ 圖 5-31

五　Token Ring 的資料封包格式

Token Ring 定義了二種資料封包：Token 框以及資料框。

Token Ring 框，如圖 5-32（a）。

Token 框

Start delimiter 起始界標	Access Control 存取控制	End delimiter 終止界標
1	1	1

位元組

▲ 圖 5-32（a）

- 🌐 **起始界標（Start delimiter）**：長度為一個位元組，表示資料屬性，即用來分辨是 Token 框或資料框。

- 🌐 **存取控制（Access control）**：長度為一個位元組，存放優先權設定及監控網路是否正常訊息。

- 🌐 **終止界標（End delimiter）**：長度為一個位元組，指示 Token 框終止及損壞的位元資訊。

資料框的格式，如圖 5-32（b）。

資料框

Start delimiter 起始界標	Access Control 存取控制	Frame control 框控制	Destination address 目的位址	Source address 來源位址	Data 資料	FCS 檢查位元	End delimiter 終止界標

位元組   1   1   1   6   6   Variable   4   1

▲ 圖 5-32（b）

資料框的起始界標（Start delimiter）及存取控制（Access control），是參考 Token 框格式。而框控制（Frame control）是用來表示此框是屬於資料還是控制用資料（Data），若此框是屬於資料，則資料欄存收資料，若此框是控制用，則資料欄存收控制型態。

5-3-3   ARCnet 網路技術

ARC 是 Attached Resource Computing architecture 的縮寫，此種網路技術是由 Datapoint 公司所研發出來的，其架設的成本比 Ethernet 還要便宜。

一   ARCnet 的運作方式

ARCnet 的運作方式，以外形架構而言，是採用廣播形式的匯流排架構，換句話說，各工作站幾乎同時收到資料，這點和 Ethernet 類似。而傳輸的訊息，卻是類似符號環網路，由某電腦利用廣播的方式傳送到其他的電腦。

二   ARCnet 的網路卡位址

Ethernet 及 Token Ring，其各電腦內所插入的網路卡，都有其唯一的位址，換句話說，同樣的位址，全世界找不到另一個對應的網路卡，而這些位址是由製造廠商直接燒錄在網路卡的硬體電路中。但是，ARCnet 的網路卡，其位址卻不是唯一的，它有一

排 DIP 開關，可供使用者來設定其位址。在網路連接時，ARCnet 最多可連接 255 部電腦，位址編號是由 1-255，位址 0 一般是用來做廣播用途的。應用在網路上，其是由位號碼最小的電腦作為主控制站，負責控制網路上的資料傳輸。而每當有新的電腦欲加入網路時，便會重新依位址號碼來決定主控制站。

三　ARCnet 的元件

- **傳輸媒體**：ARCnet 的傳輸媒體，可以包含同軸電纜、UTP 雙絞線以及光纖電纜等。一般是採用 RG-62/AU（93 歐姆）同軸電纜。

- **被動式集線器（Passive HUB）**：ARCnet 中所使用的集線器又可分成二種，一種是被動式（Passive HUB），主要用來延長網路訊號，它有四個輸出入埠，和 BNC 接頭，未使用的輸出入埠，必須以 93 歐姆的終端電阻來連接。須要注意的是，被動式 HUB 和纜線之間，不可再接其他的被動式 HUB，否則訊號會衰減得十分嚴重。

- **主動式集線器（Active HUB）**：ARCnet 所使用的集線器，另一種是主動式集線器（Active HUB），除了具有被動式 HUB 的功能外，還具有中繼器（Repeater）的功能，主動式 HUB 有八個輸出入埠，和被動式 HUB 不同的是，未使用的輸出入埠，不用連接終端電阻。

- **BNC T 型接頭**：BNC T 型接頭主要用來連接電腦和纜線。

- **BNC 終端電阻**：和 Ethernet 相同的是，其網路的終端電阻阻抗值，必須相同，在 ARCnet 中是使用 93 歐姆。

四　ARCnet 纜線架設距離限制

ARCnet 的網路架設，各電腦、集線器之間都有距離限制，以維護傳輸品質。其距離限制如表 5-7。

◎ 表 5-7

連接項目	最長限制距離（呎）
網路的一端至另外一端	20,000
網路上的電腦至主動集線器	2,000
網路上的電腦至被動集線器	100
主動集線器至主動集線器	2,000

連接項目	最長限制距離（呎）
主動集線器至被動集線器	100
被動集線器至被動集線器	不允許此種方式連接

五 ARCnet 的拓樸型式

　　ARCnet 的拓樸型式可以用星型方式，也可以用匯流排方式連接。使用星型拓樸時，所有的電腦可直接連到主動式 HUB，或是經由被動式 HUB，再連到主動式 HUB。如圖 5-33。

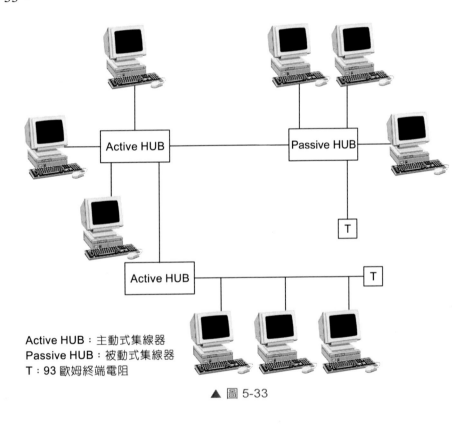

Active HUB：主動式集線器
Passive HUB：被動式集線器
T：93 歐姆終端電阻

▲ 圖 5-33

　　而使用匯流排方式連接時，其和 Ethernet 十分類似，同樣的需要終端電阻、BNC 接頭，不過，ARCnet 用的是 93 歐姆，Ethernet 用的是 50 歐姆，不可混用。

六 ARCnet 的傳輸速度及未來

　　早期的 ARCnet 傳輸速度並不快，只有 2.5Mbps，和 Ethernet 及 Token Ring 相比，的確是慢了些，因此，其多用在一些小型的網路上。經過改進之後，有了新的 ARCnet

標準，稱為 ARCnet Plus，其速度已可高達 20Mpbs，且還可與 Ethernet 及 Token Ring 網路相連結，加上其成本較低，十分具有未來發展的潛力。

5-3-4　IBM PC 網路技術

早期的大型電腦，操作不易，使一般人對其心生畏懼，但自從 IBM 推出個人電腦（Personal Computer；PC）之後，隨著作業系統的改進及大量的試用軟體開發，在今日，使用 PC 已不再讓人視為畏途了，相反地，其可為我們生活帶來許多便利。

PC 在網路上的應用十分普遍，正因為其功能越來越強，所以除了可用來作為一般的工作站外，還可以用來做為特殊功能的伺服器。IBM 個人電腦，基於網路的應用，發展出兩種不同型式的區域網路架構：

💿 **PC 網路（PC Network）**

💿 **符號環網路（Token-Ring Network）**

⬡ PC 網路（PC Network）

IBM 的 PC 網路主要用在小型網路上，其特性如表 5-8。

◎ 表 5-8

網路型態	PC網路
媒體存取控制方式	CSMA/CD寬頻
傳輸速度	2Mbps
傳輸媒體	同軸電纜
可連接最大節點數	72
最大連接距離	1000呎

IBM 的 PC 網路，其最高可連接 72 部 PC，每一部 PC 均可享用網路上所有的資源，如：硬碟、印表機、繪圖機等，而且其架設成本很低，對於小型網路而言，IBM 的 PC 網路是個不錯的選擇。

二 符號環網路（Token-Ring Network）

前面我們曾提過，IEEE 802.5 在制定時，是以 IBM 的 Token Ring 網路作為其標準藍本，因此，也有人將 IEEE 802.5 的符號環稱作 IBM 的 Token Ring。在此我們就不再贅述。

5-3-5　高速乙太網路（Fast Ethernet）

一 高速乙太網路的特性

為了滿足原本乙太網路族對速度的要求，IEEE（美國電氣和電子工程師協會）於 1995 年制定了 Fast Ethernet（高速乙太網路）的標準 802.3u，並以 100BASE T 表示。

事實上，為了考慮和原本乙太網路的相容性，高速乙太網路仍使用 CSMA/CD（Carrier Sense Multiple Access/Collision Detection）載波多重存取／碰撞偵測的媒體存取技術。

和原本的乙太網路比較，Fast Ethernet 有下列幾項優點：

1. **頻寬加大**

    100BASE T 的傳輸速度為 100Mbps，為傳統 10BASE T 的 10 倍，對於長期忍受網路塞車的使用者而言，是一大福音。

2. **相容性**

    對於使用傳統乙太網路的使用者而言，由 10Mbps 升級到高速乙太網路的 100Mbps，並不是件難事，因為現存的網路通信協定、應用程式等，不需要重新設定，因此可減少許多設計上的負擔。

3. **可視需求升級**

    高速乙太網路和傳統的乙太網路，在使用上可以並存，因此，在升級的規劃上，便有更多彈性空間，可視使用者實際需求而定。

4. **減少硬體升級成本**

    高速乙太網路和傳統的乙太網路一樣，都可提供 Tree（樹狀）拓樸方式來配置設備，換言之，要由傳統乙太網路升級到高速乙太網路的 100Mbps，並不需要捨棄既有的網路設備，只要新增適當的高速乙太網路卡、Hub（集線器）或 Switching Hub（交換式集線器）等高速乙太網路設備，就可以將傳統的乙太網路和高速網路連接

在一起，如此，便可以大大降低網路升級的硬體成本。

二 高速乙太網路的分類

高速乙太網路 100BASE T 因其傳輸介質使用的纜線種類不同，可以分為下列三種：

- 100BASE T4
- 100BASE TX
- 100BASE FX

1. 100BASE T4

100BASE T4 其中 BASE 表示傳輸方式為基頻，T 是表示雙絞線，4 是表示使用 4 對 UTP（Unshielded-twisted）無遮蔽隔離式雙絞線，其 UTP 種類，可選擇 Category 3～5。

100BASE T4 所使用的 4 對 UTP 中，其中 3 對用來傳輸資料，每對的資料傳輸可達 33Mbps，故 3 對的總傳輸速度可達約 100Mbps，而剩下的 1 對 UTP 則是用來做碰撞偵測。

2. 100BASE TX

同樣的，100BASE TX 中的 T 也是表示使用雙絞線，而 X 則是表示其使用 2 對雙絞線，其中一對用來傳送資料，利用 4B5B 的解碼技術，可達到 125MHz 的 80% 頻率，以 100Mbps 來傳輸，而另一對則用來接收資料和碰撞偵測，傳送和接收的速度均為 100Mbps。

100BASE TX 所使用的雙絞線，有 STP（Shielded-twisted）遮蔽隔離式雙絞線或是 Category 5 的 UTP 可供選擇。

3. 100BASE FX

100BASE FX 中的 F 表示使用光纖，而 X 表示使用 2 對，100BASE FX 所使用的光纖規格為 62.5/125um 之多模（Multi-Mode）光纖。

在 100BASE T 系列中，由於 100BASE FX 使用光纖，因此其可以提供的通訊距離最長可達 2 公里。

100BASE FX 利用光纖的一蕊傳輸資料，而另一蕊則是負責資料的接收及碰撞偵測之用。

100BASE T 所使用的纜線規格如下表：

◎ 表 5-9

100BASE T規格	使用介質（纜線）	數量	節點間有效距離
100BASE T4	UTP Category 3,4,5	4對	100公尺
100BASE TX	UTP Category 5或STP	2對	100公尺
100BASE FX	Multi-Mode 多模式光纖	2蕊	2公里

三 高速乙太網路的 OSI 模型

高速乙太網路之 OSI 模型如下圖：

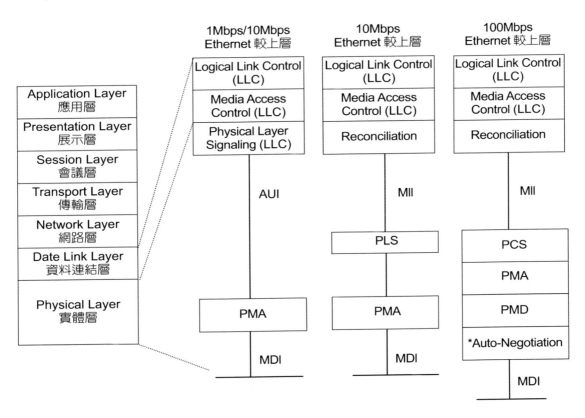

▲ 圖 5-34

> 註　PLS：Physical Layer Signaling 實體層訊號子層
> AUI：A_achment Unit Interface 介接單元介面
> MII：Media Independent Interface 媒體獨立介面
> PCS：Physical Coding Sublayer 實體編碼子層
> PMA：Physical Medium A_achment 實體媒體介接子層
> PMD：Physical Medium Dependent 實體媒體相依子層
> MDI：Media Dependent Interface 媒體相依介面
> *Auto-Negotiation 自動協商層（此層為選用功能）

事實上，無論是 Ethernet 或是 Fast Ethernet 其資料連結層中的 LLC（Logical Link Control）邏輯連結控制層和 MAC（Media Access Control）媒體存取控制層都是相同的，不同的是，後來的 Fast Ethernet 的實體層又被分成許多子層。

Reconciliation（調節層）

用來引接 MII 介面至 MAC 層間的訊號。

MII（Medium Independent Interface：媒體獨立介面）

將 Ethernet 的 AUI 改為 MII，其主要提供各種不同的傳輸媒體一個共同連接 MAC 層與實體層的介面。

PCS（Physical Coding Sublayer：實體編碼子層）

透過 MII，PCS 可以將從 MAC 層接收的資料轉換成適當的編碼。在原本的 Ethernet 中，編碼功能是由 PLS 層中以 Manchester（曼徹斯特）編碼方式來達成，但由於 Fast Ethernet 速度上比 Ethernet 快 10 倍，因此需要有更有效率的編碼方式，於是便將 PLS 層的功能下移至 Fast Ethernet 中的 PCS 層，並依據媒體的不同而有不同的編碼技術，如 100BASE T4 的 8B6T 以及 100BASE FX、100BASE TX 的 4B5B 等。

PMA（Physical Medium Attachment：實體媒體介接層）

PMA（實體媒體介接層）的功能在於將 PCS 中的資料編碼轉換成適合媒體發送的串列訊號，然後再傳送到 PMD 中。

PMD（Physical Medium Dependent：實體媒體相依子層）

PMD（實體媒體相依子層）也是提供訊號轉換的功能，PMD 提供了將自 PMA 傳來的串列訊號轉換成光或電氣訊號，或是將自 MDI 送來的訊號轉換為 PMA 所需要的串列訊號，其中光的訊號是提供給 100BASE FX，而電氣訊號則可以提供給 100BASE TX。

Auto-Negotiation（自動協商層）

此層為選用功能，提供 10/100Mbps 的速率偵測。

MDI（Medium Dependent Interface：媒體相依介面）

MDI（媒體相依介面）是實際上用來連接 Ethernet/Fast Ethernet 設備與傳輸媒體的介面，是一種電子或是光學的連接器，例如：RJ-45 接頭或是光纖電纜的 SC 接頭。

四 快速乙太網路的 MII

在 Fast Ethernet 的 OSI 模型中，我們曾提過 MII（Medium Independent Interface：媒體獨立介面），藉由這個和傳輸媒體無關的介面，便可解決 100BASE T 中不同纜線的連接。

事實上，MII 和 Ethernet 中的 AUI 功能是相當類似的，都是做為網路控制器和傳送接收器之間的橋樑，不過其仍有下列的不同之處：

1. MII 必須支援 10Mbps 以及 100Mbps 的網路控制器和傳送接收器。

2. MII 須提供管理傳送接收器通訊的功能。

Fast Ethernet MII 的架構如下圖：

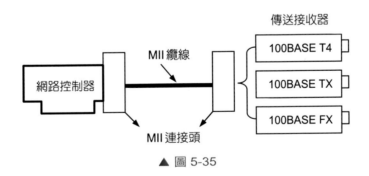

▲ 圖 5-35

在 Fast Ethernet MII 的架構中，其連接頭的型式是使用 40Pin（接腳）、高密度 D 型連接頭，纜線則是採用 20 對遮蔽型電纜，且長度限制在 50 公分內，其和 Ethernet 的 AUI 規格比較如下表：

◎ 表 5-10

特性	Ethernet（AUI）	Fast Ethernet（MII）
連接頭型式	15Pin，D型連接頭	40Pin，D型高密度連接頭
纜線型式	4對，遮蔽型	20對，遮蔽型
連接長度	50公尺	0.5公尺
資料編碼型式	序列Manchester（曼徹斯特）編碼	4Bit NRZ編碼
資料速度	10Mbps	10M/100Mbps
管理訊號功能	無	序列式
同步時脈訊號	無	2.5/25MHz
訊號等級	差動ECL（射極耦合邏輯）	CMOS/TTL（互補金氧半導體／電晶體－電晶體邏輯）
電源	DC12-15V	DC+5V

MII 連接頭的訊號線功能與各接腳的對應關係如下圖：

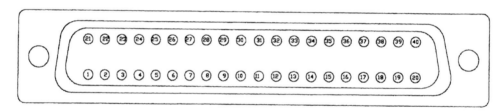

▲ 圖 5-36

MII 的訊號種類包含了下列幾項：

1. **電源**：使用直流 5V 的電源。

2. **網路控制訊號**：包含了載波感測及碰撞偵測訊號。

3. **傳輸資料**：包含傳輸資料訊號，傳輸致能，傳輸時脈，傳輸錯誤訊號等訊號，由網路控制器送至傳送接收器。

4. **接收資料**：包含接收資料訊號，接收致能，接收時脈，接收錯誤訊號等訊號，由傳送接收器送至網路控制器。

5. **序列管理訊號**：包含序列管理訊號（I/O）及序列管理時脈訊號，用來控制網路控制器和傳送接收器之間的設定。

五 快速乙太網路的纜線接頭

一般 10BASE T 和 100BASE T4、TX 所使用的 UTP 纜線，其纜線兩端常用的接頭是 RJ-45。而 100BASE FX 則有 SC 接頭可供使用。

1. 100BASE T4 的 RJ-45

100BASE T4 的使用上包含了以下兩種模式：

(1) 非反接模式

1、2、4、5、7、8 接腳為 TX（傳送）；3、4、5、6、7、8 接腳為 RX（接收）。

(2) 反接模式

3、4、5、6、7、8 接腳為 RX（接收）；1、2、4、5、7、8 接腳為 TX（傳送）。

由此可知，非反接模式時，接腳 1、2 為 TX，3、6 為 RX 其餘則是雙向傳輸；相反的，若是反接模式，則接腳 1、2 為 RX，3、6 為 TX，其餘仍是雙向傳輸。

2. 100BASE TX 的 RJ-45

在 100BASE T4 中所使用的 RJ-45 同樣的也包含了非反接與反接模式。

(1) 非反接模式

1、2 接腳為 TX，3、6 接腳為 RX。

(2) 反接模式

1、2 接腳為 RX，3、6 接腳為 TX。

3. SC 接頭

100BASE FX 的 SC 接頭

100BASE FX 是使用 2 芯的光纖來進行資料的傳輸。在使用上，無論 TX 或是 RX 的 SC 接頭形狀都是相同的，因此，在連線前您必須知道那條纜線是傳送的，那條纜線是接收的。

六 高速乙太網路的 Switching Hub

在傳統乙太網路 10BASE T 中，Hub（集線器）是用來提供網路上各節點介接的重要設備，一般的 Hub 皆有提供數個 RJ-45 接頭（有 5、8、12、16... 埠等）或是用 Daisy-chain（菊鏈式）的連接方式。

為了提昇網路上傳輸的效率，高速乙太網路 100BASE T 引進了 Switching Hub（交換式集線器）的概念。

Switching Hub 和傳統 Hub 有以下主要的不同點：

🌐 Switching Hub 能有效地運用其通訊頻寬

傳統 Hub 其所有的連接埠均視為同一個封包碰撞區，也就是說每個連接埠必須共享頻寬（Shared Bandwidth）。假設一個有 16 埠的傳統 Hub 用於乙太網路 10BASE T 中，則其每個埠的平均頻寬為 10/16Mbps。而使用 Switching Hub，透過將每個埠隔離成獨立的碰撞區，因此可以提供每個埠 10Mbps 的同時傳輸。

🌐 辨識 MAC 位址

傳統 Hub 在傳送資料時，除了將資料送往目的地之外，同時也會傳給其他所有的連接埠，如此，各連接埠必須有隨時接收 "垃圾" 資料的準備，這樣對於傳輸頻寬是一種浪費。

而 Switching Hub 則會辨識傳送資料的 MAC 位址，並只根據此位址將資料傳送到目的地，而其他連接埠則不會收到這資料。

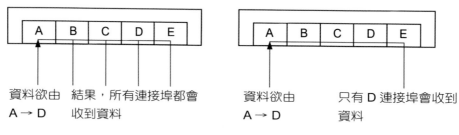

▲ 圖 5-37

🌐 Switching Hub 的連接相容性

Switching Hub 的另一項特點在於其提供了不同傳輸速率的連接埠，也就是說，其同時提供了 10Mbps 和 100Mbps 的連接埠，如此一來透過 Switching Hub 使傳統的 10BASE T 連上高速乙太網路就很方便了。

Switching Hub 傳真資料的方式

Switching Hub 依其開始傳送資料的時間點不同，可以分成下列三種：

◎ **Cut-through**

◎ **Fragment free**

◎ **Store and forward**

1. **Cut-through**

   當 Switching Hub 收到欲傳送資料之 preamble（前文）及目的地 MAC 位址後，即開始傳送資料。

2. **Fragment free**

   當 Switching Hub 收到欲傳送資料之 preamble（前文）、目的／來源之 MAC 位址、資料長度、及部份資料後，即開始傳送資料。

3. **Store and forward**

   Switching Hub 必須完整收到整個封包資料後，才開始進行傳送資料。

   從以上的說明可以了解，**Switching Hub** 的資料傳送方式中，Cut-through 的傳輸延遲時間比較短，而 Store and forword 的傳輸延遲為最長，但正由於 Cut-through 在整個資料未完全接收完即先傳送，因此無法檢測出封包的錯誤。

七 半雙工與全雙工模式

無論是 Ethernet 或是 Fast Ethernet 其封包傳輸模式在 MAC 層都有同時支援半雙工或是全雙工的功能。

所謂的半雙工模式是指資料的傳輸是可以雙向的，只不過同一時間只能一個方向進行傳輸，而 CSMA/CD 的運作正是建立在半雙工模式之下，換言之，假如是使用全雙工模式時，其允許某個節點同時進行傳送和接收，因為是佔用整個媒體路徑，所以並不會有封包碰撞的訊息產生，因此 MAC 就不再需要使用 CSMA/CD 了。

若在半雙工模式時的傳輸模式頻寬為 N，則改用全雙工傳輸模式時的頻寬會是半雙工的 2 倍，變成 2N。

但要注意的是，並非所有類型的 **100BASE T** 都有提供全雙工模式，**Ethernet** 和 **Fast Ethernet** 提供半雙工／全雙工模式列表如下：

◎ 表 5-11

型式	是否提供全雙工模式
10Base T	有
10Base T4	無
10Base TX	有
10Base FX	無

八 高速乙太網路的編碼

Ethernet 和 Fast Ethernet 除了傳輸速度不同、使用傳輸纜線不同之外，還有一點不同，那就是其編碼方式的不同。

Ethernet 其資料傳送的編碼方式是在實體層的 PMA（實體媒體介接子層）中採用曼徹斯特（Manchester）編碼。

Fast Ethernet 則不再使用 Ethernet 的曼徹斯特編碼，在 100BASE T4 中是使用 8B6T 的編碼方式，而 100BASE TX、100BASE FX 則是使用 4B5B 的編碼，其編碼會在實體層中的 PCS（實體編碼子層）、PMA 與 PMD（實體媒體相依子層）中進行。

其編碼方式如下表：

◎ 表 5-12

Fast Ethernet種類	100BASE T4	100BASE TX	100BASE FX
編碼方式	8B6T	4B5B	4B5B

◎ **8B6T**

所謂的 8B6T 編碼，就是將 8Bit 的資料轉換成由 "-"、"+"、"0" 組合而成的 6 個符號的字碼，例如：資料位元組 "0 0" 轉換成 "- ＋ 0 0 - +"，資料位元組 "0 1" 轉換成 "0 - + - + 0"。

◎ **4B5B**

4B5B 的編碼方式，則是指將 4 位元的並列資料轉換成 5 位元的並列資料，利用此技術，可達到 125MHz 的 80% 頻率，以 100Mbps 來傳輸。

5-3-6 超高速乙太網路（Gigabit Ethernet）

一 超高速乙太網路簡介

在前面一節提到的「高速乙太網路」，我們可以知道高速乙太網路滿足了原本乙太網路的速度需求，由此番的演進為了滿足更高的傳輸品質，便出現了「超高速乙太網路-Gigabit Ethernet」其傳輸速度為高速乙太網路的 10 倍。

二 超高速乙太網路種類

1. **1000Base-X**：由 IEEE802.3z 制定標準

   1000BASE-X 可支援光纖（多模和單模）以及遮蔽式雙絞線的傳輸媒體，我們可以對 1000Base-X 傳輸媒體系列，由下表 5-13 作種類上的基礎認識：

◎ 表 5-13

名稱	傳輸媒體	最大傳輸距離	雷射光源
1000BASE-SX	多模式光纖	260m（core: 62.5µm） 550m（core: 50µm）	850nm短波長
1000BASE-LX	多模式光纖	440m（core: 62.5µm） 550m（core: 50µm）	1350nm長波長
	單模式光纖	5000m（core: 10µm）	
1000BASE-CX	15Ω遮蔽式短銅纜線	25m	

2. **1000Base-T**：由 IEEE802.3ab 制定標準

   1000Base-T 之傳輸媒體系列，是使用 Category-5 的 UTP，其中由四對絞線組成，其最大傳輸距離為 100m。

   超高速乙太網路在這一小節為大家做基礎的介紹，包括了超高速乙太網路的傳輸媒體介質、傳輸距離，在後面的章節將為大家做詳細的超高速乙太網路介紹。

5-4 網路介面卡的設定

5-4-1 何謂網路介面卡（俗稱網路卡）？

網路介面卡是連接檔案伺服器與工作站的一種通訊裝置，使資料能在兩端相互遞送。除了網路卡，尚有連接線路如電纜線及接頭連接更多的工作站。

5-4-2 網路卡的功能

網路卡的功能簡介如下：

◎ **準備資料**

將較高層資料放置於乙太網路框架之內。在收受資料的網路卡這一方，從框架中移出資料封包並且上傳到較高層。

◎ **傳送資料**

傳送資料的意思是在網路上的實體傳輸，網路卡以脈衝方式將訊號透過纜線傳送出去。

◎ **控制資料的流量**

網路卡負責控制資料的流量，在乙太網路上，網路卡也負責資料是否碰撞，如果傳送期間遇到碰撞，則會等待一小段隨機的時間，再進行傳送。

5-4-3 網路卡的介面

網路卡介面有下面幾種類型：

◎ **ISA**：Industry Standard Architecture（ISA），屬於早期以 16 位元為基礎架構的匯流排規格，傳輸速率為 8MHz，原先發展供 IBM AT 用，隨著 PCI 的問世，已漸漸失去了其舞台。

◎ **PCI**：Peripheral Component Interconnect（PCI），以 32 位元為基礎的架構，傳輸速率為 33MHz 或 66MHz，目前在個人電腦中屬於基本必備的介面。

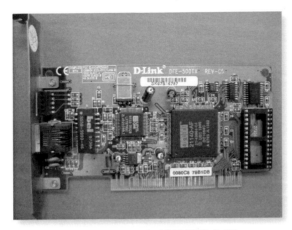

▲ 圖 5-38 PCI 插槽的網路卡圖

PCMCIA：Personal Computer Memory Card International Association（PCMCIA），是由個人電腦國際記憶卡協會所制定的標準，目前廣泛應用在電腦和其週邊產品的連接上，尤其是 Notebook 筆記型電腦，多利用此介面來連接其數據機，活動式硬碟及網路卡。

目前 PCMCIA 網路卡介面採用標準 68-pin 接頭；網路接續端子採用標準 15-pin 接頭。

▲ 圖 5-39 使用 PCMCIA 介面的網路卡圖

▲ 圖 5-40 使用 PCMCIA 介面的無線網路卡

USB：（Universal Serial Bus），由於 USB 介面的風行與便利，目前許多無線網路卡產品也提供了此連接介面.

▲ 圖 5-41 USB 介面網路卡

網路卡的接頭型式常用的有下面幾種：

RJ-45：用來連接 10Base T 雙絞線 。

BNC：用來連接 10Base 2 細同軸電纜 。

AUI：用來連接 10Base 5 粗同軸電纜 。

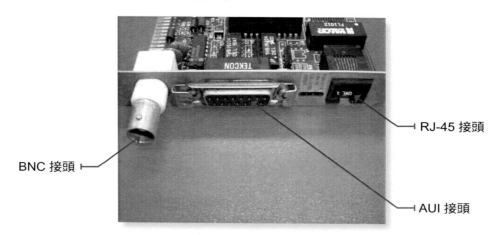

▲ 圖 5-42 網路卡的接頭型式

5-4-4　安裝網路卡

各家的網路卡安裝步驟不見得會一樣，我們提出安裝網路的基本步驟如下：

1.　將介面卡插入擴充槽中。

2.　安裝網路卡驅動程式。

3.　設定網路卡，避免網路卡與其他裝置衝突。

4.　新增適當的網路協定。

5.　新增適當的客戶端軟體。

6.　將電纜線接到網路卡上。

5-4-5　設定網路卡

安裝完實際的硬體裝置後，還需做一些設定，才能使網路卡正確地安裝在電腦上，其設定有下列項目：

1.　**Memory address**：如果網路卡有顆自行起動的 ROM 或卡上有記憶體，則必須設定此位址，以使您的 PC 能使用此位址，執行其 ROM 上服務程式。

2.　**I/O ports**：在 PC 上，加裝一片網路卡，則此卡將成為 PC 的一部份，設定 I/O port 值，即是告知 PC 如有傳送網路資料，即可透過此位址，讓網路卡來服務，進行資料傳送的工作，在同一部 PC 中有多種輸出／輸入裝置，而每種輸出／輸入裝置皆需有一個唯一的 I/O port 位址。

3.　**Interrupts**：設定中斷值與設定 I/O port address 一樣是需要唯一的值，其值為十六進位，從 0 至 F，共 16 個，但一部標準的 PC，有一部份的中斷值已被佔用，如表 5-14。

◎ 表 5-14

IRQ	功能	說明
IRQ0	Timer	主機板上的計時器
IRQ1	Keyboard	鍵盤中斷用
IRQ2	redirection	重道至IRQ9用
IRQ3	Com2或Com4	序列埠2或序列埠4

IRQ	功能	說明
IRQ4	Com1或Com3	序列埠1或序列埠3
IRQ5	LPT2	第2台印表機用，大多都轉成光碟機用
IRQ6	Floppy Disk Controller	軟碟控制器
IRQ7	LPT1	第1台印表機用
IRQ8	Real Time Clock Interrupt	CMOS計時器
IRQ9	redirected IRQ2	主機板上的計時器
IRQ10	保留	使用者自行決定
IRQ11	保留	使用者自行決定
IRQ12	Mouse	滑鼠用
IRQ13	Math coprocessor	數學處理器用
IRQ14	Hard Disk Controller	硬碟控制器用
IRQ15	保留	使用者自行決定

4. **DMA channels**：我們在設定網路卡時，應避免下列的衝突：

　　🌐　IRQ

　　🌐　基底的輸入／輸出埠位址

　　🌐　基底記憶體位址

　　只要避開上述的問題，網路卡的基本設定就完成了。若要網路卡正常運作，則還需設定正確的通訊協定和正確的用戶端軟體才行哦！

5-4-6　網路卡的故障排除

　　如果認為網路的問題是由網路卡所引起的，我們提供一些故障排除的指導方針，藉以快速地排除網路卡所造成的問題，步驟如下：

1. 確定網路卡安裝正確。

2. 確認網路卡的驅動程式是否安裝正確。

3. 確認網路卡的接線是正確（符合拓樸）的。

4. 確認沒有資源的衝突（IRQ、ID Base ……）。

5. 以網路卡的診斷軟體進行測試，找出相關問題，直到測試成功為止。

6. 若是網路卡的診斷軟體測試後，依舊是失敗（Fail），則考慮換網路卡或電纜線，再進行測試。

以上的建議，希望對網路工作者能有一些幫助。

Q & A 測試

1.a Ethernet 採用之 CSMA/CD 方式，其傳輸步驟為何？

1.b 請解釋 CSMA（Carrier Sense Multiple Access）（交大資管所 102 學年度計算機概論）。

2. IEEE 802.4 和 IEEE 802.5 其採用的媒體存取方式分別為 _____ 、_____ 。

3. 使用 10 Base T 來佈線，須配合 _____ 。

4. 使用 10 Base 5 來佈線，可連接之網路最大區段數為何？ _____ 。

5. 10 Base 2、10 Base 5 同軸電纜，其特性阻抗為多少歐姆？ _____ 。

6. ARCnet 網路卡的位址是否是唯一？

7. ARCnet 使用的終端電阻為多少歐姆？

8. 在網路連接時，ARCnet 最多可連接多少部電腦？

9. IBM 個人電腦，基於網路的應用，發展出哪二種不同型式的區域網路架構？

10. 對於原先使用 Ethernet 的用戶而言，Fast Ethernet 的優點有哪些？

11. Which type of LAN starts to slow down as the number of users increase ？
（成大資管所 98 學年度計算機概論）

(A) Client/Server

(B) Peer-to-peer

(C) Ethernet

(D) Ring

12. A Network Router joins two _____ together ？（中興資管所 101 學年度計算機概論）（A）Computers（B）Switches（C）Networks（D）Gateway（E）modems

13. Which type of LAN topology uses a single connector between workstations or devices and has terminators at its ends ？（成大資管所 98 學年度計算機概論）

(A) Bus

(B) Hub

(C) Ring

(D) Star

(E) Layered

14. Which of the following technologies for local area networks use the CSMA/CD (carrier sense multiple access collision detection) access method to handle simultaneous demands.（台大資管所 103 年計算機概論）

    (A) Ethernet

    (B) Token Ring

    (C) 802.11

    (D) WiMAX

    (E) None of the above

◎ 參考解答 ◎

1.a (1)有資料要傳送時，先看媒體目前是否閒置，若閒置則開始傳送，否則跳至步驟 2。

    (2)若媒體目前忙碌，則繼續等待，直到媒體閒置，再開始傳送資料。

    (3)若偵測到有別的工作站也在傳送資料（發生 Collision），則停止所有的傳送，欲接收資料的工作站也會放棄該筆資料。

    (4)產生 Collision 後，各欲傳送資料之工作站會等待一隨機時間後，重複步驟 1。

1.b

    🌐 **CS（Carrier Sense）載波感應**

    當某主機要開始傳送資料時，首先會檢查目前傳輸媒體上是否有其他主機正在傳送資料，即載波感應（Carrier Sense）。

    🌐 **MA（Multiple Access）多重存取**

    當傳送資料產生碰撞情形時，則此資料立即停止傳送，而欲接收資料的主機，會放棄此筆資料，其欲傳送資料的主機會等待一段隨機時間（Random Time）後，再準備重新傳送資料，此稱為多重存取（Multiple Access），詳見本文 5-2-1。

2. Token Bus、Token Ring。

3. HUB 集線器。

4. 5 段。

5. 50 歐姆。

6. 並非唯一。

7. 93 歐姆。

8. 255 部。

9. PC 網路（PC Network）及符號環網路（Token-Ring Network）。

10. 頻寬加大、相容性高、升級規劃彈性大。

11. (C)

規格	IEEE 802.3		
媒體存取方式	CSMA/CD		
每段最大節點數（可接電腦數）	100台／區段	30台／區段	
可連接之最大區段數	5段	5段	

Ethernet 為了避免某一主機佔用網路太久，對最大訊框長度限定為 1，518 bytes，詳見本內文 5-2-1 與表 5-3。

12. (C) 當多段網路要連接時，可以使用路由器（Router），詳見本書 5-1-2。

13. (A) 使用 Token Bus 時，每個工作站都有一定的位址，如同公車的站一樣。傳遞時，在網路上有一個符號（Token），沿著各工作站來傳送資料，當某一個工作站收到 Token 時，它就擁有使用傳輸媒體的權利，可以在一段時間內傳送資料，當資料傳送完成後，就將 Token 傳給下一個工作站。

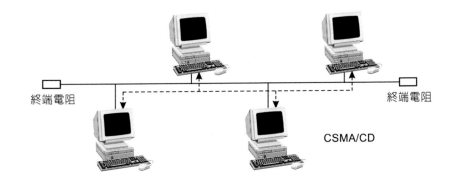

如上圖所示，Token Bus 拓撲在中段會具有終端電阻（terminator）

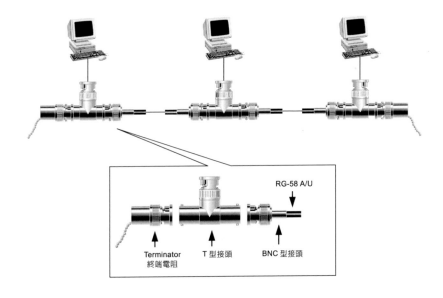

終端電阻（terminator）圖示，如上圖。

14. (A)

Ethernet 的媒體存取控制即是運用此法。Ethernet 是透過 CSMA/CD 機制中的 CS（Carrier Sense）載波感應及 CD（Collision Detection）碰撞偵測來達成其 MA（Multiple Access）多重存取的目的。詳見本書 5-2-1 IEEE 802.3

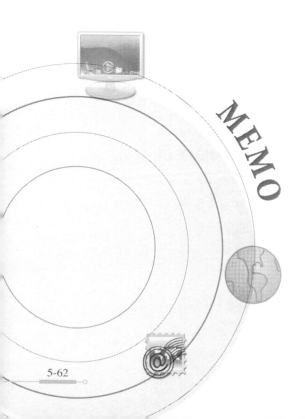

CHAPTER

6

區域網路作業系統

6-1　簡介

我們都知道一般的電腦（硬體）一定要有作業系統（軟體）才可以運作，同樣地，區域網路連接起來後，也一定要有網路作業系統才可以運作。

網路作業系統（Network Operation Systems）是作業系統中的一種，可以提供網路服務（資源分享）。一般情形下，網路作業系統可以分成點對點（Peer to Peer）和專屬的（dedicated）兩種，解釋如下：

6-1-1　點對點的網路作業系統

例如：Windows 作業系統，可以連接成點對點的區域網路。

6-1-2　專屬的網路作業系統

專屬的網路作業系統又稱為專屬伺服器，例如：微軟 Windows 的 Server 系列和各家的 Unix（Linux）Server 系列。

點對點的網路作業系統和專屬的網路作業系統不同之處是：點對點的網路作業系統無法提供資料的集中管理和系統安全管理的層次，而專屬的網路作業系統則可以。

6-2　網路作業系統之架構

網路作業系統分為點對點的網路作業系統和專屬的網路作業系統，網路作業系統的架構也可以分成點對點的網路架構、專屬的網路架構和混合型的網路架構。

6-2-1　點對點的網路架構

典型的點對點的網路架構如圖 6-1。

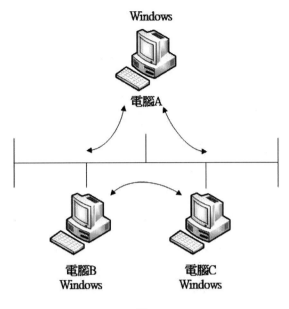

▲ 圖 6-1

其中，電腦 A、電腦 B 和電腦 C 都可以設定為客戶端（Client）和伺服器（Server），客戶端是要求服務的電腦，伺服器則是提供服務的電腦。

例如：電腦 A 向電腦 B 要資料時，電腦 A 是客戶端，電腦 B 是伺服器；反之，電腦 B 向電腦 A 要資料時，電腦 B 是客戶端，電腦 A 是伺服器。

點對點的網路提供了方便、彈性的使用，但由於它缺乏資料集中管理的缺點和基於安全性的考量之下，只適合小型網路使用。

6-2-2 專屬的網路架構

典型的專屬的網路架構，不同於工作群組（Workgroup）架構，專屬的網路架構係由一台安裝伺服器作業系統，專門提供伺服器服務的網路架構，如圖 6-2，其架構即是主從式網路架構，只是專屬的網路架構，是主從式網路架構中的一種狹義類型，Server 端安裝伺服器作業系統，而非一般作業系統。

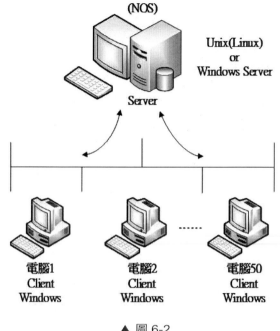

▲ 圖 6-2

　　例如：學校的網路教室就是典型的例子，教室內有一台電腦裝著伺服器，其餘的電腦則是客戶端（Client）。伺服器在購買時，需決定買多少人使用的版本，以教室為例，若有五十位學生要同時使用伺服器上的資源，則需要購買五十人版的伺服器；若是更多位學生要同時使用，則視最大需求來購買使用者的版本。伺服器是依照多少人版本數來 "同時" 處理多少個使用者的需求。

6-2-3　混合型的網路架構

　　混合型的網路架構為點對點的網路架構和專屬的網路架構結合在一起的網路架構。目前全球的區域網路大多為混合型的網路架構，混合型的網路架構的特色是使用了具有點對點能力的作業系統作為 Client（客戶端）。

　　典型的混合型的網路架構，如圖 6-3。

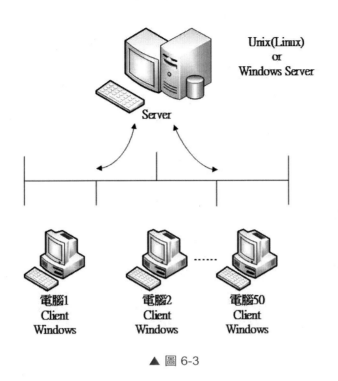

Unix(Linux)
or
Windows Server

Server

電腦1
Client
Windows

電腦2
Client
Windows

電腦50
Client
Windows

▲ 圖 6-3

Client 端的電腦可能為 DOS 或 Windows，除了向 Server 提出需求外，點對點的作業系統也可以互相提出需求。

6-3 檔案伺服器

在網路發展之初，其中第一項主要的目的是檔案共享，在現今的網路作業系統中也都具備了這項功能。凡是可以提供檔案共享的伺服器，都稱之為檔案伺服器。

6-3-1 Windows 伺服器作業系統

說到架設檔案伺服器，不論是中大型的網域（Domain）架構還是小型的工作群組（Workgroup），都會聯想到 Windows 的伺服器作業系統家族，相較於 Unix 或 Linux，Windows 提供便利的圖形化界面管理平台，提供管理者不必辛苦地輸入指令碼管控伺服器，提供 IT 人員便利的管理介面架設伺服器，接下來我們便對 Windows 伺服器作業系統做些簡單的介紹。

Windows Server 2008

Windows Server 2008 在 2008 年正式發行，此版本是 Microsoft 一項導入企業市場重要的伺服器作業系統版本，Windows Server 2008 所應對的作業系統為 Windows Vista，在開發時兩個作業系統共用許多的程式碼進行處理，主要分作標準版、企業版、資料中心版三個版本，命名沿用 Windows Server 2003 版本的方式，且都支援 64bit 和 32bit 兩種位元。Windows Server 2008 提供伺服器管理者兩種安裝模式，伺服器管理者在安裝 2008 時，可以選擇安裝完整的伺服器軟體或是只安裝伺服器核心（Server Core），回歸沒有圖形化介面的指令碼介面，更支援遠端桌面協定，升級原有的終端機服務組件，讓管理者可以透過遠端連線輕鬆管控程式。

Windows Server 2008 R2

Windows 2008 R2 於 2009 年正式發行，其相應對的作業系統為 Windows 7，不同於 2008 版本都支援 32 及 64 位元的作業系統，2008 R2 版本只支援 64 位元，並擴充以往 2003、2008 版本的 Active Directory 使用者和電腦工具功能，可另外安裝為 Active Directory 管理中心，使用新的虛擬化管理技術，讓目錄服務管控更為便利。

Windows Server 2012

Windows Server 2012 在 2012 年正式發行，其相應對的作業系統為 Windows 8，支援原本使用 Windows Server 2008 及 2008 R2 伺服器作業系統的伺服器升級，分作基礎版、精華版、標準版及資料中心版四個版本，簡化了以往 Windows 伺服器作業系統琳瑯滿目的版本分類，更有助於企業針對自身需求做出選擇。

6-3-2　Linux 伺服器作業系統

是由 1969 年開發的 Unix 發展而來，由林納斯（Linus Torvalds）在 1990 年編寫而成，不同於 Windows 原始碼封閉、不開放的原則，Linux 採開放原始碼的方式存於市場上，使用者不需花費金錢購買伺服器作業系統軟體，Linux 發行版都公開於網路上，只要點選即可下載使用，Linux 沒有隨著發行商版本更新而需大舉將作業系統做升級、改版的煩惱，成為 Linux 作業系統的另一大優點，伺服器管理者可以使用低階硬體設備進行檔案、郵件伺服器等的架設，企業伺服器更可用舊有的原始碼進行系統功能的衍生，因此也成為市場的主流。

6-3-3　Cloud Server

隨著分散式運算（**Distributed computing**）、網格運算（**Grid computing**）以及公用運算（**Utility computing**）的概念運行成熟，雲端伺服器應運而生，企業用戶不再需要聘請大量 **IT** 人員花費金錢與時間建置自身的檔案伺服器等系統，只要評估企業本身所需的伺服器環境，透過雲端服務提供商提供的基礎設施即服務（**IaaS**）的相關服務，即可擁有足夠供應企業運作的伺服器環境，更不需煩惱伺服器當機、更新等問題，這些維護工作可以通通交由雲端服務提供商來處理，企業便可以將精力專注於自身的業務上，放心的伺服器管理工作交給雲端服務提供商，例如：**Amazon AWS**、**Microsoft Azure** 等。

6-3-4　常用的檔案伺服器功能

檔案伺服器應用的範圍很廣，最常用的有資料交換和應用程式共用，介紹如下：

一 資料交換

平常個人電腦輸入資料後，若是想要和同學、同事交換資料，大多都透過磁片傳遞。

由於磁片容量很小，如果有大的檔案或應用系統時，就需要好幾片磁片或幾十片磁片才夠用。

透過磁片交換資料不是不可以，但只適合小容量的檔案，碰到大檔案就十分麻煩，這時候若是有檔案伺服器，就容易解決了。如圖 **6-4**。

如果我們在伺服器（**Server**）上開出一個共用目錄，電腦 1 將 **A.doc** 檔案複製（**Copy**）到伺服器（**Server**）上的共用目錄，那麼電腦 2 到電腦 50 就可以複製到自己的電腦了。想想看，是不是方便多了呢？

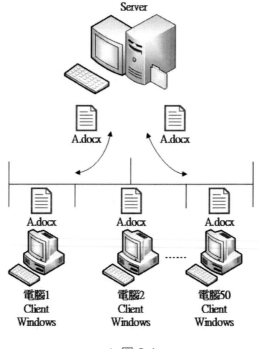

▲ 圖 6-4

二 應用程式共用

　　平常我們買一般軟體時，大多是單機下使用，所以也就沒有人問單機版或網路版；若是買應用軟體（例如：公司的會計系統、進銷存系統）時，就需指明是單機版或網路版，因為網路版可以同時提供多人使用、資料集中管理等優點，廣為企業機關學校所接受，網路版也比單機版應用軟體貴很多。

　　網路版的概念其實是來自於應用程式的共用，當中就需要檔案伺服器提供檔案共享的功能，否則將無法達到多人〝同時〞使用的境界了。

6-4　印表機伺服器

　　在網路發展之初，第二項主要的目的是印表機共享。在現今的網路作業系統中都具備了這項功能，為什麼這項功能也特別重要呢？我們以學校的網路教室連線為例，如圖 6-5，就 Windows 來說，印表機伺服器增強了更多的功能，例如支援藍芽、USB、IEEE1394、無線等傳輸介面；更支援透過瀏覽器管理印表機伺服器等便利功能。

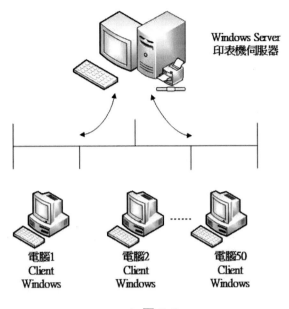

▲ 圖 6-5

假如：有五十位學生在教室使用五十部電腦，學校不可能為五十台電腦各自配屬一台印表機，特別是昂貴的高階印表機。若是遇到五十位學生都要列印時，怎麼辦呢？傳統的方式是將印表機搬來搬去，整個教室亂哄哄的，因為在搶印表機嘛；現代的網路教室都是把印表機設定好後，透過印表機伺服器順序列印出去就可以了，所有的學生只要按下列印，就可到印表機的地方等列印好的東西了。

6-4-1　印表機伺服器的種類

印表機伺服器的種類一般可分為二種，分別為網路作業系統內附印表機伺服器與盒式印表機伺服器。

⬡ 網路作業系統內附印表機伺服器

網路作業系統內附印表機伺服器，示意圖如圖 6-6。它是以軟體代替硬體方式執行印表機伺服器的功能。由於軟體執行印表機伺服器的功能，需要的中央處理單元（CPU）的效能較多，使得網路的整體效能下降。但是在一般的情形下，許多企業、機關、學校會選擇網路作業系統內附印表機伺服器的原因是因為買網路作業系統時就隨著附上了，免費的啦！

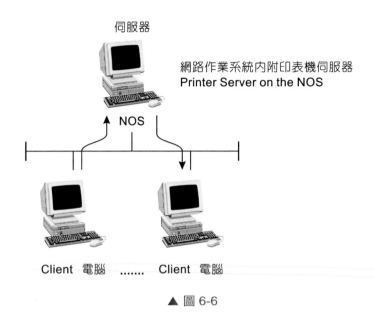

▲ 圖 6-6

二 盒式印表機伺服器

盒式印表機伺服器示意圖如圖 **6-7**。

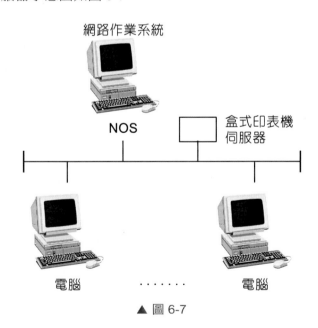

▲ 圖 6-7

　　盒式印表機伺服器的優點是速度較快，尤其是在控制多部網路印表機之下的效能更是能展現出來，缺點當然是企業、機關、學校……等等仍需多花一筆經費來添購設備、維護。

6-4-2　網路印表機的列印

我們都知道印表機伺服器是用來控制網路印表機用的。那什麼是網路印表機？網路列印是怎麼一回事呢？簡單地說，將印表機接上網路，設定給眾人列印使用，這部印表機就稱之為網路印表機。因為，接在網路上的方法不同而有下列三種網路印表機：

1. 本地印表機

2. 遠端印表機

3. 直接接在網路上的印表機

1.　本地印表機

本地印表機示意圖如圖 6-8。

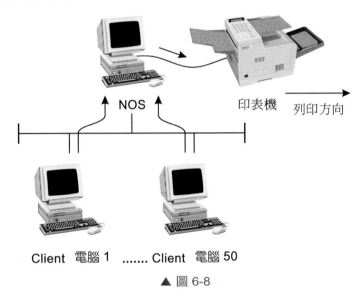

▲ 圖 6-8

本地印表機是將印表機直接接在網路作業系統的電腦上，所有的工作端透過網路作業系統直接列印出去。

2.　遠端印表機

遠端印表機示意圖如圖 6-9。

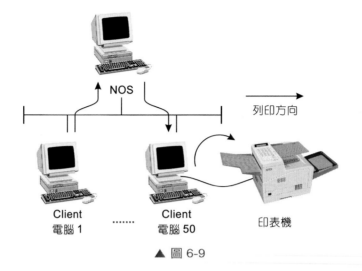

▲ 圖 6-9

遠端印表機是將印表機接在工作站的電腦上，所有的工作站的電腦透過網路作業系統將列印的工作（job）送到連接印表機的電腦，再列印出去。

3.　**直接接在網路上的印表機**

直接接在網路上的印表機示意圖如圖 6-10。

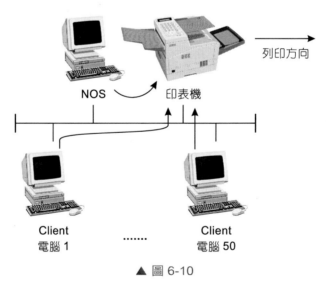

▲ 圖 6-10

直接接在網路上的印表機，是印表機內附網路卡直接接在網路纜線上，所有的工作站將列印的工作（job）透過網路作業系統送到直接接在網路上的印表機，再列印出來。

6-5　區域網路多人多工作業方式

平常我們在操作電腦時，常常是獨佔一台電腦的所有資源（硬碟、印表機、CPU ……等等）。當個人使用的電腦連上區域網路時，卻可以同時多人存取同一個網路作業系統上的檔案，這是怎麼一回事呢？答案是：網路作業系統在設計上具有多工（Multitasks）和多線式（Multithread）……等等的能力，才能同時服務多人的使用。

當很多人同時存取網路作業系統上的資源時，網路作業系統如何同時服務多人呢？請看圖 6-11。

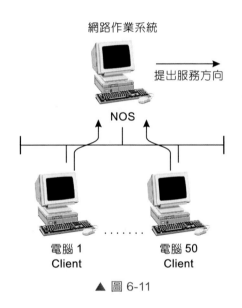

▲ 圖 6-11

網路作業系統收到眾多的服務要求時，會一一地將服務要求接收下來，形成一個個工作（job），接著網路作業系統為每個工作產生一個或多個行程（Process），透過多線式（Multithread）的能力，一一追蹤處理每個行程，同時網路作業系統將 CPU 的處理時間切割成多個時間槽（Time slot），透過多工（Multitasks）能力處理每個行程，當一個或多個行程完成處理後，一個或多個工作也隨之完成。此時，網路作業系統會將處理的結果傳回工作站，這就是區域網路多人多工作業方法。

6-6 區域網路之公用程式

為了達到區域網路的強大功能，往往提供了很多、很多的公用程式，就像在 DOS 下的指令，至少也超過 500 個指令，但是我們常用的指令大約在 30 個左右，甚至更少呢！在此，我們介紹區域網路的公用程式應用的特性及其功能。

6-6-1 區域網路應有的公用程式

區域網路應有的公用程式計有帳戶管理、檔案管理、列印管理、磁碟管理、伺服器管理、遠端控制管理……等等公用程式，解說如下：

一 帳戶管理公用程式

帳戶管理當然需要新增帳戶來讓使用者簽入（Login）。新增帳戶時，可以設定使用者名稱、全名、密碼、可以登入的時間等，內建的本機帳戶。將帳戶一個個建好後，為了分組管理較方便，所以在帳戶管理中也納入了群組的管理，我們可以把擁有權限相同的帳戶移到同一個群組，然後再對這個群組授予權限，相同群組內的帳戶便具有了相同的權限，例如：系統管理員群組、備份操作群組、訪客群組、網路設定群組等。群組這項管理功能對於系統管理員而言，界定不同本機帳戶對伺服器使用的權限，讓帳戶與伺服器的管理更具安全性。

二 檔案管理公用程式

檔案是整個網路資源最重要的一部份，不論是公司重要的管理資訊或學校的行政管理資訊，都需要透過檔案存收在網路上等待使用。隨著企業、機關、學校的分層負責，許多人的使用權限都不一樣，例如：科系的主任沒有權限可以看到校長的資料……等等，這些需求都得依靠檔案管理公同程式來進行設定，設定的項目包含那些人可以存取檔案、執行檔案、那些人可以看到檔案但不可以開啟、那些人連看到檔案的權利都沒有，我們再舉一個例子如下：

ABC 學校有個教學小組共六人，目前有個研究計劃有 10.5MB（Mega Byte）大小，網路管理者如何才能使研究人員上網路取得檔案而不致於將檔案刪除……等錯誤動作。

答案：基本上，網路管理人員需將此研究計劃設定成唯讀（**Read only**）即可，若有其他需求，則再加其他屬性。

三 列印管理公用程式

在網路上使用印表機的優點，就是可以利用網路印表機來達到印表機共用的目的，如此一來，就不必一台電腦配屬一部印表機，既省空間又省經費，並且還可以設定印表機的使用權限，增加管理上的方便。透過印表機伺服器，使用者列印指令、邏輯印表機、實體印表機等完成列印工作，如下圖 6-12 所示。

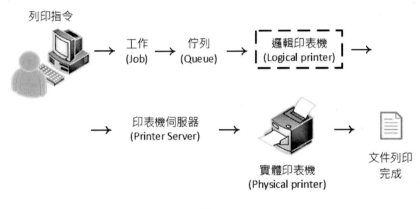

▲ 圖 6-12

四 磁碟管理公用程式

在伺服器（**Server**）端，我們需要較大、穩定性高、較快速的硬碟來處理數個線路的資料，此時，我們則需要加以管理磁碟，以確保資料的正確，我們所使用的工具即是磁碟管理公用程式。

磁碟管理公用程式可以建立和刪除硬碟上的磁碟分割，建立和刪除格式化的磁碟分割。

磁碟管理公用程式更提供 **RAID** 的管理。所謂 **RAID** 是 Redundant Array of Inexpensive Drives 的縮寫，中文可稱為多個低價磁碟機陣列，目的是藉由低成本、低容量、較便宜的磁碟連成陣列以代替單一的一顆高成本、高容量、高價位的硬碟（**Single Large Expensive Drive；SLED**）。

RAID 共分為 6 級如下：

RAID0

平行儲存，以固定長度區塊為單位，依順序同時存放在磁碟陣列中，優點是存取效率高，缺點是若有一顆硬碟故障，則所有資料也就全毀了。

RAID1

磁碟映射（disk mirror），將同一份資料同時儲存在 2 個不同的硬碟，優點是當某一顆硬碟出問題時，另外一顆還保有完整的資料，缺點是得多花一顆硬碟的費用。

RAID2

位元容錯平行儲存，類似 RAID0，是以位元為單位，依順序同時存放在磁碟陣列，並加以同元檢查，優點是效率高和錯誤容忍度加強，缺點是技術較高，價錢非常昂貴。

RAID3

大單位容錯平行儲存，可以使用位元組或其他單位的長度，依順序同時存放在磁碟陣列，優點是較 RAID2 快，缺點是以一部磁碟機專門修正錯誤，所以磁碟陣列只允許一部磁碟機出問題，負責專門修正錯誤的磁碟機若出問題，就無法復原了。

RAID4

改良式容錯平行儲存，以磁區為單位，依順序同時存放在磁碟陣列，優點是改良 RAID0、RAID2、RAID3 的優點以提升效率，缺點是仍以一部磁碟專門修正錯誤，以至於雖然可以多工方式讀取磁碟陣列，卻只能單工方式寫入磁碟陣列，因為寫入時須經過修正錯誤這一部磁碟機。

RAID5

高效率容錯平行儲存，和 RAID4 相同，以磁區為單位，依順序同時存放在磁碟陣列，不同的是，RAID5 將錯誤修正的資訊和資料一起存放在磁碟陣列，優點是：允許任何一部磁碟機出問題皆可以回復資料，而且在寫入時，由於不受到單工方式寫入，所以效率較佳，目前以 RAID5 較受到重視，價位也較可以接受，使用也較多。

各個網路作業系統管理 RAID 的方式不同外，提供 RAID 的管理也不是 6 個級數都有，所以必須再深入了解各個網路作業所提供的功能才好。

五 伺服器管理公用程式

伺服器管理公用程式當然是用來管理伺服器了，那為什麼要管理伺服器呢？伺服器的主要功能是提供資源給工作站端的使用者使用，然而，伺服器上的資源畢竟有限，如何有效的分配資源以得到較佳的效益，和防止不當的使用者使用……等等，都是網路管理者所關心的方向。

伺服器管理公用程式一般都可以達到傳送訊息給已連接上的使用者，查看有那些使用者連上伺服器，使用者開啟了那些資源，中斷部份或全部的使用者，以切斷不當的使用者或侵入者，保護伺服器的安全。

六 遠端控制管理公用程式

一般企業或學校在完成網路後，伺服器主機大多置收在機房（大中型公司、學校）或 MIS 部門（中型的公司、學校）或是總經理室、校長室（中、小型的公司、學校），這是因為伺服器主機內的資料價值很高，公司、學校單位才會如此慎重地放在重要的地方。網路系統往往是由網路管理人員擔任管理，網路人員不可能一天到晚進進出出總經理或校長室，那怎麼辦呢？當然是網路作業系統提供遠端控制管理的能力，網路管理人員坐在自己的位置上，透過遠端桌面連線，就可以控制在機房、MIS 部門、總經理室或校長室的伺服器，這樣子才符合網路管理的效益。

6-7　目錄的存取權限

檔案的管理是透過目錄組織起來的，所以大多數的檔案管理是依賴目錄來管理存取權限。

目錄的存取權限主要是控制使用者連上網路作業系統後，對網路資源（目錄＋檔案）能進行何種動作，例如：建立、更改、刪除目錄，建立、更改、刪除檔案…等等。

6-8　自動備份功能

　　備份是將網路系統中的資料複製相同的一份存起來，以防止資料遺失。而且當網路系統中的資料遺失或損壞時，我們可以回存備份下來的資料到網路系統中，使得網路得以正常運作。網路作業系統的備份系統可以支援手動與自動備份能力，若是想有自動備份的功能，則需要設定備份的排程（Schedule）時間，時間一到，系統自動就幫我們備份好了。

6-8-1　備份型態

　　一般的備份有三種型態：完全備份（Full）、增加式的備份（Incremental）和異動式的備份（Differential）。

　　備份的型態，如表 6-1。

◎ 表 6-1

備份的型態	備份的資料
完全備份	備份所有的資料，不論前一次作怎樣的備份。
增加式的備份	前一次的完全備份或增加備份後，只要有更改的檔案或新增加的檔案，都會備份起來。
異動式的備份	前一次的完全備份後，只要有更改的檔案，都會被備份起來。

　　從表 6-1 中，我們可以清楚的知道，增加備份和異動備份無法備份完整的資料，而每次都完全備份，雖然可以備份完整的資料，卻又很浪費備份的空間，那如何是好呢？惟有採用適當備份策略，才能夠完整地備份資料，又不浪費備份的空間。

6-8-2　備份策略

　　備份策略就是我們使用備份的方法，一般有三種，分別是：一、每次完全備份；二、完全備份搭配增加式的備份；三、完全備份搭配異動式的備份。我們以一星期的備份來探討備份策略：

◎ **每次完全備份**

備份所花的時間最久,使用備份材料(如:磁帶)較少,回存的時間較久。

◎ **完全備份搭配增加式的備份**

備份所花的時間最少,使用備份材料較多,回存的時間較少。

◎ **完全備份搭配異動式的備份**

備份所花的時間中等,使用備份材料較多,回存的時間中等。

就伺服器的備份而言,Windows 伺服器作業系統提供 Windows Server Backup,帳戶可以使用 Windows Server Backup 所提供的備份方式來執行備份,備份方式分作備份排程與一次性備份,透過這些備份計畫將伺服器作業系統備份,是伺服器管理作業中非常重要的任務。

6-8-3 認識備份設備

備份設備一般人認為只有磁帶機,事實上還有抽取式硬碟、可讀寫的光碟機等,各有各的優缺點,系統管理者可依需要、經費等,慎選適合的備份設備。

備份能力依備份設備的不同而有多種方式,現今的網路系統大多具備可以備份伺服器和工作站的功能,目前發展的備份系統也都將具備可以備份多部伺服器資料的功能了。

Q&A 測試

1. 專屬的伺服器有何特點？

2. 點對點的網路有何優缺點？

3. 專屬的網路架構有何優缺點？

4. 請列舉二項檔案伺服器的功能。

5. 一般印表機伺服器的種類有哪二種？

6. 何謂網路印表機？

7. 網路作業系統需有哪些基本功能，才能同時提供多人使用的服務？

8. 請列舉二項區域網路作業系統應有的公用程式。

9. 使用網路印表機有何優點？

10. 試說明伺服器管理公用程式的功能。

11. 試說明遠端控制管理公用程式的功能。

12. 請列舉二項重大事件會啟動自動的異動追蹤系統來記錄事件。

13. 一般的備份有哪幾種型態？

14. Which of the following statement is/are true ？（multiple choices）（中山資管所 100 年計算機概論）

    (A) Client/Server model is a communication approach when a server is always on waiting for clients's request

    (B)（P2P）Peer-to-Peer model is a communication approach where each peer can be a server or client

    (C) Socket can be used to implement P2P or client-server communication

    (D) None of the above is ture

15. A RAID system is useful because it（中興資管所 102 年計算機概論）

    (A) increases processor speed

    (B) increases disk storage capacity

    (C) increases disk storage availabilty

    (D) increases OS efficiency

    (E) increases RAM storage capacity

16. Currently many desktop motherboards provide RAID function.Please briefly describe how a RAID can be used to improve the fault tolerance of the system.（清大資訊系統與應用乙組 97 年計算機概論）

◎ 參考解答 ◎

1. 專屬的伺服器提供資料的集中管理和系統管理的層次。

2. 優點：提供方便、彈性地使用，非常適合小型網路。

   缺點：缺乏資料集中管理和安全的管制能力。

3. 優點：提供資料集中管理和安全層次的管理。

   缺點：管理較雜、建置花費較高。

4. 資料交換和應用程式的共用。

5. 網路作業系統內附印表機伺服器和盒式印表機伺服器。

6. 將印表機接在網路，設定給眾人列印使用，這部印表機即稱為網路印表機。

7. 多工（Multi tasks）和多線式（Multi thread）。

8. 帳戶管理公用程式和檔案管理公用程式。

9. 我們不必一台電腦配置一部印表機，既省空間又省費用，增加管理設備上的方便。

10. 伺服器管理公用程式主要提供資源給使用者使用，還可以傳送訊息給連接上的使用者和查看使用者的使用狀態。

11. 網路管理人員使用遠端控制管理公用程式就可以在自己的位置，控管遠端機房的伺服器了。

12. 違反系統原則或應用程式發生死鎖 Deadlock 現象。

13. 有三種分別如下：

    ◎ 完全備份

    ◎ 增加式的備份

    ◎ 異動式的備份

14. (A)、(B)、(C)

    其中，電腦 A、電腦 B 和電腦 C 都可以設定為客戶端（Client）和伺服器（Server），客戶端是要求服務的電腦，伺服器則是提供服務的電腦。

    例如：電腦 A 向電腦 B 要資料時，電腦 A 是客戶端，電腦 B 是伺服器；反之，電腦 B 向電腦 A 要資料時，電腦 B 是客戶端，電腦 A 是伺服器。（請見本書 6-2-1 點對點的網路架構）

15. (B)

    在伺服器（Server）端，我們需要較大、穩定性高、較快速的硬碟來處理數個線路的資料，此時，我們則需要加以管理磁碟，以確保資料的正確，我們所使用的工具即是磁碟管理公用程式。磁碟管理公用程式更提供 RAID 的管理。所謂 RAID 是 Redundant Array of Inexpensive Drives 的縮寫，中文可稱為多個低價磁碟機陣列，目的是藉由低成本、低容量、較便宜的磁碟連成陣列以代替單一的一顆高成本、高容量、高價位的硬碟。（請見本書 6-6-1 區域網路應有的公用程式）

16. 提供相互備援，當某一顆硬碟出問題時，其他硬碟仍保有完整的資料。

CHAPTER

7

TCP/IP通訊協定

7-1　簡介

1960 年代，美國國防部（Department of Defense，以後統稱 DoD）為了使資料能夠在眾多不同規格的電腦中互相通訊，於是成立了 ARPA（Advanced Research Project Agency）單位，ARPA 架設了一個實驗性的網路，統稱 ARPANET。ARPANET 使用一個稱為 Network Control Pcotocol（NCP）的通訊協定。ARPANET 主要是要架構一個通訊網路（不受到戰爭，單一或區域故障影響），即使是部份電腦故障，其餘仍可正常的運作，這個實驗性的網路，發展的相當成功。

1970 年代時期，ARPANET 由實驗性網路改成運作式網路，所以整個網路由美國國防通訊局（Defense Communications Agency；統稱 DCA）管理，ARPA 單位亦改名成 DARPA，此時 DARPA 逐漸將 NCP 通信協定改換成 TCP/IP 的模式，但仍是 TCP/IP 的雛型。

1980 年代時期，DARPA 為了推行既有的（1970 年代）所發展出來的通訊協定，以低價提供各界測試使用，一直到加州柏克萊大學將 TCP/IP 植入 BSD Unix，TCP/IP 的實用終於問世。

1983 年元月美國國防部 DoD 要求所有連接上 ARPANET 的電腦都要使用 TCP/IP 通訊協定，這一個強而有力的推手，將 TCP/IP 推入了美國大部份大學的電腦，大部份的美國大學的電腦主機都連上了 TCP/IP 網路，於是 TCP/IP 從軍方走向電腦產業後，走進了學術界的教授和學生們，Internet 開始被引用。

1980 年代末期，Internet 的應用普及化了，不同性質的電腦網路，都採用 TCP/IP 協定互相連接。

1990 年代，隨著 www 的快速掘起，網路商業應用蓬勃發展，TCP/IP 開始深入各公司的辦公室，甚至到了很多家庭，隨著 Internet 的快速發展，相信 TCP/IP 的使用將無可限量。

7-2　IP 封包的格式

IP 封包的格式如下圖：

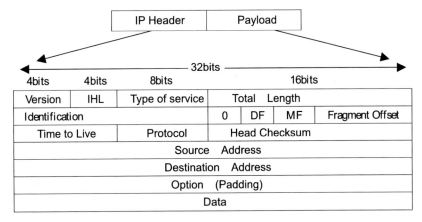

▲ 圖 7-1

IP 封包的規定是 **32Bits**（位元）的倍數，也就是 4 個位元組的倍數。

Version：版本

欄位大小：**4bits**

由於只要遵守協定的規則即可，所以各家廠商有各自的 **TCP/IP**，而 Version 欄位規定了協定的版本，以利各家廠商遵守，提供開發新協定的彈性。目前使用的是第四版本。

IHL（Internet Header Length）：Internet 表頭長度

IHL 指的是 IP 封包表頭的長度

欄位大小：**4bits**

範圍：5～15（系統預設為 5）

Type of Service：服務型態

欄位大小：**8bits**

Precedence

Precedence	D	T	R	Unused

- Precedence：以 3 個位元，代表著封包的重要性，值愈高代表著封包愈重要。

- D：設定 0 時為一般延遲。

  設定 1 時為低延遲（Low delay），例如帶著語言（voice）的封包轉路徑時會通過低延遲線，此時，這個位元就需要設為 1。

- T：設定 0 時為一般傳送量（生產力）。

  設定 1 時為高的傳送量（生產力），例如一個長檔案傳送時，封包只帶著部份的資料時，常需要設定這個位元為 1。

Total Length：總長度

欄位大小：16bits（位元）

範圍：576～65535 位元組

總長度指的是 IP 封包整個的長度。其中包括 IP 表頭長度和資料長度。

Identification：辨識符號

欄位大小：8bits（位元）

辨識符號用來辨識目前的 Datagram

資料在傳送端準備傳送時，會被切成多個分段來傳送，接收端接收時，會將相同來源及辨識符號值的分段收集起來，重新組合成原來的資料。

Flags：旗標

欄位大小：3 位元

0	DF	MF

- DF：Don't Fragment（不要分段）

  設定為 0 時，可以分段

  設定為 1 時，不可以分段

- MF：More Fragment（更多分段）

  設定為 0 時，為最後的分段

  設定為 1 時，不是最後的分段

Fragment Offset：分段偏移

欄位大小：13bits（位元）

範圍：0～8191 系統預設為 0

分段偏移指出目前的分段在原始的 Data 中所在的位置，原始的資料允許有 8192 個分段，並且以 8 個位元組為一個基本偏移量，所以最大可允許 65536 位元組的資料，這個值與總長度（Total Length）是一樣的。

Time to live（TTL）：存活時間

欄位大小：8bits（位元）

範圍：0～255 秒

Time to live 是一個計數器最大值為 255 秒，當封包每經過一個路由器（router）時，計算器自動減 1，直到零時，若是未達目的位置，則將封包去掉（Discard）。

Protocol：協定識別

欄位大小：8bits（位元）

範圍：0～255

協定識別的欄位值指定那一個高層協定準備接收 IP 封包中的資料。

例如：協定識別的值為 6 時，表示 TCP 高層協定，協定識別的值為 17 時，表示 UDP 高層協定。

Header Checksum：表頭檢驗和

欄位大小：16bits（位元）

表頭檢驗和是用來確保 IP Header 表頭的完整性。當 IP 封包經過路由器時，IP 表頭的 TTL 欄位減 1，Header Checksum 表頭檢驗和會再重新計算一次，若是計算出的檢驗和不等於封包的檢驗和，則封包將被去掉（discarded），直到 IP 封包到達目的位址都無誤時，才完成封包轉送。

Source Address：來源位址

欄位大小：32bits（位元）

來源位址是指送出封包主機的位址。

◎ **Destination Address：目的位址**

欄位大小：32bits（位元）

目的位址是指接收主機的位址。

這裡的 Source Address 和 Destination Address 指的位址就是 IP Address（位址）。由於 IP Address 的內容較多，而且非常重要，所以稍後我們會再獨立出來討論。

◎ **Options：選項欄位**

欄位大小：大小不一定

選項欄位的大小不固定是用來提供多種選擇性的服務。例如：

- Source routing 來源路徑選擇：用來追蹤資料片經過的網際網路。
- Time stamping 時間標記：用來幫助決定資料片（datagram）傳送模式。
- Security 安全性：用來標示使用者群，限制處理……等。

◎ **Padding：填充欄位**

IP Header 表頭的大小一定是 32bits（4bytes）的整數倍，當 Options 選項欄位有不足 4bytes 的整數倍時，就用 padding 填充欄位來補齊，通常用 0 來填補欄位。

7-3　IP 位址

IP 位址是一個 4 位元組（32bits 位元）的數字，這個數字代表了網路和主機的位址，每個位元組的 IP 位址以點分開，例如：magic 資訊有限公司的位址為 203.66.47.49，其表示方式如下圖：

二進位	11001011	01000100	00101111	00110001
十進位	203	66	47	49
十六進位	CB	42	2F	31

▲ 圖 7-2

IP 位址是由一個網路（Network）位址和一個主機（Host）位址組合而成 32 位元的位址，而且必須遵守下列規定：

1. 每個 IP 位址的網路區段必須有相同的網路位址。

2. 每個主機上的 IP 位址必須是唯一的。

7-3-1　IP 位址的申請

全球 IP 位址的分配是由 Network Information Center（NIC）所決定，NIC 會根據申請的需求來分配大型網路 A Class 的位址、中型網路 B Class 的位址、小型網路 C Class 的位址。

一般用戶可向如 Hinet 中華電信公司，Seednet.. 等取得 IP 位址代理發放權的 ISP（網際網路服務公司）提出 IP 位址的申請，若有特殊須求，如一次申請 16 個（含以上）CLASS C 的 IP 位址，可逕向 TWNIC（財團法人台灣網路資訊中心）提出申請。

▲ 圖 7-3 TWNIC 網頁

7-3-2　IP 位址的分類

IP 位址 32bits（位元）有三種網路等級，分別是 A、B、C 等級如下：

A 段位址

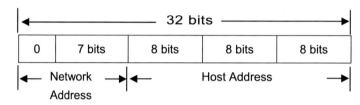

B 段位址

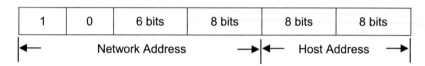

C 段位址

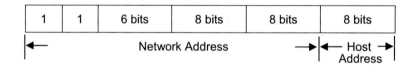

A 段位址

分配給大型網路（例如 IBM、DEC）或大型機構所使用。

A 段位址的前面 8 個位元（Network Address）由 NIC 決定，第一個位元為 0，剩 7 個位元，所以有 $2^{8-1}=128$ 個 A 段網路。

A 段位址的後面 24 個位元（Host Address）是指機器的位址，共有 $2^{24}=16777216$ 個機器位址。

例如：DEC 這家公司向 NIC 申請，取得 1 個 A 段位址（16）。

那麼 DEC 這家公司就可以使用 $2^{24}=1677216$ 個機器位址，當然這個 2^{24} 個機器位址就由 DEC 的網路管理員自己分配使用。

B 段位址

分配給中型網路（例如 Microsoft、Hinet、Seednet）或中型機構所使用。

B 段位址的前 16 位元（Network Address）由 NIC 決定，前 2 個位元固定為剩 14 個位元。所以有 $2^{14}=16384$ 個 B 段網路。

B 段位址的後 16 位元（Host Address）是指機器的位址，共有 2^{16}-1=65535 個機器位址。

C 段位址

分配給小型網路（例如學校中的一個系、所）或小型網路公司所使用，目前還可以申請。

C 段位址的前 24 位元（Network Address）由 NIC 決定前 2 個位元為 $\boxed{1}\boxed{1}$，剩 22 個位元，所以應該有 2^{22}=4194304 個 C 段網路。

但是前 4 個位元中的 $\boxed{1}\boxed{1}\boxed{1}\boxed{0}$ 保留給 Multicast（224～239），而 $\boxed{1}\boxed{1}\boxed{1}\boxed{1}$ 保留給實驗用（240～255）的位址。所以真正的 C 段網路等於原來應該有的網路位址——保留的位址。2^{22}-2^{21}（保留的）= 2097152 個網路位址。

C 段的後 8 個位元（Host Address）是指機器的位址，應有 2^8 = 256 個機器位址，但是須要扣除掉網路位址（1 個）和廣播位址（1 個），所以真正的 C 段網路的機器位址，至多可以有 254 個。

7-3-3 快速判定網路的類別

從 IP 位址的分類中，我們可以根據分配的 Network Address 前 8 個位元得到下表：

◎ **表 7-1**

類別	值
A 級	0～127
B 級	128～191
C 級	192～223
D 級	224～239

◎ IP 位址開頭是 0～127 就是 A 級網路位址。

◎ IP 位址開頭是 128～191 就是 B 級網路位址。

◎ IP 位址開頭是 192～223 就是 C 級網路位址。

◎ 目前申請的位址多是 C 級的網路位址。

◎ D 級的 224～239 是保留給 Multicast 使用。

◎ E 級的 240～255 是保留給實驗用的位址。

7-3-4　子網路位址

IP 位址在前面已經介紹過了，它的形式如下：

> IP 位址＝ Network Address（網路位址）＋ Host Address（主機位址）

這是單一網路下的組成形式，當我們需要切割成好幾個子網路時的形式如下：

> IP 位址＝ Network Address（網路位址）＋ Subnet Address（子網路位址）＋
> Hosts Address（主機位址）

原先的 Host Address 形成了 Subnet Address ＋ Hosts Address

若是我們要將 B 段網路切割成 4 個子網路，則將原來的後 16 位元中的最高 2 個位元（形成 00.01.10.11）拿來當子網路位址，這樣子就可以將 B 段網路切割成 4 個子網路分別是：

00	XX	XX	XX.XX	XX	XX	XX
01	XX	XX	XX.XX	XX	XX	XX
10	XX	XX	XX.XX	XX	XX	XX
11	XX	XX	XX.XX	XX	XX	XX

各個子網路擁有 2^{14} ＝ 16384 個主機位址。

 子網路愈多，IP位址可用的愈少。

以 203.66.47.X 的 C 段網路來說，當子網路個數為 1 時，可用的 IP 位址個數為 254 個，當子網路個數為 16 時，可用的 IP 位址數為 224 個，而每個區段皆使用硬體當 router（路由器）時，則可用的 IP 位址為 208 個，我們可以發現可用的 IP 位址數變少了。

◎ 表 **7-2**

子網路個數	子網路遮罩	網路號碼	路由器位址	廣播位址	可用的 IP位址數
1	255.255.255.0	X.X.X.0	X.X.X.1	X.X.X.255	254
2	255.255.255.128	X.X.X.0	X.X.X.1	X.X.X.127	126
	255.255.255.128	X.X.X.128	X.X.X.129	X.X.X.255	126
4	255.255.255.192	X.X.X.0	X.X.X.1	X.X.X.63	62
	255.255.255.192	X.X.X.64	X.X.X.65	X.X.X.127	62
	255.255.255.192	X.X.X.128	X.X.X.129	X.X.X.191	62
	255.255.255.192	X.X.X.192	X.X.X.193	X.X.X.255	62
8	255.255.255.224	X.X.X.0	X.X.X.1	X.X.X.31	30
	255.255.255.224	X.X.X.32	X.X.X.33	X.X.X.63	30
	255.255.255.224	X.X.X.64	X.X.X.65	X.X.X.95	30
	255.255.255.224	X.X.X.96	X.X.X.97	X.X.X.127	30
	255.255.255.224	X.X.X.128	X.X.X.129	X.X.X.159	30
	255.255.255.224	X.X.X.160	X.X.X.161	X.X.X.191	30
	255.255.255.224	X.X.X.192	X.X.X.193	X.X.X.223	30
	255.255.255.224	X.X.X.224	X.X.X.225	X.X.X.225	30
	255.255.255.240	X.X.X.0	X.X.X.1	X.X.X.15	14
	255.255.255.240	X.X.X.16	X.X.X.17	X.X.X.31	14
	255.255.255.240	X.X.X.32	X.X.X.33	X.X.X.47	14
	255.255.255.240	X.X.X.48	X.X.X.49	X.X.X.63	14
	255.255.255.240	X.X.X.64	X.X.X.65	X.X.X.79	14
	255.255.255.240	X.X.X.80	X.X.X.81	X.X.X.95	14
	255.255.255.240	X.X.X.96	X.X.X.97	X.X.X.111	14
	255.255.255.240	X.X.X.112	X.X.X.113	X.X.X.127	14

子網路個數	子網路遮罩	網路號碼	路由器位址	廣播位址	可用的IP位址數
16	255.255.255.240	X.X.X.128	X.X.X.129	X.X.X.143	14
	255.255.255.240	X.X.X.144	X.X.X.145	X.X.X.159	14
	255.255.255.240	X.X.X.160	X.X.X.161	X.X.X.175	14
	255.255.255.240	X.X.X.176	X.X.X.177	X.X.X.191	14
	255.255.255.240	X.X.X.192	X.X.X.193	X.X.X.207	14
	255.255.255.240	X.X.X.208	X.X.X.209	X.X.X.223	14
	255.255.255.240	X.X.X.224	X.X.X.225	X.X.X.239	14
	255.255.255.240	X.X.X.240	X.X.X.421	X.X.X.255	14

7-4　IP 位址的使用

以 magic 資訊有限公司所申請到的一組位址為例，說明如下圖：

申請的 IP 位址：203.66.47.48~203.66.47.63（16個 IP 位址）
子網路遮罩：203.66.47.240

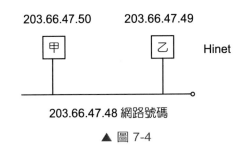

▲ 圖 7-4

7-4-1　loopback 位址：127.0.0.1

電腦甲、乙在安裝完畢後，在網路正常的情況下，電腦甲、乙可以使用 ping 127.0.0.1 測試自己的 loopback 迴路位址是否存在。

- **網路號碼**：網路位址是指子網路內，大家共用一個都認識的位址來互傳資料，這個位址就是網路號碼。

- **子網路遮罩**：使用子網路來判定 IP 位址是否在同一個子網路也就是同一個網路號碼。

  例如：電腦甲：203.66.47.50　　　　　　電腦乙：203.66.47.49

  子網路遮罩：255.255.255.240　　　　　子網路遮罩：255.255.255.240

電腦甲（二進位）	11001011	01000010	00101111	00110010 = 203.66.47.50
子網路遮罩	11111111	11111111	11111111	11110000 = 255.255.255.240
AND 結果	11001011	01000010	00101111	00110000 = 203.66.47.48

  AND 結果 = 203.66.47.48 也就是網路號碼

電腦乙（二進位）	11001011	01000010	00101111	00110001 = 203.66.47.49
子網路遮罩	11111111	11111111	11111111	11110000 = 255.255.255.240
AND 結果	11001011	01000010	00101111	00110000 = 203.66.47.48

  AND 結果 = 203.66.47.48 也就是網路號碼

  網路號碼是由 IP 位址和子網路位址 AND 的結果，電腦甲和電腦乙的網路號碼相同，表示是在同一個子網路。

- **路由器位址**

  當子網路內電腦送出一個封包位址不在相同的子網路時，就利用路由器位址傳送出去。

  例如：電腦甲 ping 168.95.192.1 時，封包會利用 203.66.47.49 傳送到 Hinet 去找 168.95.192.1 的 IP 主機。

- **廣播位址**

  相同子網路內的電腦會使用廣播位址來廣播給其他電腦，藉由廣播位址知道其他電腦是否存在（live）例如，Magic 資訊的廣播位址為 203.66.47.63。

- **可用的 IP 位址數**

  使用軟體當 router（路由器）所以可用的 IP 位址數為 14 個，原有 16 個，減網路號碼再減廣播位址 = 14 個。若使用硬體 router（路由器），則須再減路由器位址，那就剩 13 個了。

7-5   ICMP 互連控制訊息協定

ICMP（Internet Control Message Protocol）是給在網路中的閘道器（Gateway）和主機使用，當封包無法到達目的主機時，ICMP 會警告封包的發送主機，當網路傳送發生擁擠時，ICMP 也會通知封包的發送主機，我們可以將 ICMP 看成是 IP 的一部份。運作時，ICMP 仍需要 IP 來發送資料。ICMP 和 IP 一樣無法保證可靠的傳送。

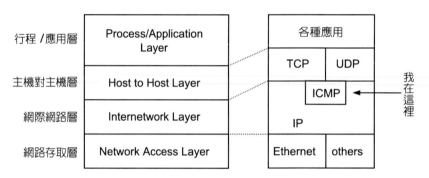

▲ 圖 7-5 ICMP 在 TCP/IP 的位置圖

ICMP 協定並無法單獨運作，我們可以視它為 IP 協定的一部份，其封包是內嵌在 IP 封包中來傳送，圖 7-6 我們可以看到其封包的組成及封包格式。

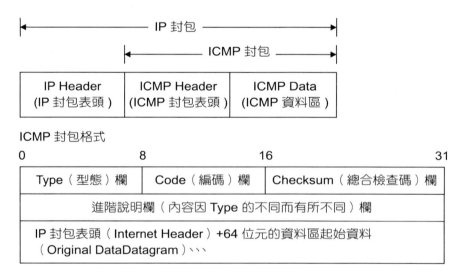

▲ 圖 7-6

ICMP 封包由以下幾個部份組成

🌐 **Type**（型態）欄：長度有 8 位元，共有 13 種型態，對應的訊息如表 7-3。

◎ 表 7-3

Type（型態）值	ICMP對應之訊息
0	Echo Reply（回聲答覆）
3	Destination Unreachable（無法到達目的地）
4	Source Quench（來源抑制）
5	Redirect（更改方向）
8	Echo Request（回聲要求）
11	Time exceeded（逾時傳輸）
12	Parameter Problem Message（參數問題訊息）
13	Timestamp Request（時間標籤要求）
14	Timestamp Reply（時間標籤答覆）
15	Information Request（資訊要求）
16	Information Reply（資訊答覆）
17	Address mask Request（位址遮罩要求）
18	Address mask Reply（位址遮罩答覆）

🌐 **Code**（編碼）欄：進一步說明該型態的資訊，長度為 8 位元。

🌐 **Checksum**（總合檢查）欄：總合檢查碼，長度為 16 位元。

🌐 訊息說明欄位：包含了 32 位元的進階說明欄位，以及 IP 封包表頭（Internet Header）＋64 位元的資料區起始資料（Original Data Datagram）。

7-6　ARP 和 RARP 的功能簡介

如圖 7-7。

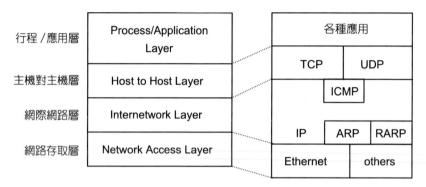

▲ 圖 7-7 ARP 和 RARP 在 TCP/IP 中的位置圖

7-6-1　ARP：位址轉換協定 Address Resolution Protocol

ARP 主要負責的是將 IP 位址映射（Maping）成相對應的 Ethernet 實體的位址。

在 Ethernet Frame Format 中，我們可以看出 Destination 和 Source 都是 6 bytes＝48bits，也就是 Ethernet 實體的位址是 48 位元，而 IP 的位址只有 32 位元，IP 位址如何映射到或稱為找到 Ethernet 實體位址就是 ARP 的責任了。

ARP 的動作方式，如圖 7-8。

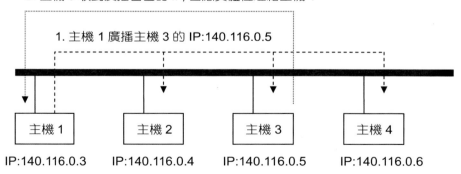

▲ 圖 7-8 ARP 的動作

例如：主機 1 欲與主機 3 通訊

1. 主機 1 送出 ARP 的請求，在網路上廣播主機 3 的 IP 位址。

2. 主機 3 判斷其廣播的 IP 為本身的 IP，因此回應實體位址（48 位元長度）給主機 1。

7-6-2 RARP：反向位址轉換協定 Reverse ARP

RARP 主要負責的是將 Ethernet 實體位址映射成相對應的 IP 位址。

主機在開機時或關機重新啟動時，會將 Ethernet 實體位址 48 位元映射到相對應的 IP 位址 32 位元，當網路上有封包在詢問位址（由 ARP 發出請求），這時候主機可以加以判定是否為自己。若是，則回應自己的實體位址。若不是，則不回應任何訊息。我們以無硬碟主機透過 RARP 方式啟動為例，來說明 RARP 的動作方式，如圖 7-9。

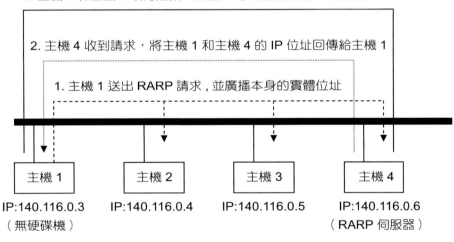

▲ 圖 7-9

1. 主機 1 因為無硬碟無法自行啟動，因此送出 RARP 的請求，並將其實體位址廣播到網路上。

2. 主機 4（RARP 伺服器）收到其 RARP 的請求，利用其內建的 IP 位址 / 實體位址對應表格，找出主機 1 實體位址和其對應的 I P 位址，並將主機 1 和主機 4 的 IP 位址回傳給主機 1。

3. 主機 1 和主機 4 取得連線，進而使主機 1 可以透過主機 4 來啟動。

7-6-3　IP 的缺點（為何需要 TCP 傳輸控制協定？）

發送端的主機在取得目的主機的實體位址後，透過 IP 通訊協定一直傳送封包給目的主機，根本不管目的主機是否正確的（完整的）收到封包，由於 IP 的封包可以在不同時間到達，所以，到達封包的次序並不保證是原來發送的次序。這些都是 IP 的缺點……那怎麼辦呢？沒關係，通通交給 TCP 來負責。

7-7　TCP 傳輸控制協定

如圖 7-10。

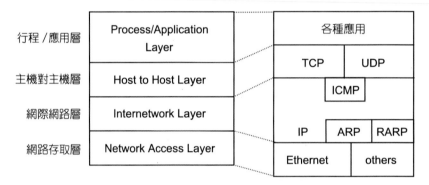

▲ 圖 7-10　TCP 在 DoD 模式中的對應圖

TCP 提供上層各種應用所需的功能，及各種傳輸上的可靠性。也依賴 IP 提供定址……等各種功能，達到通訊上傳輸的便利。

7-7-1　資料透過 TCP/UDP 傳送過程

發送端主機根據使用者的需求（應用服務）給予一個埠號碼（在 TCP 或 UDP）再結合本機上的 IP 位址傳送封包出去，當接收端主機接收到封包時，會去掉 IP 表頭資料，再給 TCP 或 UDP，此時 TCP 或 UDP 會判定服務的埠號碼為多少，再將資料交由應用程序處理，例如 port number 為 25 則交由 SMTP 伺服程序處理。

TCP 傳輸控制協定提供點對點的可靠特性。這些特性正好補強了 IP 的缺點，進而完成完整的 TCP/IP 服務。

TCP 的主要特性如下：

1. 連線前的知會也就是 Hand shake（握手）動作

2. 封包的重新排序

3. 流量控制

4. 錯誤的偵測與修正

我們詳細說明如下：

🌐 **連線前的知會**：也就是 Hand shake（握手）動作，如圖 7-11：

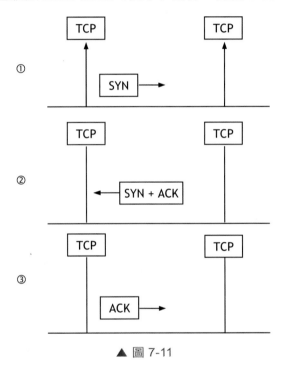

▲ 圖 7-11

這就是有名的三向式握手（three-way handshake）過程，連線前的知會若是成功則建立了連線動作。只有在連線動作建立完成後，才可以進行傳送資料，最後才是連線的終止。

🌐 **封包的重新排序**

由於 IP 協定只負責傳送封包，在目的主機接收封包時並不見得是按照順序收到的，這時候目的主機上的 TCP 就負責將接收到的封包重新排序好，如此資料才不致於亂掉。

　　🌀 **流量控制**

TCP 在通訊的過程中，會自動地根據 ACK 回應訊息中接收端可接收資料的範圍來調整其流量，以防止發送端不斷地發出資料導致傳輸擁塞，而接收端卻無力處理訊息的接收情形。

　　🌀 **錯誤的偵測與修正**

透過網路傳送的封包，可能有損壞的、遺失的、重複的各種錯誤的情形。這時候需要透過 TCP 的應答（含 ACK）和重傳（Resend）機制來達到錯誤的偵測與修正。

7-7-2　TCP 基本錯誤的偵測與修正機制

TCP 其基本的網路通訊機制，如圖 7-12：

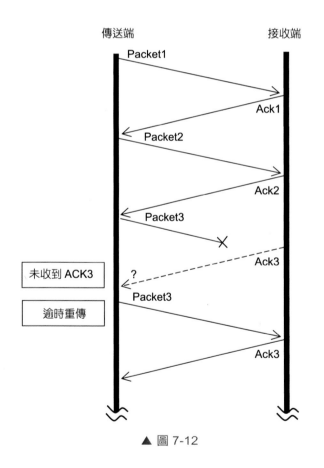

▲ 圖 7-12

當傳送端送出封包 1（Packet 1）後，便會開始計時，在計時時間內，接收端若正確地收到封包 1（Packet 1）的資料，就會回傳 ACK 1 訊息，當傳送端收到了 ACK 1 訊息，就可以繼續送出封包 2（Packet 2）了。

但在傳送過程中，計時時間到時，傳送端仍沒有收到對應該回傳之 ACK 訊息，此時傳送端便會啟動重傳機制，重新再送出封包。

7-7-3　TCP 的流量控制──Sliding Window（滑動窗）

前面談到的封包傳送過程，提供了對於傳送資料的確認，有問題時也可再重傳。但事實上，要傳送端每傳送一個封包資料，就必須等到收到相對回應封包的訊息後，才能再傳送下一個封包，這樣的機制，會讓整個網路的傳輸效率大打折扣，因此，TCP 提供了一套流量控制的機制──Sliding Window（滑動窗）。

Sliding Window（滑動窗），其實就是使用 Buffer（緩衝區）的概念，傳送端可以在收到接收端的確認訊息之前，先傳送出 Buffer 區內的封包資料。

換句說，就是將資料打包，打個比方，像原本國道五號高速公路雪山隧道只開放小客車通行，想利用雪山隧道節省時間的遊客很多，所以，車很多。但其實一台車可能只坐二個人，也就是車的流量大，但實際上傳輸的旅客不多，而開放大客車通行後，一輛遊覽車可以坐 30 幾個人，當然，同樣的車輛數，利用大客車載運的旅客數就大為提高了。

當網路流量小時，可以調高 Window Size，使傳送端可以送出較多的資料，提高網路使用率；但當網路流量大時，就可以調低 Window Size，使傳送端不要送出太多資料，以便減輕網路擁塞的程度。

我們以圖 7-13 來說明 Sliding Window（滑動窗）的運作機制：

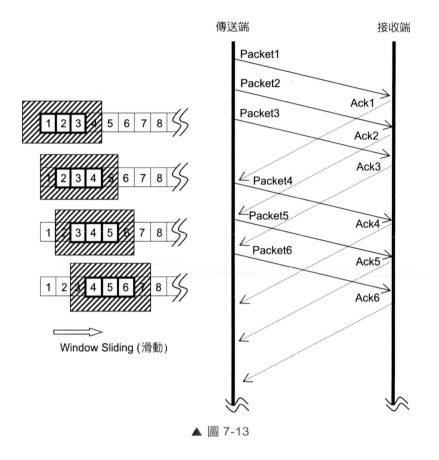

▲ 圖 7-13

 為了方便解釋Sliding Window的運作，這裡是用「封包個數」來說明Window Size，在下面章節TCP封包格式中，我們可以看到Window Size的單位實際是「位元組」。

🌏 當 TCP 透過 Hand Shake 建立起傳輸雙方的連線時，在 TCP 封包格式中的 Window Size 欄位會先還原到初始設定值，在這個例子中，我們以 3 個封包為例。

🌏 傳送端第一次送出 3 個封包（1、2、3），其中的封包 2，封包 3 不用等到收到相對應的 ACK2，ACK3 訊息後才能傳送，因為 Window Size 初始值為 3，所以就可以一次先傳送 3 個封包，同時並啟動計時器。

🌏 當接收端收到封包後，會回應其對應之 ACK 訊息，同時，並通知傳送端其接收端的 Window Size，因為，若是因網路傳輸或是接收端的因素，接收端必須告知傳送端降低 Window Size，不然，只會繼續塞車。

- 當傳送端收到已傳送封包對應的 ACK 訊息，就可以移動視窗，繼續傳送下一個封包。

- 但接收端必須接收到 ACK1 後，才能再傳送封包 4，否則逾時，傳送端必須再重傳一次封包 1。

- Window Size 並不是固定不變的，是會隨傳輸狀況而變化的，而且，會一直往尚未傳送的封包方向移動，所以有如同 Sliding（滑動）的稱號。

7-8　TCP 封包格式

⬡ TCP packet format

- **Source port：來源埠（發送端埠）**

  欄位大小：16 位元

  來源埠是用來定義來源主機的行程和服務位址，與來源主機的 IP 位址結合在一起時，形成單一的發送點。

32 位元								
Source Port					Destination Port			
Sequence Number								
Acknowledgement Number								
Data Offset	Reserved	URG	ACK	PSH	RST	SYN	FIN	Window
Checksum							Urgent Pointer	
Option								
Data								

▲ 圖 7-14　TCP 封包在 Ethernet 封包中的位置及格式

- **Destination port：目的埠（接收端埠）**

  欄位大小：16 位元

  目的埠是用來定義目的主機的行程和服務位址，與目的主機的 IP 位址結合，形成單一的接收點。

Source port 和 Destination port 使用的是埠號碼（port number），TCP 中著名的埠號碼（port number）與應用層的服務對應如下表：

◎表 7-4

TCP埠號碼	應用層服務
0	保留
1	TCP Port Service Multiplexor
2	Management Unility管理工具
7	Echo回應
9	Discard放棄
11	Active Users（systat）系統狀態，顯示使用中的使用者
13	Daytime時間
15	Netstat網路狀態
20	FTP data port，FTP資料埠
21	FTP CONTROL port，FTP控制埠
23	Telnet遠端登入方式
25	SMTP Simple Mail Transfer Protocol簡易郵件傳送協定
37	Time時間伺服器（Time Server）
42	Host name server（names server）主機名稱伺服器
43	Whois（nickname）是誰（別名，綽號）
49	（Login Host Protocol（Login））簽入主機協定
53	Domain Name Server（domain）領域名稱伺服器
79	Finger protocol（Finger）尋找使用者指令
80	World Wide Web HTTP全球資訊網
119	Network news Transfer Protocol（NNTP）網路新聞傳輸協定
123	Network Time Protocol網路時間協定
213	IPX
133~159	未配置

TCP埠號碼	應用層服務
160~223	保留使用
224~241	未配置
247~255	未配置

◎ **Sequnce number：序列號**

欄位大小：32 位元

序列號代表著第一個位元組資料的順序編號，也就是發送端送出資料流（Data stream）中的位置。

◎ **Acknowledgement：確認號（ACK）**

欄位大小：32 位元

確認號代表著希望下一次收到那一個序列號的資料，也就是接收端通知發送端應該送出那個序列號的資料。

◎ **Data Offset：資料偏移量**

欄位大小：4 位元

由於 TCP 的 Options 欄位可長可短，所以需要資料偏移量來計算出資料區的起始位置。

◎ **Reserved：保留**

欄位大小：6 位元

保留是將此 6 位元欄位預留給將來使用，請先將這 6 位元設成零。

◎ **URG：緊急欄位（Urgent）旗標**

URG = 0：可忽略

URG = 1：中斷服務，用來尋找緊急資料。

◎ **ACK：確認欄位旗標**

ACK = 0：忽略

ACK = 1：代表確認接收端主機通知發送端應該送出那一個序列號 Sequnce number 的資料。

- **PSH：推出（push）**

  PSH ＝ 0：不推出資料，等 TCP 段中的資料滿時，再送出去給目的主機。

  PSH ＝ 1：立即將 TCP 段中的資料送出去給目的主機。

- **RST：重置（Reset）**

  RST ＝ 0：連接維持現狀

  RST ＝ 1：重置連接（使用於網路資料傳送有錯誤時）

- **SYN：同步順序號碼**

  SYN ＝ 0：不進行連接請求

  SYN ＝ 1：進行連接請求

- **FIN：結束（Finish）**

  FIN ＝ 0：不進行終止連接，表示資料尚未決定。

  FIN ＝ 1：進行終止連接，表示資料已經送完，發送端主機不再送出資料了。

- **Window：視窗**

  欄位大小：16 位元

  視窗是 TCP 控制流量的欄位，用來表示資料位元組的數目。

- **Checksum：檢驗和**

  欄位大小：16 位元

  檢驗和使用於 TCP 的封包頭（TCP 表頭再加一段虛擬封包頭）和資料中的所有 16 位元，用來作檢驗用的，以確保該區段能正確抵達目的地。

- **Urgent Pointer：緊急指標（值）**

  欄位大小：16 位元

  當 URG＝1 時，緊急指標值與序列號相加會得到最後的緊急資料位元組的編號，用來取得緊急資料。

- **Options：任選項**

  用來表示接收端能夠接收的最大區段，在連接建立時即設置使用，在不使用這種任選項時，則可以使用任意的區段大小。

- **Data：資料**

  TCP 須處理的資料

7-9　UDP 使用者資料片協定

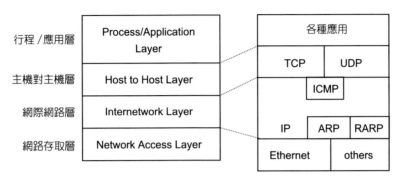

▲ 圖 7-15 UDP 在 DoD 模式中的對應圖

　　UDP 與 TCP 一樣，都是在 IP 上層使用，所以我們也一併介紹，所不同的是：TCP 採連線知會，資料會重新排序。

　　UDP 採用無連接的方式，使用者必須自行解決資料順序的問題，例如 TFTP 檔案傳送協定的使用，就是典型的例子。

　　UDP 協定比起 TCP 協定來說簡單多了，也由於 UDP 協定簡單所以在網路上的負載輕很多，適用於大量的資料傳送。

 封包使用UDP服務就不會使用TCP，反之亦然。

7-10　UDP 封包格式

UDP Frame Format

Source Port	Destination Port
LENGTH	CHECKSUM
Data	

▲ 圖 7-16

🌏 **Source port：來源埠（發送端埠）**

欄位大小：16 位元

來源埠是用來定義來源主機的行程和服務位址。

🌏 **Destination port：目的埠（接收端埠）**

欄位大小：16 位元

目的埠是用來定義目的主機的行程和服務位址。

Soure port 和 Destination port 使用的是埠號碼（port number），UDP 中著名的埠號碼（port number）有些與 TCP 相同，有些不同，與應用層的服務對應如下表：

◎ 表 7-5

UDP埠號碼	應用層服務
0	保留
2	Management Utility管理工具
7	Echo回應
11	Active Users（systat）系統狀態，顯示使用中的使用者
13	Daytime時間
35	Any private printer server任何私人列印伺服器
39	Resource Location Protocol資源位址協定
42	Host name server主機名稱伺服器
43	whois（nickname）是誰（別名、綽號）
49	Login Host Protocol（Login）簽入主機協定
53	Domain Name Server（domain）領域名稱伺服器
69	Trival Transfer Protocol（TFTP）平凡的檔案傳輸協定
70	Gopher Protocol找尋協定
79	Finger Protocol尋找使用者協定
80	World Wide Web（HTTP）全球資訊網
107	Remote Telnet Service遠端終端連線服務
111	Sun Remote Procedure Call（Sunrpc）

UDP埠號碼	應用層服務
119	Network news Transfer Protocol（NNTP）網路新聞傳輸協定
123	Network Time Protocol網路時間協定
161	SNMP（Simple Network Management Protocol）簡易網路管理協定
162	SNMP Traps（策略）
213	IPX（Used for IP Tunneling）

7-11 TCP/IP 的應用（使用傳輸協定的整理）

我們將 TCP/IP 常使用的應用服務其對應的傳輸協定列表如下：

◎ 表 7-6

應用項目	埠號碼（Port number）	使用傳輸協定
FTP	21	TCP
Telnet	23	TCP
SMTP	25	TCP
HTTP	80	TCP
SNMP	161	UDP
DNS	53	UDP
POP3	110	TCP

7-11-1　FTP（File Transfer Protocol）檔案傳輸協定

一　使用檔案傳輸協定（FTP）的目的

就 TCP/IP 協定的架構而言，它位於 TCP/IP 協定組中的 Process/Application Layer 應用層。當我們要將檔案資料由一台主機傳送到另一台主機時，必須考慮到下列幾點：

1. **不同型式的主機**

   在網路上我們所連接的主機型式並不只限於個人電腦（**PC**），另外像工作站級的電腦、甚至是超級主機，也都可能接觸到。

2. **不同的作業系統**

   目前常見的作業系統，如 Windows 7、Windows 8.1、Windows 2012、OS/2、UNIX、Linux 等。

3. **不同的檔案格式**

   不同的作業系統，其所使用的檔案格式，也可能有所不同。

   正因為有上述的不同點，使得必須建立一個共同的協定給雙方來使用，這也就是 **FTP** 所提供的主要功能。

二 FTP 的操作模式

FTP 的操作模式，如圖 7-17。

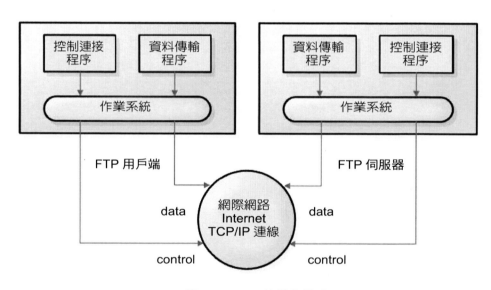

▲ 圖 7-17 FTP 的操作模式

其連接必須透過「控制連接」和「資料傳輸」這二種程序來達到檔案資料的傳輸。

當用戶端要和伺服器建立 **FTP** 連線時，二者都必須建立上述二種程序。控制連接程序主要是負責傳輸用戶端和伺服器端之間的控制訊息，而資料傳輸程序，其主要的目的即是提供資料連接傳輸，但其必須建立在雙方已先完成控制連接程序。

在圖 7-17 中，當用戶端向伺服器要求 FTP 服務時，首先，使用 FTP 的命令，在用戶端會先建立控制連接程序，而伺服器也會建立控制連接程序以便和用戶端取得控制訊息的連絡管道。接著，伺服器建立資料傳輸程序，再透過控制連接程序要求用戶端也建立資料傳輸程序，當資料傳輸程序建立完成後，雙方便可以進行檔案的相關傳輸服務了。

在資料傳輸的過程中，當資料傳輸結束時，雙方的資料傳輸程序便會中斷，但控制連接程序仍保持連接，用戶端可以隨時再向伺服器提出 FTP 的相關要求，當新要求提出後，雙方的資料傳輸程序便可以重新建立。

若用戶端要完全結束檔案資料的服務時，可以透過下達「close」命令，此命令表示要中斷雙方的控制連接程序，最後再執行「quit」命令，以便完全退出 FTP 的服務。

三 FTP 連接埠的規定

FTP 所使用的連接埠可以概分為 well-known TCP port（公認埠）及 user port（使用者埠）這二種。well-known TCP port（公認埠）是使用在 FTP 伺服器端，而 user port（使用者埠）則是使用在用戶端。

在 FTP 伺服器上，控制連接程序是用埠 21，而資料傳輸程序則是使用埠 20。而用戶端則是隨機選擇控制連接程序所使用的埠，其用來和 FTP 伺服器上的埠 21 連接，而用戶端再透過建立好的控制連接程序來通知 FTP 伺服器其使用那個埠來進行資料傳輸程序。

四 檔案傳輸協定的特點

交談式命令

當用戶端和 FTP 伺服器端完成連接後，便進入了交談式的狀態，也就是用戶端使用類似 DOS 的命令來和 FTP 伺服器溝通，而 FTP 伺服器也會以文字的方式來提示用戶端。

指定檔案格式

在使用 FTP 服務時，其提供的檔案格式，有二種選擇，分別是 ascii（文字方式）和 binary（二進位方式），用戶可以分別利用下達 ascii 和 binary 命令來選擇。

存取使用權限

在 FTP 伺服器中的檔案，透過使用者名稱（name）和密碼（password）來做存取權限的管控，避免任何人可以隨意存取其中的檔案資料。

7-11-2　Telnet

遠端的使用者利用 Telnet，就算雙方的主機型式，作業系統不同，只要雙方都有支援 TCP/IP 協定，就可以登錄（Login）到本地的網站伺服器。

Telnet 的登錄可以概分為下列三個步驟：

1. 使用者透過 Telnet 建立本地（local）主機和遠端（remote）伺服器之間的 TCP 連線，輸入正確的使用者帳號和密碼來完成登錄伺服器。

2. 在本地主機的鍵盤輸入命令到遠端的伺服器。

3. 遠端伺服器將結果輸出到本地主機。

7-11-3　SMTP 簡易郵件傳輸協定

SMTP（Simple Mail Transfer Protocol）是 TCP/IP 協定組中用來規定郵件伺服器間交換 E_MAIL 的標準。

它採用點對點的交談方式來傳遞郵件，透過 Internet 上的不同主機，一站站地傳遞下去，最後，郵件才會傳到收件者的郵件信箱中。

SMTP 所規定的通訊方式，是以一些 ASCII 字組所組成，其標準較簡單，並不去仔細規定郵件伺服器如何接收郵件、如何顯示郵件、如何存放郵件，因此 E-Mail 軟體，便可以在 SMTP 的基礎之上，自由去設計其使用者介面。

7-11-4　HTTP 超文件傳輸協定

HTTP（HyperText Transfer Protocol）對於在 Internet 上 Web 伺服器和使用者瀏覽器之間的多媒體文件傳輸而言，是個相當重要的協定，正因為如此，所以有些人把 Web 伺服器也稱為 Http 伺服器.

Http 有以下幾個特點：

- 資料格式為 MIME，適合用來做多媒體文件的傳送。

- 採用主從式（Client-Sever）架構。

- 提供驗證使用者帳號（username）和密碼（password）的安全機制。

💭 Http 提供了資料續傳的功能，在傳輸過程中，若發生中斷，資料不必重新傳送，只要由中斷處繼續即可。

7-11-5　SNMP 簡易網路管理協定

　　隨著 Internet 的風行，帶動了整個網路的蓬勃發展，這也使得網路的交通更加的複雜，為了要使網路的交通能暢行無阻，TCP/IP 協定組它提供了一套網路管理協定--SNMP（Simple Network Management Protocol），透過有效的網路管理協定，做為大家互相溝通的橋樑。

7-11-6　DNS（Domain Name System）網域名稱系統

⬡一 DNS 的主要功能

　　DNS 的主要功能，簡單的說，就是透過名稱資料庫將主機名稱（Host name）轉換成 IP 位址，同樣的，也可以反向轉換將詢問的 IP 位址，轉換成主機名稱.

　　例如 ftp.ntu.edu.tw 其 IP 位址為 140.112.1.23，若沒有 DNS 來轉換，想記住這些 IP 位址，可能真的是——Mission Impossible ！

⬡二 DNS 的階層化處理

　　DNS 是採用 FQDN（Fully Qualified Domain Name）的方式來表示網路上的主機，所謂的 FQDN（完整必要條件的網域名稱），是透過主機名稱和網域名稱的組合，來完整表示網路上的任一部主機，例如，某部主機名稱命名為 nice，其所在網域為 ntust.edu.tw，則其 FQDN 的表示為 nice.ntust.edu.tw。這種是屬於階層式的命名方式。各階層是以「.」分開，階次高低的排列是由右至左。

　　我們以圖 7-18 來說明其階層化的命名。

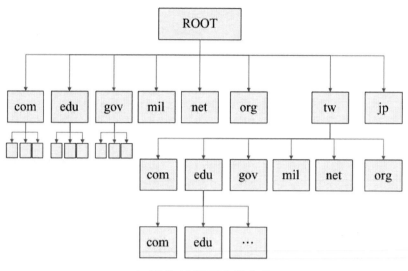

▲ 圖 7-18 階層化的命名

其各階層說明如下表：

◎ 表 7-7

階層名	代表意義
com	商業機構
edu	教育機構
gov	政府機構
mil	軍事機構
net	網路機構
org	非營利組織
int	國際組織
tw、jp	國家碼，表示美國以外的國家

在 前 面 我 們 談 到 的 com、edu、gov、mil、net、org、int 等，皆 稱 為 gTLDs（genericTop-Level Domains）通用頂層網域，而 tw、jp 等國家碼，則稱為 ccTLDs（country codes Top-Level Domains）頂層網域國家碼，依據 ISO 3166 的國際標準，每個國家都有其對應的國家碼（以兩個英文字母縮寫表示）。

而在階層化的網域命名中，在同一網域階層中，不能有相同的主機名稱，例如在 ntust.edu.tw 網域下，有一部主機已命名為 datafile，其 FQDN 表示為 datafile.ntust.edu.

tw，此時同在這網域的主機就不能也命名為 datafile，但若是另一部主機是在 ee.ntust. edu.tw 的網域中，則便可以，因為其 FQDN 表示為 datafile.ee.ntust.edu.tw 和 datafile. ntust.edu.tw 是不同的。

三 DNS 網域名稱解析的查詢

DNS 對於網域名稱解析的查詢方式有三種：Recursive query（遞迴式查詢）、 Iterative query（重覆式查詢）、Inverse query（反向式查詢）。

1. **Recursive query（遞迴式查詢）**：使用在用戶端和 DNS 伺服器之間，當用戶端要查詢網路上資料或回覆網域上其他主機對其是否存在的查詢時皆屬於此類。

2. **Iterativ query（重複式查詢）**：使用在不同網域的二台 DNS 伺服器之間的查詢方式，當 DNS 伺服器收到用戶端的查詢，發現無法在所轄網域中找到對應的主機 IP 資料時，便會向其他網域的 DNS 伺服器查詢。

3. **Inverse query（反向式查詢）**：指用戶端對 DNS 伺服器所提出的查詢方式，不是由主機名稱查對應的 IP 位址，而是由 IP 位址查出對應的主機名稱。

7-11-7　POP 3

和在前面介紹過的 SMTP 協定一樣，POP（Post Office Protocol）郵局協定也是和電子郵件有關的協定，POP 3 表示其版本為第三版。 Post Office 顧名思義，就是讓使用者的主機如同電子郵件的郵局一般，可以讓你從郵件伺服器上下載電子郵件到你的主機上，然後離線閱讀，而不用受限在連線的狀況下才能閱讀電子郵件，而由郵件伺服器上下載的電子郵件，你還可以設定是否將它們自郵件伺服器上刪除。因此，只要能支援 POP 3 協定的電子郵件程式，也就具備了離線閱讀的能力，例如，Microsoft Outlook Express 即有提供此功能。用戶端是透過 TCP 的埠 110 向 POP 3 伺服器來提出服務要求，當 POP 3 伺服器和用戶端建立好連結後，便可以開始彼此交換個別的命令和其回應，直到這連線結束或中斷為止。

7-12 典型的 IP 位址設定

在 IP 位址的設定上，我們常常需要設定的項目：**IP 位址、子網路遮罩、預設閘道、DNS 伺服器**。

我們以微軟的視窗作業系統為範例，進入 TCP/IP 內容後，典型的 IP 位址設定如右圖：

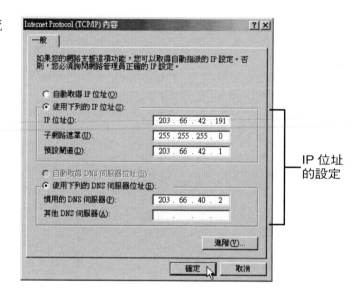

▲ 圖 7-19

請詢問學校的或企業的網路管理員正確的 IP 位址，並且在電腦中正確地設定完成後，可以使用 Ping 命令測試網路層是否通了，如下圖：

```
C:\>
C:\>
C:\>
C:\>
C:\>
C:\>ping 168.95.192.1

Pinging 168.95.192.1 with 32 bytes of data:

Reply from 168.95.192.1: bytes=32 time=16ms TTL=248
Reply from 168.95.192.1: bytes=32 time<10ms TTL=248
Reply from 168.95.192.1: bytes=32 time<10ms TTL=248
Reply from 168.95.192.1: bytes=32 time<10ms TTL=248

Ping statistics for 168.95.192.1:
    Packets: Sent = 4, Received = 4, Lost = 0 (0% loss),
Approximate round trip times in milli-seconds:
    Minimum = 0ms, Maximum = 16ms, Average = 4ms

C:\>
C:\>
C:\>
C:\>
```

連線通了

▲ 圖 7-20

在對外的連線通了以後，就可以順利連上 Internet 了。

7-13　新一代網際網路 IPv6

在前面的章節中，我們已介紹過 TCP/IP 的 IPv4 也就是 IP 的第 4 版本，隨著 Internet 的快速發展，造成 IP 位址的需求急速成長，再加上未來行動網際網路設備及智慧型家電的控制，例如，個人的行動電話、PDA、Notebook，家中的冰箱、音響設備、門禁系統等，都可以透過獨立的 IP 位址來對其控制，那麼以現今 IPv4 的規劃，所能提供的 IP 位址，根據網路專家預測將在 2011 年左右就分配完了，總之，不久的將來肯定是不夠的。因此，新一代的 IP 版本標準規格——Ipv6 便應運而生。（由國際組織「網際網路工程任務小組」（Internet Engineering Task Force；IETF）所制定）

IPv6 與 IPv4 的差異

我們整理新制定的 IPv6 與 IPv4 主要不同的地方，如下：

◎ **提供了大量的 IP 位址**

IPv4 的位址是 32 個位元，定址能力是 232；而 IPv6 的位址是 128 個位元，定址能力是 2128（是個很大的數目！）。

◎ **簡化了表頭格式**

IPv6 大幅修改了 IPv4 的表頭，原本 IPv4 的表頭有 14 個欄位，長度為 20-60 位元並不固定，而 IPv6 的表頭則為 8 個欄位。

原本 IPv4 IHL（Internet Header Length）表頭長度、Type of Service 服務型態、Identification 辨識符號、Flags 旗標、Fragment Offset 分段偏移、Header Checksum 表頭檢驗和等 6 個欄位均被刪除，以便提供更彈性化的處理方式。

◎ **加強表頭的延伸能力及選項部份**

IPv6 改善了 IPv4 在表頭延伸上的限制，其刪除了 IPv4 可選擇性擴充部份，而以其表頭延伸能力（Next Header）來提高選項欄位的使用彈性，以適用於未來的發展。

◎ **網路傳輸品質的提升**

IPv6 中新增加了流向標記（Flow Lable）和資料流種類（Traffic Class）功能，透過不同的資料流種類對應到不同的流向標記，如此便可以提供特定的處理方式，對於網路傳輸品質提升有很大的助益。

🌐 **提供驗證和安全的機制**

在早期 Internet 的環境中時常有聽聞公司、機構遭駭客攻擊進而竊取或竄改機密資料，也創造出了大量的網路防毒軟體商機。為了資料安全，IPv6 應用其表頭延伸能力（Next Header）來提供安全驗證，以確保資料的隱私和完整，因此，使用者不須再額外購買軟體或硬體就可以得到基本的網路使用安全。

IPv6 封包表頭格式如圖 7-21：

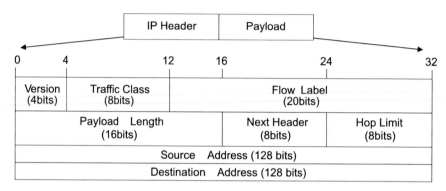

▲ 圖 7-21 IPv6 封包表頭格式

IPv6 封包表頭欄位說明

🌐 **Version**

版本說明，此處為 6，代表 Version 6。

🌐 **Traffic Class**

資料流量類別，用來確認及區分 IPv6 資料封包的不同類別或優先次序。

🌐 **Flow Label**

流向標記，用於需要即時服務或沒有預設品質要求的服務，在相同流向（Flow）下的所有封包，其來源位址、目的位址、資料流量類別和流向標記都會相同。

🌐 **Payload Length**

記錄 IP 資料長度，以位元組為單位，其計算不含表頭本身在內。

🌐 **Next Header**

有二種功能，一是當沒有擴充的表頭時，用來辨識表頭的型態，如 IPv4 的 Protocol 欄位；二是當有擴充表頭時，用來指向第一個擴充表頭，而第一個擴充表頭內也有此 Next Header 欄位，以此類推，將各擴充表頭用指標方示串接起來，最後一個表頭則再指向 IP 的資料部份。

◎ **Hop Limit**

功能類似 IPv4 中的 Time to live 欄位功能，用來辨識封包是否要繼續向下傳送，每經過一個傳送點，Hop Limit 值就會減 1，當 Hop Limit 值減到 0 時而資料尚未傳送到目的地址時，這個封包就會被丟棄。

◎ **Source Address**

來源位址，共 128 個位元，在 IPv6 的三種位址類型 Multicast、Anycast、Unicast 中，Multicast、Anycast 這二種不能用來做為來源位址使用。

◎ **Destination Address**

目的位址，共 128 個位元，在 IPv6 的三種位址類型 Multicast、Anycast、Unicast 皆可用來做為目的位址使用。

7-14 IPv6 的位址格式

IPv6 是由 128bit 所組成，分成 8 組，每組為 16bits，如下所示：

$$x:x:x:x:x:x:x:x$$

每個 X 代表一組，由 16bits 組成，以 16 進位方式表示（0~F），每組間用冒號（：）分隔，舉例如下：

- 例一　A1B2：C3D2：3AD1：7890：3454：1A3B：4C5D：1234
- 例二　0B12：0000：2311：0004：0000：0000：0000：E3A2

IPv6 位址的表示上，有幾個簡化的原則：

1. 開頭的 0 可以簡化，如例二中的 0B12，可以簡化為 B12；0004 可以簡化為 4。

2. 連續 0 的集合，可以縮寫成「::」二個冒號，但在每個 IPv6 位址的表示，此縮寫方式只能使用一次，以免造成混淆。

因此，依上述位址表示的簡化原則，例二 0B12:0000:2311:0004:0000:0000:0000:E3A2，就可以簡化為 B12:0:2311:4::E3A2。

一　IPv6 的位址型態

IPv6 有三種位址類型 Unicast、Anycast、Multicast：

- **Unicast**：傳送封包資料給單一的介面位址。

- **Anycast**：傳送封包資料給一組介面位址，但只有最近的介面位址會收到，此處的最近並不是指實體網路位址的最近，而是指邏輯網路位址的最近。

- **Multicast**：傳送封包資料給一組介面位址，這一組介面位址都會收到封包。IPv6 已不再使用廣播（Broadcast）位址的方式，而用 Multicast 來取代其功能。Multicast 和 IPv4 中的廣播位址（Broadcast address）方式很相似，也是一對多的模式，主要的差異在於廣播（Broadcast）是傳送給所有的介面位址，而 IPv6 則是傳送給特定一組的介面位址。

二　IPv6 的 Unicast 位址型態

在 IPv4 的位址中，前幾個位元可以用來表示其是屬於 A、B、C、D 或 E 段的網路，在 IPv6 的位址中，同樣使用前幾個位元來代表各種的位址型態，這些位元稱為 Prefix（首碼），我們整理出不同的首碼格式所代表的意義如下表：

◎ 表 7-8

首碼2進位（prefix binary）	配置（Allocation）項目
0000 0000	Reserved
0000 0001	Unassigned
0000 001	Reserved for NSAP Allocation
0000 010	Reserved for IPX Allocation
0000 011	Unassigned
0000 1	Unassigned
0001	Unassigned
001	Unassigned
010	Provider-Based Unicast Address
011	Unassigned

首碼2進位（prefix binary）	配置（Allocation）項目
100	Reserved for Geographic-Based Unicast Addresses
101	Unassigned
110	Unassigned
1110	Unassigned
1111 0	Unassigned
1111 10	Unassigned
1111 110	Unassigned
1111 1110 0	Unassigned
1111 1110 10	Link Local Use Addresses
1111 1110 11	Site Local Use Addresses

首碼的項目說明如下：

🌐 **Reserved**（保留）：位留的位址是前 8 個位元為 0，在保留的位址中有 4 個特別的位址，分別如下：

- 0:0:0:0:0:0:0:0 表示未指定位置，常用於主機初始化時，在尚未取得位址前，先將來源位址設成此位址，一旦取得位址後，再替換掉。

- 0:0:0:0:0:0:0:1 Look back 位址，表示主機送出封包給自己的位址。

- 0:0:0:0:0:0:IPv4 表示 IPv6 包含 IPv4 的位址，也就是該位址前 96bits 為 0，後 32bits 接 IPv4 的位址。

- 0:0:0:0:0:FFFF:IPv4 表示 IPv4 相對應於 IPv6 的位址，也就是該位址前 80bits 為 0，再接 16bits 的 1，再接 32bits 的 IPv4 位址。

要想將目前 Internet 環境中大部份的 IPv4 升級到 IPv6，可不像一般電話號碼升級簡單，必須有過渡期，因為目前許多既有的設備和主機並不支援 IPv6，想升級或汰換這些設備，仍需要相當長的時間，目前 IPv6 可以整合 IPv4 的位址，格式如下：

$$X : X : X : X : X : X : d.d.d.d$$

X：表示一組 16bits 位址，而 d.d.d.d 則為原 IPv4 的位址（32bits），舉例如下：

- 例一　10.242.11.5-→0：0：0：0：0：0：10.242.11.5
- 例二　203.56.7.45→0：0：0：0：0：0：FFFF：203.56.7.45

🌐 **NSAP**：前 7 個 bits 0000001 代表 NSAP 對應到的 IPv6 位址，格式如下：

0000001	To be defined
← 7 bits →	← 121 bits →

🌐 **PX**：前 7 個 bits 0000010 代表 IPX 對應到的 IPv6 位址，格式如下：

0000010	To be defined
← 7 bits →	← 121 bits →

🌐 **Provider-Based Unicast Address**：這個位址配置的功能類似於 IPv4 的 CIDR 功能，提供了不分級的方式來處理 IP 位址，其格式如下：

3	n bits	m bits	p bits	125-n-m-p bits
010	registry ID	provider ID	subscriber ID	Intra- subscriber

🌐 **Link Local Use Address**：Link Local（區域連結）是用在單一連結上（例如位址的自動配置），其格式如下。

10 bits	n bits	118-n bits
1111111010	0	interface ID

🌐 **Site Local Address**：Site Local（區域位置）是用在組織或想設置的場所，而這些組織或場所都還沒連上全球網路。

三 IPv6 的 Anycast 位址型態

IPv6 的 Anycast 位址可以指定給多個介面，而封包會根據路徑協定傳送給最近的介面，所謂的最近並不是指實體網路位址的最近，而是指邏輯網路位址的最近。

一般用於辨識一組的 Router（在 ISP 中），當封包到達 ISP 時，會送到最近的 Router 處理。

使用於 Subnet-Router（路由器子網）Anycast 的位址格式如下：

n bits	128-n bits
Subnet prefix	00000000000000

🌐 **Subnet prefix**：Anycast 位址，用來辨識特定的連結，後面是 128-n 個位元。

四 IPv6 的 Multicast 位址型態

IPv6 的 Multicast 位址是給一組的介面位址使用，也就是給一群的節點使用，相對的節點就必須屬於 Multicast 群組。

IPv6 的 Multicast 位址格式如下：

8 bits	4 bits	4 bits	112 bits
11111111	Flags	Scop	Group ID

🌐 **Flags**：由 4 位元組成，如下圖：

0	0	0	T

前 3 個位元是 0，保留使用。

T＝0 代表指定的 Multicast 位址。

T＝1 代表非指定的 Multicast 位址。

🌐 **Scop**：由 4 位元組成，用來限制 Multicast Group 的範圍，各個值的使用如下表所示：

◎ 表 7-9

值	意義	值	意義
0	Reserved	8	Organization-local scope
1	Node-local scope	9	unassigned
2	Link-local scope	A	unassigned
3	unassigned	B	unassigned
4	unassigned	C	unassigned
5	Site-local scope	D	unassigned
6	unassigned	E	Global scope
7	unassigned	F	reserved

🌑 **Group ID**：用來辨識 Multicast group 的值。

🔷五 Pv4、IPv6 的轉換技術

　　雖然我們知道 IPv6 的優點，而現在許多新的設備也都開始支援 IPv6，但畢竟現今仍是以 IPv4 為主的網路環境，所以仍有賴相關的轉換技術，以便使 IPv4 能順利過渡到 IPv6。

　　目前主要的轉換技術有三種：

🌑 **Tunnel**（隧道）**技術**：其概念是將 IPv6 的封包封裝在 IPv4 的封包之中，便可以在目前仍大部份是 IPv4 的環境中傳送，其封裝的關鍵在於確認 該封裝 IPv4 封包的來源和目的地位址，也就是要知道隧道的起點與終點。而隧道的建立方式有二種，一種是手動設定，一種是自動設定。

手動設定網管人員必須設定好隧道的起點與終點即 IPv4 位址；而自動設定方式，則是只設定隧道的起點，而由系統自動產生隧道的終點。

而自動設定的技術，又包含數種，例如 6to4、6over4、ISATAP、Teredo 等等。

🌑 **Dual Stack**（雙重架構）**技術**：Dual Stack（雙重架構）的目的是提供一個 IPv4 和 IPv6 可以同時同存的環境，使用者可以自行選擇要使用 IPv4 或 IPv6，換言之，在此雙重架構的網路環境下，IPv4 和 IPv6 皆可以通行無阻。

🌑 **PT Translation**（協定轉換）**技術**：直接將 IPv6 轉換為 IPv4 的方式，但其執行上就更複雜了，因此實用性不如上述二種技術。

Q&A 測試

1. IP 位址是由幾個位元所組成？

2. IP 位址 61.33.66.99 是屬於哪一個網路等級（A、B、C）？

3. 在 C 級網路中的子網路遮罩為 255.255.255.224，請問可以切割成多少個子網路？

4. 電腦的 loopback IP 位址為多少？

5. 在主機對主機層中，提供連接導向服務的是哪一個協定？

6. 在主機對主機層中，提供非可靠性服務的是哪一個協定？

7. （Multiple chioces）Which of the following statement is/are true？
   （中山資管所 100 年計算機概論）

   (A) In term of connection overhead，UDP has less overhead than TCP

   (B) For large amount of data transmission，UDP is more efficient than TCP

   (C) In an unreliable network，such as wireless network，TCP still can provide reliable transnission

   (D) None of above is true

8. （Multiple chioces）Which operations are performed by Internet Protocol（IP）？
   （中山資管所 101 年計算機概論）

   (A) routing packet to remote hosts

   (B) providing a physical addressing scheme

   (C) defining framed

   (D) defining packets

   (E) transferring data between the internet layer and the network access layer

   (F) transferring data between the internet layer and the application layer

9. （Multiple chioces）A network administrator issues the ping 192.168.2.5 command and successfully tests connectivity to a host that has been newly connected to the network. Which protocols were used during the test？（中山資管所 101 年計算機概論）

(A) ARP

(B) CDP

(C) DHCP

(D) DNS

(E) ICMP

10. Wich of the following statements about networking is NOT true ?（中山資管所 102 年計算機概論）

(A) A sender in data link layer does not need to know the receiver's address

(B) There is no routing path concept in data link layer

(C) ARP is used to resolve the mapping from IP address to its MAC address

(D) DNS is used to resolve the mapping between IP address and domain name

(E) None of the above is true

11. One of the core members of the Internet Protocol Site that provides reliable，ordered delivery of bytes from one program on one computer to another computer ?（台大資管所 98 年計算機概論）

(A) TCP

(B) UDP

(C) IPv4

(D) IPv6

(E) NTP

12. A network protocol that enables a server to automatically assign an IP address individual computer's TCP/IP stack software（台大資管所 98 年計算機概論）

(A) DNS

(B) BGP

(C) SMTP

(D) DHCP

(E) None of the above

13. Can one implement an UDP-based HTTP service on the same port, say 80, where a TCP-based Web server already runs？Why？（成大資管所 98 年計算機概論）

14. Please briefly define or explain "IPv6".

◎ 參考解答 ◎

1. 32 位元

2. A 級

3. 8 個子網路

4. 127.0.0.1

5. TCP

6. UDP

7. (B)、(C)

UDP 協定比起 TCP 協定來說簡單多了，也由於 UDP 協定簡單所以在網路上的負載輕很多，適用於大量的資料傳送。（請見本書 7-9）TCP 的主要特性如下：1. 連線前的知會也就是 Hand shake（握手）動作 2. 封包的重新排序 3. 流量控制 4. 錯誤的偵測與修正（請見本書 7-7-1）

8. (A)、(B)、(C)、(D)、(E)

（一）IP 封包格式：定義封包格式

（二）IP 位址：代表網路（18bits）和主機（18bits）的位址

（三）IP：

🌐 IP：發送端的主機在取得目的主機的實體位址後，透過 IP 通訊協定一直傳送封包給目的主機。

🌐 IP 運作層級：

🌐 ICMP：ICMP 是給在網路中的閘道器（Gateway）和主機使用，當封包無法到達目的主機時，ICMP 會警告封包的發送主機，當網路傳送發生擁擠時，ICMP 也會通知封包的發送主機。

◎ ARP：ARP 主要負責的是將 IP 位址映射（Maping）成相對應的 Ethernet 實體的位址。

◎ RARP：RARP 主要負責的是將 Ethernet 實體位址映射成相對應的 IP 位址。（請見本書 7-1～7-6）

9. (A)、(E)

◎ ARP：ARP 主要負責的是將 IP 位址映射（Maping）成相對應的 Ethernet 實體的位址。（請見本書 7-6）

◎ ICMP：ICMP 是給在網路中的閘道器（Gateway）和主機使用，當封包無法到達目的主機時，ICMP 會警告封包的發送主機，當網路傳送發生擁擠時，ICMP 也會通知封包的發送主機。（請見本書 7-5）

10. (B)

(A) 正確，資料連連接層負責確保實體層連結的資料的正確性，提供六項基本功能：1. 信號初始化 2. 資料的分段 3. 錯誤偵測及錯誤更正 4. 同步化 5. 流量控制 6. 終止，無須處理 IP 位址（請見本書 4-6-2）。

(C)、(D) 正確（請見本書 7-6、7-11-6）。

(B) 錯誤（請見本書 5-1-2 路由器）。

11. (A)TCP 依照 IP 提供的定址，提供可靠的各種傳輸工作（請見本書 7-7）。

12. (D)

13. NO，封包使用 UDP 傳送就不會使用 TCP 傳送，反之亦然 Port number 不行相同（請見本書 7-8、7-9）。

14. IPv6 是由網際網路工程任務小組（Internet Engineering Task Force；IETF）為因應 IPv4 的規劃不足所制定的，兩者地址能力差別在於，IPv4 的位址是 32 個位元，定址能力是 2^{32}；而 IPv6 的位址是 128 個位元，定址能力是 2^{128}。

CHAPTER

8

區域網路的安裝

8-1　安裝網路

區域網路的概念，相信大家都有一些基本的認識了，但最重要的是基本的網路實務操作，想要管理網路的第一步，當然是安裝網路了。

我們以 10/100/1000 Base T 和 10 Base 2 之網路接線為例，分別介紹如下：

8-2　10/100/1000 Base T 的網路

在區域網路中，使用最多的是乙太網路（Ethernet），乙太網路纜線和連接器的規格則是遵從 EIA/TIA（Electronic Industries Association and Telecommunication Industry Association）標準而制定，而乙太網路纜線中，使用最多的則是 UTP（無遮式雙絞線）。目前在建構的網路中，大量地採用 UTP 第 5 類（category 5）的線材。因為第 5 類（category 5）的 UTP 纜線可以同時支援 10 Mbps、100 Mbps 和 1000 Mbps 的傳送速度。

UTP（Unshielded twist Pair，無遮式雙絞線）顧名思義是沒有額外的保護層，而成對絞線的目的，是為了降低雜訊（noise）的干擾和串音（cross talk）的影響。

8-2-1　認識各種接腳

在 EIA/TIA 支援 UTP 的標準中，主要是以 EIA/TIA-568 商業大樓電信線路為標準（Commercial Building Telecommunications Wiring Standards），EIA/TIA-568 標準中，還細分有 EIA/TIA-568A 和 EIA/TIA 568B，我們將接腳的顏色分別介紹如下：

EIA/TIA 568A 的接腳如下圖：

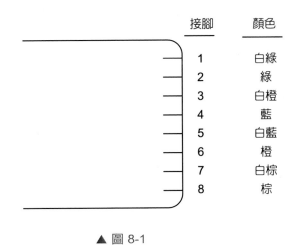

▲ 圖 8-1

EIA/TIA 568A 的標準線材，目前已經由 EIA/TIA 568B 的標準線材所取代，所以市面上較少看到 EIA/TIA 568A 的線材了。

EIA/TIA 568B 的接腳如下圖：

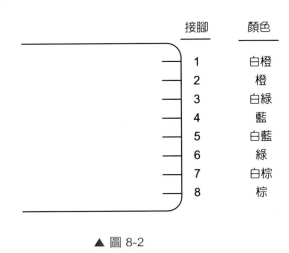

▲ 圖 8-2

10 Base T 和 100 Base T 只使用到 EIA/TIA 568B 的第 1、2、3、6 接腳如下：

接腳	標記
1	Tx+
2	Tx-
3	Rx+
4	未用到

接腳	標記
5	未用到
6	Rx-
7	未用到
8	未用到

註　Tx傳送端、Rx接收端、＋正線（Positive Wire）、－負線（Negative Wire）。

在了解線材（UTP）的接腳後，我們一般都需要 RJ45 連接器，將線材套裝起來，以方便連接到個人電腦（PC）、集線器／交換器（Hub/Switch）和路由器（Router），所以我們分別整理 RJ45 的接腳、個人電腦的接腳（網路卡）、集線器／交換器的接腳和路由器的接腳如下：

🌐 RJ45 的接腳

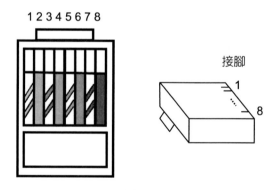

▲ 圖 8-3

我們整理 RJ45 的接腳和標記如下：

接腳	標記	第幾對
1	T2	2
2	R2	2
3	T3	3
4	R1	1
5	T1	1

接腳	標記	第幾對
6	R3	3
7	T4	4
8	R4	4

個人電腦的接腳（網路卡）

我們整理個人電腦的接腳和標記如下：

接腳	標記
1	Tx+
2	Tx-
3	Rx+
4	未用到
5	未用到
6	Rx-
7	未用到
8	未用到

集線器／交換器

我們整理集線器／交換器的接腳和標記如下：

接腳	標記
1	Rx+
2	Rx-
3	Tx+
4	未用到
5	未用到
6	Tx-
7	未用到
8	未用到

 路由器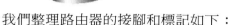

我們整理路由器的接腳和標記如下：

接腳	標記
1	Tx+
2	Tx-
3	Rx+
4	未用到
5	未用到
6	Rx-
7	未用到
8	未用到

8-2-2 三種 UTP 的纜線

在區域網路中，UTP 纜線的目的就是要用來連接設備，（例如：個人電腦、集線器／交換器和路由器），由於設備的接腳不同，所以會有三種 UTP 纜線的形成，這三種 UTP 纜線列舉如下：

🌐 **Straight-Through Cable**（直接纜線）

🌐 **Crossover Cable**（跳線）

🌐 **Rollover Cable**（轉線）

我們分別介紹如下：

🌐 **Straight-Through Cable**（直接纜線）

Straight-Through Cable 適用於個人電腦連接到集線器／交換器，集線器／交換器連接到路由器，由於接腳的傳送端和接收端都一一對應好了（例如 **Tx+ ↔ Rx+**），如下表：

個人電腦			集線器／交換器			路由器	
（PIN）接腳	標記		（PIN）接腳	標記		（PIN）接腳	標記
1	Tx+	→	1	Rx+	←	1	Tx+
2	Tx-	→	2	Rx-	←	2	Tx-
3	Rx+	←	3	Tx+	→	3	Rx+
4	x		4	x		4	x
5	x		5	x		5	x
6	Rx-	←	6	Tx-	→	6	Rx-
7	x		7	x		7	x
8	x		8	x		8	x

所以 **Straight-Through Cable** 的接腳依相同的順序接好線就可以了，如下表：

接腳 1 … 8　　接腳 1 … 8

接腳	顏色
1	白橙
2	橙
3	白綠
4	藍
5	白藍
6	綠
7	白棕
8	棕

Crossover Cable（跳線）

Crossover Cable 適用於連接相類似的設備，例如個人電腦連接個人電腦，集線器連接集線器，集線器連接交換器，交換器連接交換器，路由器連接路由器。由於接腳的傳送端和接收端並非是依順序一一對應，所以必須經由跳線才能連接，我們以常用的集線器／交換器連接集線器／交換器為例，接腳連線如下：

集線器／交換器			集線器／交換器	
接腳	標記		接腳	標記
1	Rx+		1	Rx+
2	Rx-		2	Rx-
3	Tx+		3	Tx+
4	x		4	x
5	x		5	x
6	Tx-		6	Tx-
7	x		7	x
8	x		8	x

所以 Crossover Cable 必須將接腳 1、2 和 3、6 進行跳線，特別需要注意的是只要跳接一端的線即可，如下表：

接腳	顏色		接腳	顏色
1	白橙		1	白綠
2	橙		2	綠
3	白綠		3	白橙
4	藍		4	藍
5	白藍		5	白藍
6	綠		6	橙
7	白棕		7	白棕
8	棕		8	棕

▲ 原始的接腳　　　　　　　　　　　　　▲ 接腳 1、2 和 3、6 跳線

🌐 **Rollover Cable（轉線）**

Rollover Cable 常用在不同接腳的輸出環境中，例如 RJ45 連接 DB-9 的轉接器，如下圖：

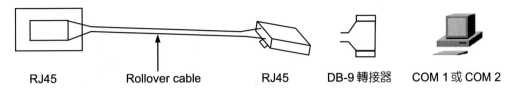

交換器／路由器的 Console 埠

RJ45　　　　　Rollover cable　　　　　RJ45　　　DB-9 轉接器　　COM 1 或 COM 2

在設備上，用來管理的埠口稱為 Console Port，我們必須使用 Console 線（Rollover Cable）來連接到個人電腦，以開啟終端機程式來進行設定，Rollover Cable 的接腳如下：

接腳		接腳
1	————	8
2	————	7
3	————	6
4	————	5
5	————	4
6	————	3
7	————	2
8	————	1

Rollover Cable 就像是將纜線轉過來接線，1 接 8、2 接 7……才稱為轉線。

8-2-3　製作 10/100/1000 Base T 直接纜線

1. 我們準備製作 10/100/1000 Base T 直接纜線（Straight Cable）的工具有：

   - 網路標準線材一段（CAT 5E）
   - 2 個 RJ45 接頭
   - 2 個保護套（保護套是用來保護 RJ45 接頭與線材連接的地方）
   - 斜口鉗
   - 簡易剝線鉗
   - 壓線鉗

如圖 8-4。

線材　　　　　　斜口鉗

RJ45 接頭　　　壓線鉗　　　簡易剝線鉗

保護套

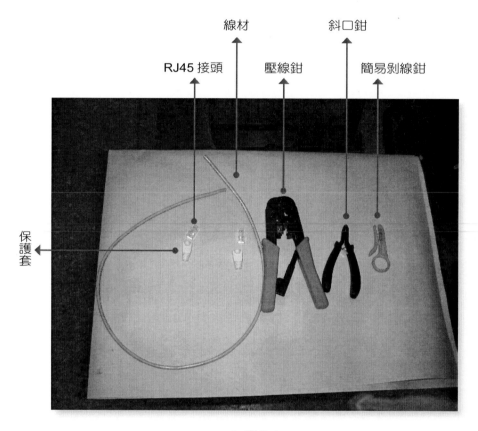

▲ 圖 8-4

2.　將保護 RJ45 接頭的套頭先套入雙絞線內，如圖 8-5。

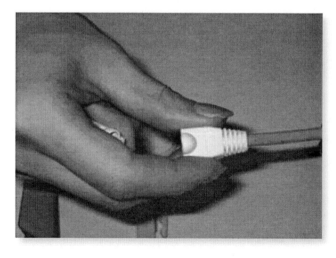

▲ 圖 8-5

3.　使用簡易剝線鉗將線的外皮剝掉一小段，如圖 8-6。

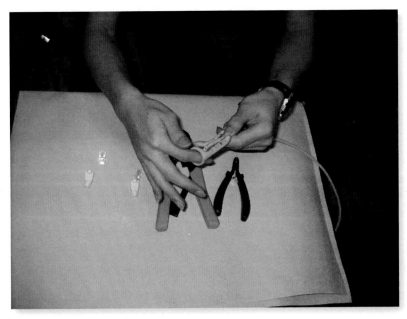

▲ 圖 8-6

4.　先將裡面的 8 條線分別放置適當的位置（製作 **RJ45** 接頭的排線順序由左至右為：1 白橙、2 橙、3 白綠、4 藍、5 白藍、6 綠、7 白棕、8 棕，如圖 8-7。

▲ 圖 8-7

5. 將 8 條線材排列整齊，如圖 8-8。

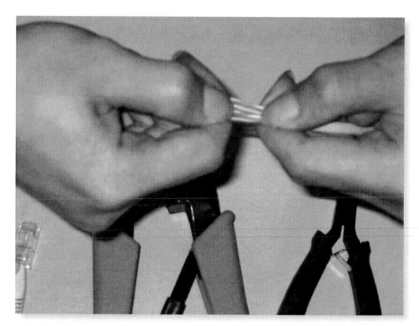

▲ 圖 8-8

6. 利用壓線鉗或斜口鉗將 8 條線切齊，以便放入 **RJ45** 的連接器裡，如圖 **8-9**。

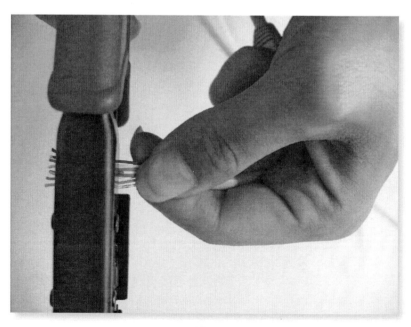

▲ 圖 8-9

7. 將 8 條線線放入 RJ45 接頭，須注意要插到底並且線路顏色的排列次序要正確，（注意：將線放入 RJ45 接頭時千萬別用力過頭，小心會造成短路）如圖 8-10。

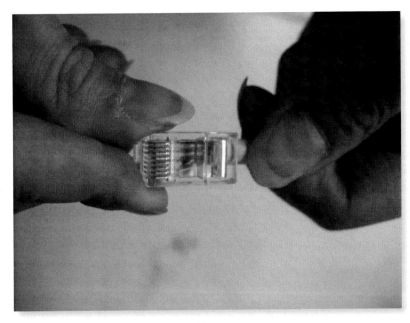

▲ 圖 8-10

8. 利用壓線鉗將 RJ45 接頭和線材夾緊，如圖 8-11。

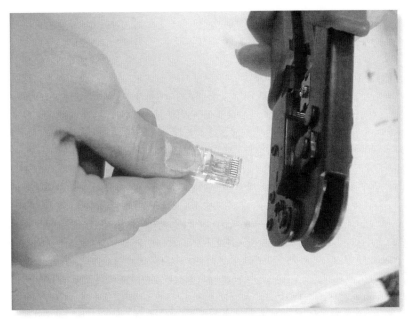

▲ 圖 8-11

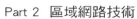

9. 壓好一個接頭後,如圖 8-12。

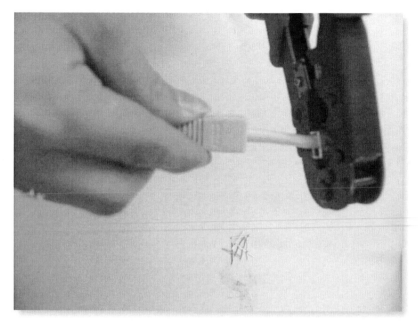

▲ 圖 8-12

10. 用前面所敘之方法將線的另一個接頭完成,就完成一段 10/100/1000 Base T 線了,如圖 8-13。

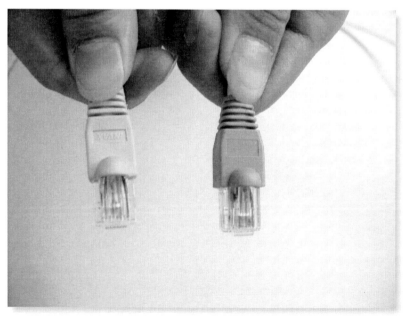

▲ 圖 8-13

11. 若是有纜線測試器（Cable Tester），則將做好的網路線放入纜線測試器中測試，測試 **OK**，這條網路線就可以使用了，如圖 8-14。

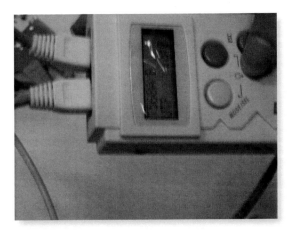 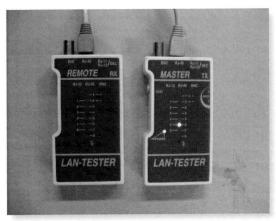

▲ 圖 8-14

我們已經完成製作一段 10/100 Base T 線材了。

8-2-4　準備用具

◎ 每台電腦都需要一個 RJ45 接頭的網路卡。

◎ 每台電腦都需要一條 10/100 Base T 的線路到集線器或交換器。

10/100 Base T 的網路需要一台集線器或交換器，例如桌上型的 Hub，如下圖：

▲ 圖 8-15

8-2-5　接線法

我們將 10/100 Base T 線路的一端接到電腦的 RJ45 孔，另一端接到 Hub/Switch 的 RJ45 孔，如下圖：

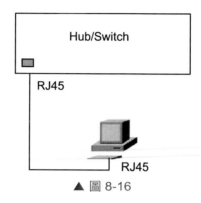

▲ 圖 8-16

8-2-6　再增工作站

我們想要再增加工作站時，只要將新的 10/100 Base T 纜線的一端接到電腦的 RJ45 孔，另一端接到 Hub/Switch 的 RJ45 孔，就完成工作站的新增了，如下圖：

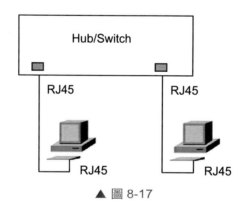

▲ 圖 8-17

8-3　10 Base 2 的網路

8-3-1　準備用具

🌐 每台電腦各需一個 T 型接頭接到電腦網路卡之 BNC 接頭。

🌐 一段 RG-58 線。

◎ 準備 2 個正常的 RG-58 專用之終端電阻。

8-3-2 接線法

依圖 8-17 將工作站和伺服器連結好,注意相接的部份要接緊不能有鬆動的現象。

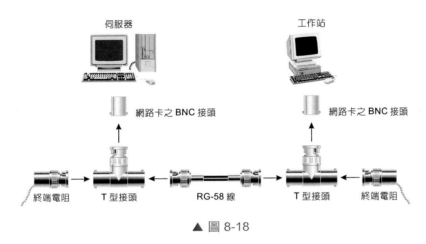

▲ 圖 8-18

8-3-3 再增工作站

◎ 將其中一端的終端電阻取下。

◎ 再製作一段 RG-58 線以及準備一個 T 型接頭,再依圖 8-18 接上新增的工作站。

將終端電阻再接到最遠端的工作站上,接好如圖 8-19 所示。

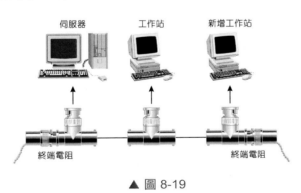

▲ 圖 8-19

Q&A 測試

1. UTP 纜線因設備接腳不同，有哪三種接線方式？

2. 乙太網路纜線和連接器的規格標準為何？

3. Category 5 的 UTP 纜線可同時支援哪三種傳送速度？

◎ 參考解答 ◎

1. Straight-Through Cable；Crossover Cable；Rollover Cable

2. EIA/TIA

3. 10Mbps、100Mbps 和 1000Mbps

PART 3

無線區域網路／
廣域網路／行動通訊

CHAPTER

9

無線區域網路

9-1　簡介

　　無線區域網路（Wireless Local Area Network；WLAN）顧名思義，就是在區域網路上，以無線電波作傳輸，以取代或搭配原有的乙太網路，隨著科技不斷地進步，人們不斷地跟著改變，使用的習慣也有所不同，在區域網路上，原本就是有線網路的大本營，只要有辦公室網路的地方，就常常見到地板上、牆上有著各種型式的佈線，每台電腦都需要至少一條的線路連到公司的機房去，若是有 100 台電腦，就有至少一百條線路出現在辦公室內，有些公司會建置高架地板，將所有的線路都藏在高架地板內，以增加美觀，但是在線路的處理上，依舊十分麻煩。另外，有線網路由於佈線及座位固定的因素，常常需要將資訊插座固定在某個地方，導致我們在使用網路連線的同時，無法自由自在地移動，對於需要變動位置的使用者而言，十分不方便，於是，許多人對於無線區域網路而言，都寄於厚望，希望將來都可以自由自在地使用網路，而不受實體線路的限制了。

　　早期的無線區域網路並不常見，由於速度低（1～2MB），價格昂貴，產品的可選擇性少，所以常常是非不得已才使用，在 Ethernet（乙太）網路的高速、低成本的優勢下，往往都是使用有線路的乙太網路，唯有在有線網路的乙太網路所不及的地方，才會選用無線區域網路。

　　近期的無線區域網路已經較常見了，由於發展無線區域網路的廠商大量地增加（例如：常見的廠牌有 Cisco、Lucent、3com、Intel、友訊、智邦、正誠、久森、巴比祿……等等），產品的可選擇性多，而且市場上的價格不斷地下滑，比以前便宜很多，產品傳送速度主流為 11Mbps（目前已經有廠商發表 54Mbps 速度的無線區域網路產品），再加上整體的建置和使用都較以往方便，技術也較容易取得……等等因素，使得目前的無線區域網路已經不是非不得已才採用的產品，而是可以用來大量地建置使用，新興的網路規劃建置專案，要是有符合無線區域網路的使用特性，只要成本在市場可接受範圍內，大多會考慮採用無線區域網路和高速乙太網路一起使用的情形，以符合客戶在網路使用上的需求，進而提高客戶的忠誠度和滿意度。

　　目前已經在建置和使用無線區域網路的公司行號、政府機關相當多，我們舉例如下：

◎ 台灣大學：電機系和資料所內使用

◎ 台灣科技大學：實驗室內使用

- 中興大學：資料所內使用
- 南台科技大學：資訊相關科系使用
- 逢甲大學：校園內使用
- 花蓮縣網中心：提供縣內 13 所中小學連上網際網路
- 宜蘭縣政府：縣內政府機關和學校共同使用
- 中鋼：高雄廠區使用
- 光寶電子：大樓之間傳輸使用
- 士林電機：辦公室與工廠連線使用
- 正崴精密：工廠之間傳輸使用
- 馬偕醫院：偏遠地區傳輸使用
- 麗星郵輪：停靠港口時使用
- 淡水高爾夫球場：球場內辦公室之間，遠距離使用
- 年代影視：大樓之間使用
- 精碟科技：大樓之間使用
- 俞進電腦：大樓之間連線使用
- 玉山銀行：大樓之間連線使用
- 太平洋證券：大樓之間連線使用
- 公誠電子：大樓之間連線使用
- 誠泰銀行：大樓之間連線使用

⋮

　　我們從已經採用無線區域網路的客戶來看，無線區域網路不僅是在政府、學校機構在使用，更多的應用是在證券金融、製造業、醫療院所、運輸業、運動休閒業…等等各行各業中，這代表著無線區域網路的時代已經來臨了。

9-2　無線區域網路技術

　　無線區域網路是使用無線電波為傳輸媒介，由於無線電波可以全方位（各種方向）地傳送出去，再加上穿透力強，於是在各個國家都受到相當大的管制，在使用無線電波頻道時，大多都需要經過申請執照核準後才能使用。但是為了工業（Industrial）、科學（Scientific）和醫療（Medical）上的需要，特別開放了三個頻帶，分別是 900MHz、2.4GHz 和 5GHz，作為公用頻帶，是不需要經過申請就可以使用的頻帶，如下圖：

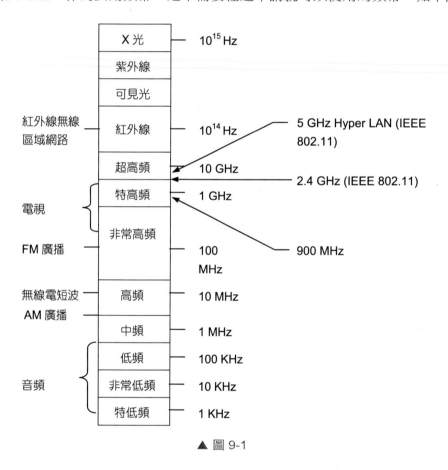

▲ 圖 9-1

　　這三個公用頻帶也稱為 ISM（Industrial、Scientific、Medical）Unlicensed 頻帶，我們分別介紹如下：

🌐 900MHz 頻帶

　　主要是商用產品的使用區頻帶 902～928MHz，由於使用這個頻帶的產品太多，導致太擁擠了，雖然頻帶有較大的範圍，但可依賴的傳送速度大多低於 1Mbps。

○ **2.4GHz 頻帶**

由 IEEE 802.11 所製定的標準，傳送速度可以高於 10Mbps，傳送距離比 900MHz 頻帶長很多，使用的頻帶是 2.4 ~ 2.4835GHz，目前是無線區域網路產品主要使用的頻帶。

○ **5GHz 頻帶**

由 IEEE 802.11 所制定的標準，需要使用較大的天線來傳送資料，傳送速度可以高於 20Mbps，使用的頻帶是 5.725 ~ 5.850GHz，可以提供較多的頻寬來傳送資料，但是傳送的距離較 2.4GHz 頻帶短。

從以上的介紹，我們可以看出 2.4GHz 頻帶和 5GHz 都已經成為 IEEE 802.11 的標準了，我們將介紹 IEEE 802.11 標準於後。

9-3　IEEE 802.11 標準

在 1997 年 7 月，IEEE（Institute of Electrical and Electronics Engineer；電機電子協會）發表了 IEEE 802.11 無線區域網路的標準，在此之前，各家的無線區域網路廠商都各自定義和發展產品，以至於相容性很差，在推廣上較為不易，為此，IEEE 協會成立了 802.11 委員會，邀集了在無線區域網路上頂尖的工程師，共同商討和制定無線區域網路標準，一旦制定出標準，以後大家在發展無線區域網路時，都有一個共同遵守的規範和標準，產品的相容性提高了，客戶的接受度也隨之增加了，在推廣上也較為容易。

在 1999 年，IEEE 802.11 委員會發表了 IEEE 802.11 的延伸規格如下：

○ **IEEE 802.11 a**：使用 5GHz 的頻帶，最高傳送速度為 54Mbps。

○ **IEEE 802.11 b**：使用 2.4GHz 的頻帶，最高傳送速度為 11Mbps。

這個延伸規格的制定，將無線區域網路推向了網路主流市場──實用性，由於傳送速度增加了不少，使得許多網路上的應用（例如：資料的傳送、視訊會議…）都可以順利地在無線網路上使用，再加上價格已經降到大家都可以接受的範圍內，所以無線區域網路就呈現大幅成長的局面了。

事實上，原本的 IEEE 802.11a 及 IEEE 802.11b 在實用上仍有些問題待克服，首先是不相容的問題，IEEE 802.11a 雖有 54Mbps 的傳輸實力，但設備的價格遠高於 IEEE

802.11b，另外，IEEE 802.11a 無法和 IEEE 802.11b 設備相容，原本 IEEE 802.11b 的使用者若想升級就必須重新購買新設備．還有一個問題就是 802.11a 的傳輸距離約只有 802.11b 的一半，因此在相同的區域要達成同樣的傳輸品質，就必須安裝更多的存取點（AP）裝置，這些問題都增加了成本的支出，對於想把錢花在刀口的使用者而言，這是一大問題，所以，等待也是另一種方案，這無形中成為阻礙無線網路用戶大量成長的最大阻力。

為了解決這些問題 IEEE 在 2000 年 9 月又成立了 802.11g 小組，在歷經了三年的努力，終於在 2003 年 6 月 IEEE 802.11g 的正式官方標準出爐了。

IEEE 802.11g 可以算是 IEEE 802.11b 的火力加強版，其最高傳輸速率可提升至 54Mbps，同時使用了和 IEEE 802.11b 相同的 2.4GHz 頻帶，因此，使用者便可以有了較經濟的升級選擇了。

802.11 a/802.11b/802.11g 的比較表如下：

◎ 表 9-1

802.11標準 比較項目	IEEE 802.11a	IEEE 802.11b	IEEE 802.11g
最大傳輸速率	54Mbps	11Mbps	54Mbps
使用頻帶	5GHz ISM	2.4G ISM	2.4G ISM
相容性	均不相容	可升級為IEEE 802.11g	和IEEE 802.11b相容
相關技術	OFDM	DSSS/FHSS	OFDM

IEEE 802.11 無線區域網路標準中，主要是用來定義接收的敏感度，MAC 層的效能…等等，規範所使用的無線區域網路技術有直接序列展頻、跳頻展頻和紅外線以及 IEEE 802.11a/g 所使用的 OFDDM，我們分別介紹如下：

我們分別介紹如下：

直接序列展頻（DSSS；Direct Sequence Spread Spectrum）

直接序列展頻，在發射端是將訊號透過展頻碼（Spreading code）處理後，再傳送出去，在接收端，則是收到展頻過的訊號後，也同樣地使用展頻碼處理，還原成原來的訊號，如下圖：

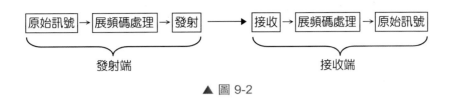

▲ 圖 9-2

發射端的展頻碼處理是將訊號轉換成低能量，座落在較寬的頻帶範圍內，使用切割碼（chipping code）技術，將 1 個資料位元切割成多個位元後，再發射出去，如下圖

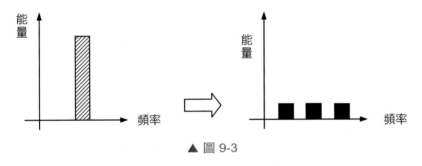

▲ 圖 9-3

接收端的展頻碼處理則是將低能量，較寬頻帶中的多個位元，轉換成高能量，還原成原始資料位元，如下圖：

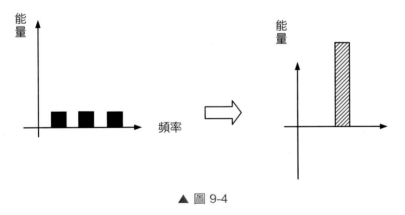

▲ 圖 9-4

在訊號的轉換處理上，訊號的切割頻率（切割碼技術；chipping code）是相當重要的，我們整理最低的訊號切割頻率如下：

- 傳送速度 1~2Mbps：最低 10 chips

- 傳送速度 11Mbps：最低 8 chips

我們所使用的 IEEE 802.11 直接序列展頻所使用的切割頻率是 11chips，意思是說，一個高能量的位元，會被切割成 11 個低能量的訊號，進行傳送處理和還原。

我們以傳送資料位元（1011）為例，說明直接序列展頻的使用如下：

```
資料位元：1011
切割碼（chipping code）：1 = 11011011011（11 個單位）
                      0 = 00100100100（11 個單位）
```

傳送的訊號是多少？接收的訊號是多少？接收的資料位元是多少？

答案如下：

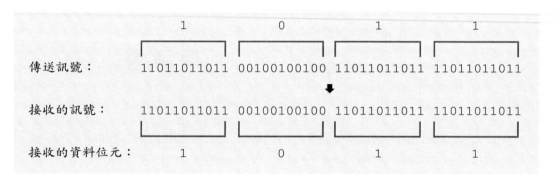

在直接序列展頻的訊號傳送上，由於訊號經過展頻處理後的訊號頻寬達 22MHz，而在 2.4GHz 頻帶（2.4～2.4835GHz）中可用的頻寬有 83.5MHz，所以使用直接序列展頻技術的產品，在一個區域範圍內最多只能有 3 個頻道，同時使用而不會互相干擾，也就是可以同時使用 3 個存取點（Access Point）裝置，若是有第 4 個 AP（Access Point）要加入這個群組，則需要等待使用中的某個 AP 退出使用，否則會干擾到其中一個 AP 的頻道。

跳頻展頻（FHSS；Frequency Hopping Spread Spectrum）

跳頻展頻可使用的頻率也是在 2.4GHz～2.4835GHz 之間，共有 79 個通道，美國的 FCC（Federal Communications Commission；聯邦通訊委員會）規定跳頻技術必須使用 75 個以上的通道，以降低在無線電波傳送時，所產生的相互干擾情形，IEEE 802.11 委員會則規定跳頻的順序（Hopping Sequence）以方便使用 FHSS 技術溝通的兩方，可以使用相同的跳頻順序進行互通，跳頻的順序一律分為 3 組（three sets），每組擁有的跳躍模型（hopping patterns）隨著國家的不同規定，而有不同的跳躍模型，以日本為例，每組的跳躍模型有 4 個，以美國為例，每組的跳躍模型達 26 個，由於我們常用的為美國的產品，所以我們整理美國的跳頻順序如下：

Set 1 :	0	3	6	9	12	15	18	21	24	27	30	33	36	39	42	45	48	51	54	57	60	63	66	69	72	75
Set 2 :	1	4	7	10	13	16	19	22	25	28	31	34	37	40	43	46	49	52	55	58	61	64	67	70	73	76
Set 3 :	2	5	8	11	14	17	20	23	26	29	32	35	38	41	44	47	50	53	56	59	62	65	68	71	74	77

跳頻展頻在傳送資料受到干擾時,可能導致部份的頻道無法傳送資料,不過由於發射端可以針對遺失的資料進行再傳送功能,所以不致於再受到干擾時,就發生斷訊現象,FHSS 的基本頻寬是 1Mbps,最高為 2Mbps,在使用上受到較多的限制。

紅外線(IR;Infrared)

在無線區域網路中,紅外線(IR)技術是唯一以光為主要的傳輸媒介,當光遇到障礙物時,會出現無法完全穿透而產生折射或散射的特性,在一般的紅外線應用中,常會要求互通的兩點之間不能有障礙物,才可以建立起連線,這是直接式的紅外線連接,IEEE 802.11 規定使用的 IR 技術是屬於散射式(Refuse)的紅外線,簡稱為(DF/IR),DF/IR 技術並不需要互通的兩點面對面的連線,也就是在一定的涵蓋區域內(小於 10 公尺)使用通訊細胞(cell)進行傳輸,傳送的速率在 1Mbps~2Mbps 之間。

紅外線的傳送速度不快,傳送的距離短,再加上遇到阻隔物時,常常容易連線中斷,使得無線區域網路在規劃建置時,通常是不會考慮使用紅外線。

正交分頻多工(OFDM;Orthogonal Frequency Division Multiplexing)

OFDM 是將傳輸資料分割成多個封包資料型態,透過多個不同頻率且彼此正交(Orthogonal)的低速率子載波(Sub carrier)來傳送。

OFDM 的特色:

(1) 使用多個不同頻率的子載波

OFDM 使用多個不同頻率的子載波可以降低各個載波同時衰減的機率,提高抗雜訊能力。

(2) 彼此正交的子載波

傳統的 FDM 各載波間為了避免干擾,必須要有適當的頻率間隔,也就是各載波間的頻帶並不互相重疊,因此頻譜的使用率並不佳 . 而所謂正交(Orthogonal)的觀念,就是每個子載波的頻帶重疊程度相等,於是在接收資料時便可以正確地解調變,而不會互相干擾,如此便可以提高整體的頻譜使用率進一步增加整體傳輸速率。

9-4　無線區域網路的拓樸

網路的拓樸指的是在網路上的節點，連接而成的樣式，而無線區域網路的拓樸，當然指的是無線區域網路節點所連接而成的形式，一般可分為室內（in-building）和戶外（out door）。

在實際的應用上，室內的無線區域網路拓樸和戶外的無線區域網路拓樸經常是結合起來一起使用，分類介紹是希望讀者可以更了解其中的細節。首先介紹室內的無線區域網路拓樸，下一節再介紹戶外的無線區域網路拓樸。

9-4-1　室內（in-building）的無線區域網路拓樸

室內的無線區域網路的拓樸，主要談的是在建築物內（可能是一間辦公室、多間辦公室、一層樓、多層樓、禮堂…等）使用無線區域網路產品所連接而成的網路架構，我們整理室內無線區域網路的拓樸如下：

1. 點對點的拓樸

2. 單一基地台的連線拓樸

3. 結合無線和有線區域網路的拓樸

4. 訊號增強型的拓樸

5. 延伸 BSA 型的拓樸

6. Hot Standby 型的拓樸

7　連上 Internet 型的拓樸

8. 企業用戶型的拓樸

我們分別介紹如下：

一　點對點的拓樸

點對點的拓樸（peer-to-peer topology）是在很小型的網路中，電腦之間使用無線網卡連線，如下圖：

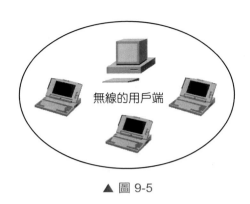

▲ 圖 9-5

在點對點拓樸的網路中，所有的電腦都是用戶端，若有需要時，仍可以互相分享檔案。

二 單一基地台的連線拓樸

基地台（base station）是無線網路發射和接收訊號的所在，在室內常用的設備是 Access Point（存取點）。連線的拓樸如下：

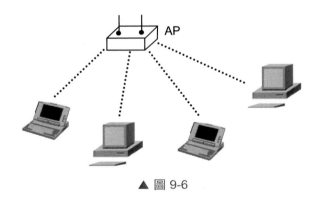

AP

▲ 圖 9-6

所有的無線區域網路設備（例如：筆記型電腦、桌上型電腦…等等）都連接上 AP（Access Point），以存取所需要的資料。

三 結合無線和有線區域網路的拓樸

結合無線和有線區域網路的拓樸是將存取點（Access Point）連接上有線的星型（Star）區域網路，如下圖：

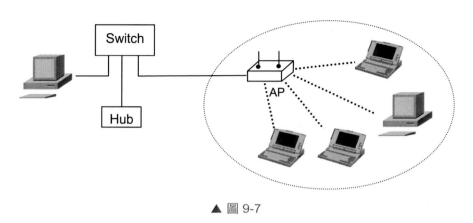

▲ 圖 9-7

　　此外，常用的拓樸還有將存取點（Access Point）連接上有線的匯流排型（Bus）區域網路，如下圖：

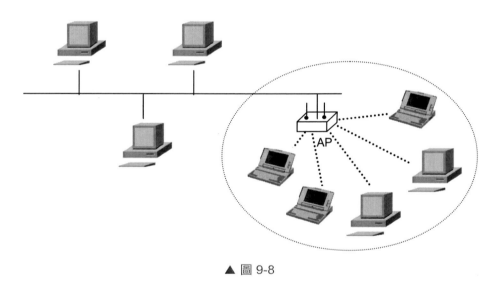

▲ 圖 9-8

　　無線區域網路透過 Access Point 連上有線區域網路，彼此之間可以互通訊息。

（四）訊號增強型的拓樸

　　當有線的網路無法延長連接的距離時，可以使用無線的 AP（Access Point）來延伸距離，如下圖：

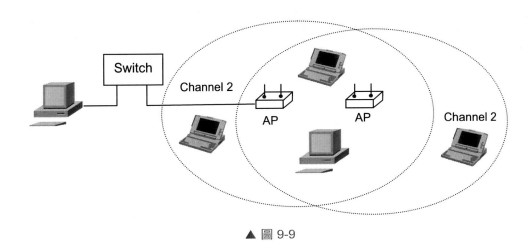

▲ 圖 9-9

　　當我們使用 AP 來延伸距離時，也就是將 AP 當成訊號增強器來使用，兩個 AP 會使用相同的通道（例如 channel 2）互相涵蓋的範圍達 50％，最多訊號增強區段建議為 6 個區段，也就是使用 5 個 AP 來進行訊號的增強工作了。

五　延伸 BSA 型的拓樸

　　BSA 的全名是 Basic Service Area（基本服務範圍），也就是 Access Point（存取點）所能服務的範圍，延伸 BSA 型的拓樸是以每個 BSA 為單位，延長整體的服務範圍，如下圖：

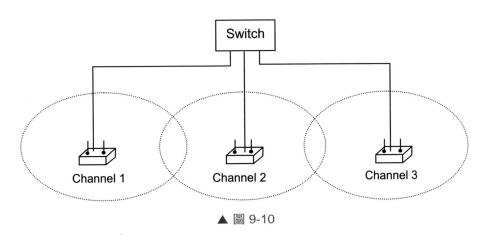

▲ 圖 9-10

　　延伸 BSA 型拓樸中的 AP，各自使用不同的通道（例如 channel 1、channel 2、channel 3），以擴大服務的範圍，不同 AP 之間互相涵蓋的範圍大約為 10％ ~ 15％，目的是提供漫遊者（roaming user）經過時，不致於喪失 RF 訊號而導致整個連線中斷。

六　Hot Standby 型的拓樸

Hot Standby（熱等待）型的拓樸主要是提供容錯的能力，如下圖：

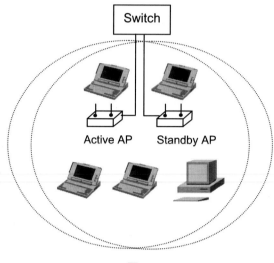

▲ 圖 9-11

在一般的情形下，由 active AP 提供存取的能力，standby AP 也是用戶端之一，用來監視著 active AP，當 active AP 發生故障時，才由 standby AP 接手，提供存取的服務。

七　連上 Internet 型的拓樸

無線區域網路大多都藉由有線區域網路連上 Internet，目前常用來連上 Internet 的拓樸有下列二種：

使用 DSL/Cable modem/ISDN

無線區域網路使用 DSL/Cable modem/ISDN 連上 Internet 的拓樸如下：

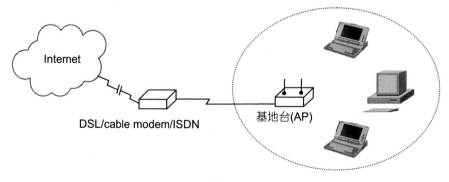

▲ 圖 9-12

基地台（AP）透過 DSL/Cable modem/ISDN 連上 Internet。

使用路由器連上 **Internet**

無線區域網路使用 Router（路由器）連上 Internet 的拓樸如下：

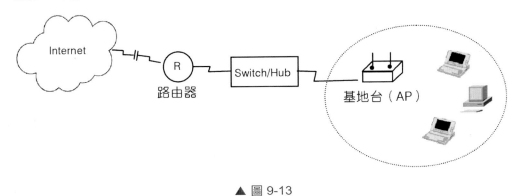

▲ 圖 9-13

基地台（AP）透過交換器或集線器，連接到路由器，再由路由器連上 Internet。

八 企業用戶的拓樸

中大型的企業用戶往往使用的是一整個層樓或多個層樓，這時候，單一的 Access Point（存取點）往往只能涵蓋一小部份的範圍，但是整個層樓或多個層樓的範圍，需要多少個 Access Point（AP）才夠呢？這時候，就需要作 site survey（位置測量），位置測量的目的是確保企業在使用無線區域網路時，能達到企業的網路要求（例如：涵蓋的範圍、傳送的速度⋯等等），我們以一層樓為例，經過位置測量後需要 4 個 AP 在 2Mbps 的傳送速度下，可以涵蓋整層樓，如下圖：

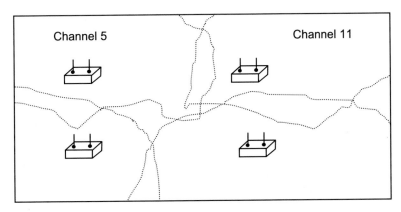

▲ 圖 9-14 2Mbps 量測圖

　　當我們想使用 11Mbps 的傳送速度時，發現涵蓋的範圍少很多，而需要再作位置測量，經過位置測量後，發現需要 8 個 AP 才可以涵蓋整個範圍，而且以 11Mbps 的傳送速度來傳送資料，如下圖：

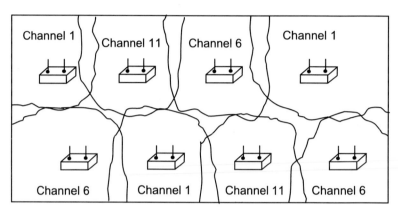

▲ 圖 9-15　11Mbps 量測圖

　　在規劃無線區域網路時，我們強烈建議您一定要作位置測量以避免建置完成後，發現無法如預期的使用網路，而得重新規劃建置了。

9-5　戶外（out door）的無線區域網路拓樸

　　一般在戶外的網路連線，需要有第一類電信執照的廠商才可以挖路佈線，若是申請數據專線，傳送速度低，而且費用相當高，所以，對於有這一類需求的用戶，都有另一個較佳的選擇——戶外的無線區域網路。

　　戶外的無線區域網路連線拓樸主要有下列三種：

1.　**點對點拓樸**

2.　**星型拓樸**

3.　**網狀拓樸**

　　我們分別介紹如下：

◯一　點對點拓樸（peer-to-peer topology）

　　在戶外的無線區域網路中，點對點拓樸大多都是用在大樓對大樓的連線，如下圖：

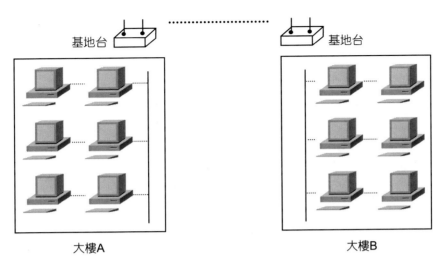

▲ 圖 9-16

　　大樓 A 和大樓 B 之間，有可能是一條馬路，一個大水溝，或則是隔了好幾條的馬路，我們只要將兩棟大樓裝上無線區域網路的基地台（AP 或天線），再各自連到大樓內的有線網路就可以了，若是大樓建築物是在山區，則建議使用定向天線，將發射的能量集中，如此，訊號的傳送和接收情況會較好。

二 星型拓樸（star topology）

　　在戶外的無線區域網路中，星型拓樸提供單點對多點的連結，常常形成一個放射狀的網路型態，例如：一棟管理大樓對幾個廠區大樓的連線，如下圖：

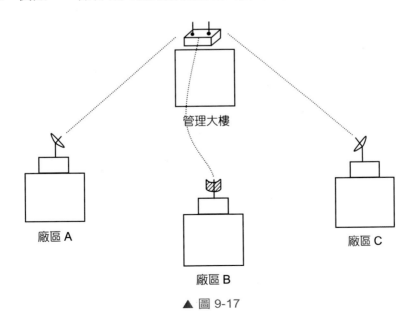

▲ 圖 9-17

　　各個廠區都需要跟管理大樓作連線，以取得廠區作業管理的重要資料，目前在科學園區或許多教育的縣網中心，都是採用這種架構。

三　網狀拓樸（Mesh topology）

　　在戶外的無線區域網路中，網狀拓樸提供多點的連結，如下圖：

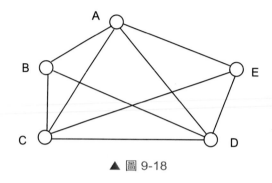

▲ 圖 9-18

　　每個節點都可以連向其他節點，所以網狀拓樸的特點是沒有一中心點，容錯能力高（沒有中心點故障的問題），任意連結的兩個網路節點都可以互相連通，適用於小型的園區，或校園內的漫遊，如下圖：

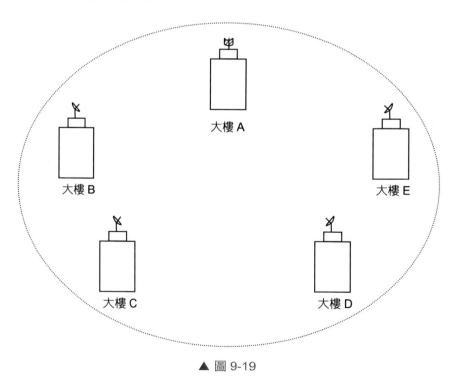

▲ 圖 9-19

在網狀拓樸中，由於是多方向地傳送和接收訊號，所以各大樓上的天線，大多都會選擇全方位的天線，以提供多棟大樓的連線，各大樓使用 RJ45 的網路線，再連接至內部的有線網路。

在戶外的無線區域網路在規劃時，更需要作 Site survey（位置測量），以確保無線網路可以連通，由於在戶外，環境的干擾因素更大，例如：大自然的天候、晴天、濃霧和大雨，都是需要考量的因素。人為的因素，例如新大樓的建設、新的無線電波的增加（蓋台）…等等，都是戶外無線區域網路在規劃和建置時，需要注意的地方。

9-6 典型的無線區域網路設定

我們以 Cisco 的無線區域網路產品為例，接線方式如下：

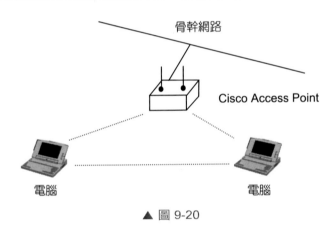

▲ 圖 9-20

在基本的 IP 設定完成後，我們可以使用瀏覽器（IE 或 Netscape）來進行設定無線區域網路的設備，典型的設定如下：

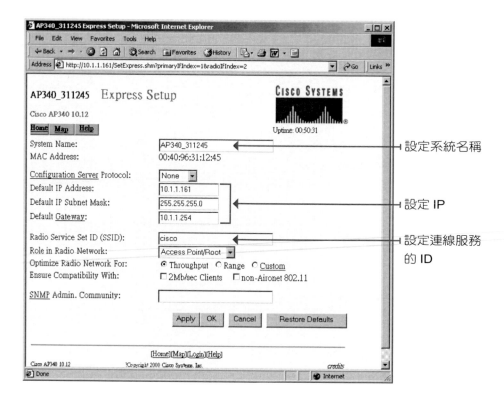

▲ 圖 9-21

我們再將電腦的 IP 位址設定好後，就可以使用無線的方式連上 Internet 了。

Q & A 測試

1. 無線電波開放了哪三個頻道是不需要經過申請就可以使用的頻帶？

2. IEEE 802.11 有哪幾種延伸規格？

3. 試列舉三種無線區域網路技術。

4. 試列舉三種戶外的無線區域網路拓樸。

5. Which of the following set of standards carries out wireless communication in the GHz frequency bands, and is currently the most popular technology used for wireless local（WLAN）？（台大資管所 98 年計算機概論）

   (A) IEEE 802.11

   (B) IEEE 1394

   (C) WiMAX

   (D) Bluetooth

   (E) IEEE 802.16

6. （Multiple chioce）Wich of the following about wireless networks is true？（成大資管所 100 年計算機概論）

   (A) Compared with the firewall，they are more secure

   (B) MANs can be one example

   (C) set up by using radio waves

   (D) their transmission medias must be wireless

   (E) used differently from the 802.11 standard

◎ 參考解答 ◎

1. 900MHz、2.4GHz 和 5GHz

2. IEEE 802.11a、IEEE 802.11b、IEEE 802.11g

3. (1) 直接序列展頻 (2) 跳頻展頻 (3) 紅外線

4. (1) 對點拓樸 (2) 星型拓樸 (3) 網狀拓樸

5. (A)

   🌐 IEEE 1394：有線傳輸匯流排介面

   🌐 WiMAX：運行於 MHz 頻帶，並未被廣泛採用

   🌐 802.16：WiMAX 等

   🌐 Bluetooth：運行於 2.4GHz，但非無線區域網路使用

6. (C)、(D)

CHAPTER

10

廣域與骨幹網路概論

10-1　何謂廣域網路？

　　廣域網路（Wide Area Network；WAN），主要是用來連接分隔兩地的區域網路，例如，台北總公司的區域網路想要和高雄以及台中分公司的區域網路取得通信，則必須藉由廣域網路才能達成，如圖 10-1。

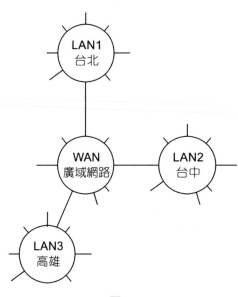

▲ 圖 10-1

　　廣域網路的連接方式，主要是透過公共網路來達成。公共網路的類型，包括：傳統的電話網路、租用專線、分封交換數位網路……等。

10-2　公共交換電話網路

　　公共交換電話網路（Public Switched Telephone Network；PSTN），是我們一般日常生活中最常見，也是最容易使用的廣域網路連接方式。其特點如下：

🌐 **非固定線路**

　　電話網路，其使用的連接線路並非固定，換言之，當我們打電話給某人時，是經由電信局的交換機建立一條暫時性的通道，供雙方連接，一旦停止通話，即釋放此條線路供其他人使用。

類比式線路

目前大部份國家的公共電話網路仍是屬於類比式，並不適合用於數位資料通訊，因此，必須使用數據機（modem），以撥接方式，連到電話網路，如圖 10-2。

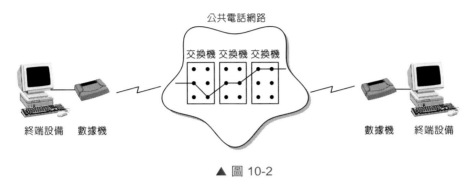

公共電話網路

交換機 交換機 交換機

終端設備　數據機　　　　　　　　　　　　　數據機　終端設備

▲ 圖 10-2

使用公共電話網路，由於連接線路並不固定，有些線路可能品質不良或易受雜訊干擾，因此，其整體傳輸的品質及速度並不高，但由於電話網路普及，使得其連接成本較低，所以對一般個人使用、傳輸資料量不多的使用者而言，雖不是很滿意但尚可接受。

10-3　租用專線

正由於一般公共電話網路，傳輸品質、速度皆不高，對於一些長期須傳輸大量資料的使用者而言，時間就是金錢，因此，電信局便提供了另一項服務——租用專線（Leased Line）。

透過專用的線路來進行傳送資料，對於傳輸品質與速度而言，皆有一定的水準。

專線的租用又可分成二種，一種是類比式，另一種是數位式。類比式所提供的傳輸速度有 2.4 Kbps 至 19.2 Kbps，而數位式目前較常見的有 64 Kbps、T1（1.544 Mbps）、E1（2.048 Mbps）。

專線的申請方式是向各地的電信局提出申請，類比式專線所需的數據機可自備或向電信局租用，而數位式專線所需的 DSU/CSU 設備，則須由電信局提供。

類比式專線和一般公共電話網路的連接方式類似，不同的是，類比式專線其線路是固定的。如圖 10-3。

▲ 圖 10-3

數位式專線則不需使用數據機,但必須使用 DSU/CSU 的連接設備,連接方式如圖 10-4。

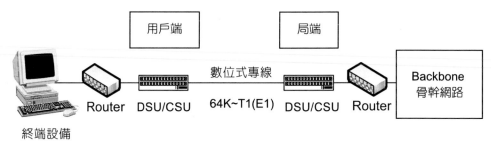

▲ 圖 10-4

其中 DSU（Data Service Unit）／ CSU（Channel Service Unit）的主要功能在於提供一個標準介面,以傳送與接收用戶的資料。

另外用戶需自備路由器（Router）,將路由器設定好後,即利用專線上網。

10-4 分封交換數位網路

所謂分封交換數位網路,主要是利用分封交換技術（Packet Switching）將資料以封包型式在數位網路上傳送。

10-4-1 X.25 網路

早期的分封交換數位網路多採 X.25 的通訊協定,簡稱為 X.25 網路。X.25 通信協定,是在 1970 年代由 CCITT 所發展出來的通信標準,目的在於定義出終端設備如何和分封交換網路連接的標準。X.25 網路的連接方式如圖 10-5。

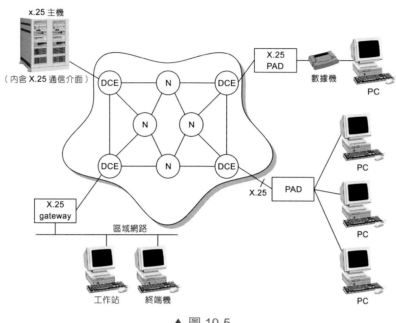

▲ 圖 10-5

　　圖中的 DCE（Data Circuit Equipment）設備，如 PAD（Packet Access Device）封包重組分割設備，其將資料分割成固定長度封包傳送至分封交換網路以及自分封交換網路接收封包再經重組處理後，將原始的封包資料傳送給 DTE。

　　DTE（Data Terminal Equipment），如：大型電腦、PC、終端機、區域網路等。

　　X.25 網路的連接方式可分為以下三種：

1.　利用撥接方式，經由數據機連 PAD，再由 PAD 連上 X.25 網路。

2.　電腦本身具有 X.25 介面，可直接連上 X.25 網路。

3.　區域網路可經由 X.25 閘道器來連上 X.25 網路。

　　X.25 的發展早於 OSI，其通信協定分為三層，相當於 OSI 的最低三層，圖 10-6 為其對照圖。

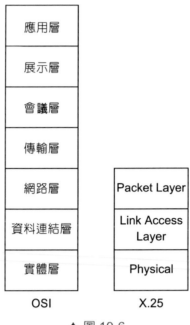

▲ 圖 10-6

○ **Physical layer**：可稱為 X.21 介面，其用來定義 DTE 與 X.25 網路之間的實體介面特性。

○ **Link Access Layer**：採用 LAP-B（Link Access Procedure-Balanced）協定，提供節點之間的錯誤及流量控制，其定義的資料封包格式，如圖 10-7。

Flag	Address	Control	Data	FCS	Flag
1byte	1byte	1byte	nbyte	2byte	1byte
01111110					01111110

▲ 圖 10-7

Packet Layer：負責處理分封交換網路上位址的連接，提供虛擬電路（Virtual Circuit）的建立與控制。

10-4-2　Frame Relay 網路

由於 X.25 在傳輸時是採用三層通信協定的處理方式，其封包路徑上的每一個節點，必須接收到完整的封包資料後，經錯誤檢查無誤後才送出，這主要基於考量到早期線路品質不高，因此須有複雜的錯誤檢查程式，但近年來，隨著傳輸線路的品質逐漸提高，傳輸的錯誤率降低，因此，便發展出另一種方式——Frame Relay。

Frame Relay 在傳送資料時，只檢查一下封包的標頭（Header）中的目的位址，就立即傳送出此封包，甚至於在封包還未接收完整之前即傳送出去。這樣的方式，可大大的提高傳輸速度。

Frame Relay 只處理 OSI 的最低二層，省去了 X.25 的 Packet Layer 的功能，其通信協定和 OSI 對照圖，如圖 10-8。

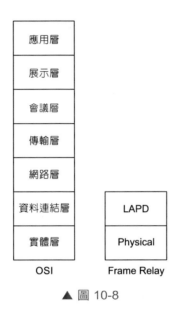

▲ 圖 10-8

Frame Relay 的封包格式，如圖 10-9。

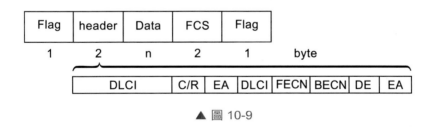

▲ 圖 10-9

Frame Relay 和 X.25 封包格式最大的不同在於，Frame Relay 的 header 取代了 X.25 中的位址欄及控制欄；其中 DLCI 為資料連結層的識別碼，EA 為擴充位元，C/R 為保留未用的位元，FECN、BECN 是用來管理壅塞狀況，DE 負責頻寬及壅塞狀況的管理。

10-5　FDDI

10-5-1　FDDI 發展歷史

光纖分散資料介面（Fiber Distributed Data Interface；FDDI），是由美國國家標準局（American National Standard Institute；ANSI）X.3T9.5 委員會於 1982 年所制訂的網路標準。隨著高速網路的日益需求，FDDI 技術提供了網路連接的另一種選擇。

10-5-2　FDDI 的特性

一　傳輸媒體

FDDI 的傳輸介質是採用光纖。光纖其材質為玻璃纖維，為極細小（50 至 100 微米）和易扭曲的傳輸媒體，而且有較高的折射率，可用來導引光波訊號，它的外面再包上折射率較低的粗糙層物質，可隔離鄰近光纖的串音。

傳送方式，在發送端，經轉換系統，將電訊信號轉成光訊號，經光纖送至接收端，再經轉換系統，將光訊號轉成電訊信號。

光纖和一般電線傳輸的最大不同處有三：

- 光纖截面面積小。
- 光纖材料為玻璃，具不導電特性。
- 光纖使用光線來傳輸訊號，電線用電來傳送訊號。

另外，光纖的型式又可分成單模式（Single-Mode）與多模式（Multi-Mode）二種，其特性比較如表 10-1。

◎ 表 10-1

	單模式	多模式
單段配線距離	較長（約20公里）	較短（約2公里）
發送器型式	注入雷射二極體（ILD）	發光二極體（LED）
頻寬比較	約為多模式的十倍	較單模式窄
價格	昂貴	較便宜

使用光纖的優點：

- **頻帶寬**：光纖可以高於 2Gbps 的速率傳輸。
- **不受電磁干擾**：光纖以光為介質作為資料傳輸，因此不會受到外界電磁波干擾。
- **不受雜訊與串音影響**：利用其粗糙層物質的特性，可使光纖不受雜訊與串音的干擾。
- **保密性較高**：由於光纖本身不釋放出能量，因此外界不易竊取其資料。

二　媒體存取方式

　　FDDI 其媒體存取方式和 IEEE802.5 符號環（Token Ring）的方式，可避免像乙太網路有碰撞問題的發生，故能提高傳輸速率。和符號環不同之處在於，FDDI 是採用分散式的管理方式，另外，FDDI 為雙環反向結構，而符號環為單環結構，FDDI 的資料輸速度可高達 100Mbps，而符號環的速度則為 4Mbps 或 16Mbps。

　　單環和雙環有何不同呢？其主要區別在於穩定性。一旦網路中有斷線或某節點故障時，單環結構，即無法動作，但雙環結構，可經由 SMT（Station Management）偵測出錯誤點所在，然後執行自動重整（Reconfiguration）網路動作，使網路能繼續正常運作。如圖 10-10。

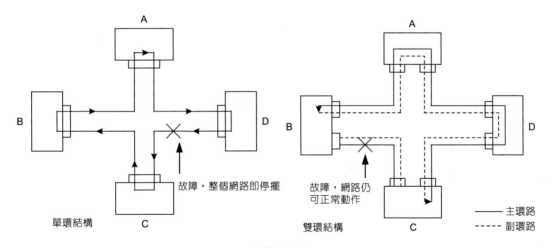

▲ 圖 10-10

10-5-3　FDDI 節點架構

FDDI 的節點架構包括下列 4 個部份：

◎ **從屬實體媒體（Physical Medium Dependent；PMD）**

包含了實體連結設備的規格，如：傳送器、接收器…等，以及光纖的規格。

◎ **實體通訊協定（Physical Protocol；PHY）**

負責編碼、解碼以及同步的控制。

◎ **介質存取控制（Media Access Control；MAC）**

FDDI 的介質存取控制方式為 TTR（Timed Token Rotation），以此方式來傳輸資料。

◎ **工作站管理（Station Management；SMT）**

SMT 主要負責整個網路的管理，當網路發生故障時，SMT 會偵測錯誤之所在，然後進行網路重整（Reconfiguration）的動作。

其中，PMD、PHY 和 OSI 參考模式的實體層相對應，而 MAC 是對應到部份的資料連結層，另外，SMT 則是包含 OSI 的實體層以及部份的資料連結層，換句話說，SMT 涵蓋了 PMD、PHY 和 MAC。如圖 10-11。

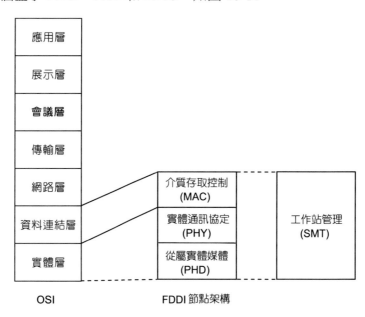

▲ 圖 10-11

10-5-4　FDDI 的節點類型

FDDI 的節點類型可分成下列 4 種：

DAS（Dual Attachment Station）

具有二組連接器，可同時連接至 FDDI 網路上。

SAS（Single Attachment Station）

只有一組連接器，無法直接連結 FDDI 網路，必須經由集中器（Concentratior）才可和 FDDI 網路連結。

SAC（Single Access Concentrator）

可提供 SAS 連結，但也無法直接連結 FDDI 網路，必須經由 DAC 的輔助。

DAC（Dual Attachment Concentrator）

可提供多部 DAS、SAS 或 SAC 和 FDDI 網路連結。

各節點其連結圖如圖 10-12。

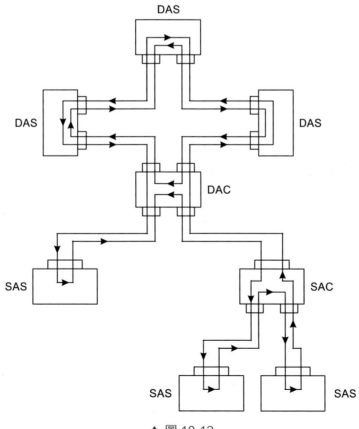

▲ 圖 10-12

10-5-5 重整（Reconfiguration）的工作模式

前面曾提到，當網路發生故障時，SMT 會偵測錯誤之所在，然後進行網路重整（Reconfiguration）的動作，在此以 DAS 所包含的 5 個重整模式來說明。如圖 10-13。

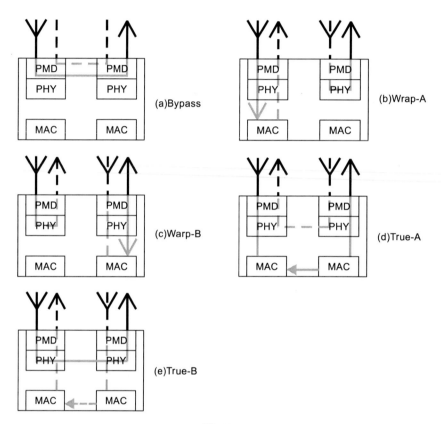

▲ 圖 10-13

Bypass

當要將節點自網路上移除時，可透過 Bypass 模式，利用光旁路開關的動作來達成。如圖 10-13（a）。

Wrap-A

當 FDDI 網路中有節點故障或線路中斷時，可採取 Wrap-A 模式，其資料由主環路輸入，副環路輸出。目的在避開故障的節點。如圖 10-13（b）。

Wrap-B

Wrap-B 和 Wrap-A 的目的相同，均是要避開故障的節點。不同的是，其資料由副環路輸入，由主環路輸出。如圖 10-13（c）。

🌐 **True-A**

資料由主環路輸入，主環路輸出。如圖 10-13（d）。

🌐 **True-B**

資料由副環路輸入，副環路輸出。如圖 10-13（e）。

其中，一般在正常網路運作時，是使用模式 4 或 5，而 1 ～ 3 種模式，為節點故障時所採取的方式。

10-5-6　FDDI 的缺點

價格昂貴，是 FDDI 最大的缺點。雖然 FDDI 無論是在傳輸速度或是品質上，都較傳統的方式好，但其所須的相關設備、介面、施工成本等等，都是很大的花費。未來，若能在降低其架設成本上得到成效，相信對高速網路而言，會有很大的助益。

10-5-7　CDDI（Copper Distributed Data Interface）

正由於 FDDI 的成本太高，因此，便有改變傳輸介質，以降低成本的想法，也就是 CDDI 出現的原因。

CDDI，事實上和 FDDI 的概念類似，主要的不同在於二者所使用的傳輸介質不同，CDDI 是使用銅線（Copper wire），而不是使用光纖。CDDI 使用銅線，可以大幅降低成本，而仍能保有其 100Mbps 的高速資料傳輸率，但是，凡事有利必有弊，同樣的，CDDI 也會喪失了一些 FDDI 原本所擁有的優點，例如，就傳輸距離而言，其必考慮到訊號衰減和干擾的問題，二節點之間距離，FDDI 可至 2 公里，而 CDDI 只能到 100 公尺，另外由於使用電的訊號，CDDI 會有電磁干擾（EMI）的問題，這些技術上的問題，仍有待克服。

10-6　ATM

10-6-1　ATM 的發展

在高速網路的解決方案中，具備能同時整合數據以及語音、影像、視訊等多媒體傳輸的新一代網路技術「非同步傳輸模式（Asynchronous Transfer Mode；ATM）」，其行情與日俱增。

談起 ATM，在 1989 年 CCITT 制定了 ATM 的基本傳輸單位為細胞（Cell），其採用固定長度的封包傳輸，此種技術有很高的靈活性，而且容易整合多種服務，因此，在 1991 年，便由一些廠商成立了 ATM Forum（ATM 論壇），此一非官方性質的國際性民間組織，發展至今，已有超過 900 個會員，其中包含了政府單位、學術研究機構、相關產業廠商……等，涵蓋的層面很廣。這個組織的最主要目的，在於制定 ATM 相關的協定與標準，以及推廣 ATM 產品及各種應用服務。ATM Forum 也時常針對各項主題召開會議，以討論出相容性最高的技術與規範。ATM Forum 的網址為 http：//www. atmforum.com，其中有最新的 ATM 相關資訊。

10-6-2　ATM 的特性

ATM 的基本特性有下列幾項：

 固定長度細胞（Fixed-length cells）

ATM 是採用固定長度的封包，做為傳輸的基本單位，稱為細胞（Cell），其有別於一般傳統所使用不同封包長度的交換方式，如：分封交換（Packet Switching）等。

在傳統的網路中，傳輸資料時使用不同長度的封包，會造成不同的傳輸延遲，因此，無法同時傳送一些即時的資料，如數據、語音、影像等。

而 ATM 則是使用了固定長度的封包，其定義為細胞（Cell），細胞的格式，如圖 10-14。

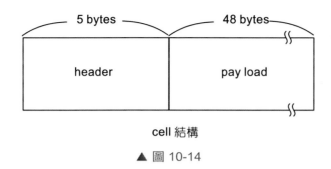

cell 結構

▲ 圖 10-14

每個 cell，是由 5 個 bytes 的 header（標頭）再加上 48 個 bytes 的 Pay load（酬載），共 53 個 bytes 所組成。

固定長度的封包，可使網路上交換機保持固定的傳輸延遲，有助於管理與控制網路的傳輸速度，使得交換機能更快速、更有效率地處理資料，進而提升網路整體的傳輸速度。

二 並列導向（Parallel Orientation）

傳統的網路是採取串列導向的傳輸方式，如 Ethernet，其傳輸速率為 10Mbps，在每次傳輸時，僅有一個封包資料在線路上傳遞，因此，當大量節點加入時，若同時傳送資料時，會造成網路整體速度下降。

而 ATM 則是採用並列傳輸的方式，換句話說，其即使增加了更多的節點，那怕是同時傳送資料，也不會影響到網路整體的速度，舉例來說，假設有 10 部電腦，使用 Ethernet 網路，如果 10 部電腦同時傳資料，由於串列導向的結果，可能會使得實際的資料傳輸速度，由原來的 10Mbps 降為 1Mbps，反觀，若採用 ATM，則整體網路速度，並不會隨著大量節點同時傳輸而受影響，因此，可保持良好的通訊速度。

三 虛擬通道連接（Virtual Channel Connection）

ATM 的傳輸是採取連接導向（Connection Oriented）的方式，換言之，節點和節點之間的連接，首先必須建立一個通道。如圖 10-15。

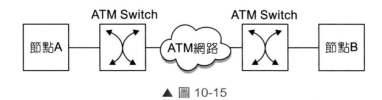

▲ 圖 10-15

此通道包含了虛擬通道（Virtual Channel；VC）及虛擬路徑（Virtual Path；VP）。VP 可看成是 VC 的集合體，其關係如圖 10-16。

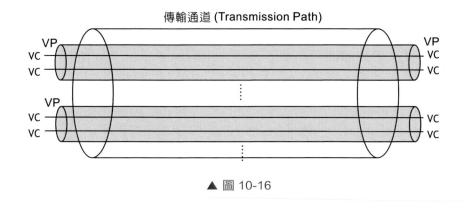

▲ 圖 10-16

一個 VP 中可以包含許多 VC，在細胞中，header 有記錄 VP 與 VC 的資訊，像 VPI 有 8 個位元，其用來識別 PI 的位址，而 VCI，則是用來識別 VC 的位址。如圖 10-17。

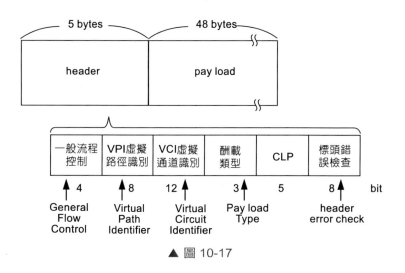

▲ 圖 10-17

虛擬通道又可分成二類，一種是 ATM 網路針對某些重要工作站及應用軟體，事先建立好的通道，稱為永久式虛擬通道（Permanent Virtual Circuit）；另一種是臨時建立的通道，稱為交換式虛擬通道（Switch Virtual Circuit），其可由各設備發出細胞設定（cell setup）的要求訊號給 ATM 網路交換設備，然後 ATM 再依其要求的設備位址，建立一個虛擬通道。

10-6-3　ATM 的通信協定結構

針對 ATM 標準所提供的各種功能，可分成 3 個層次來說明，分別是：實體層（Physical Layer）、ATM 層（ATM Layer）、ATM 調整層（ATM Adaptation Layer）。如圖 10-18。

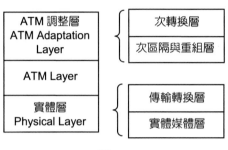

▲ 圖 10-18

⬡ 一　實體層（Physical Layer）

實體層的主要功能，在於規定不同傳輸介質媒體的電氣、機械以及其傳輸速率……等。

其又可分為 2 個子層次，分別是實體媒體層（Physical medium Layer）以及傳輸轉換層（Transmission conversion Layer）。

🌐 **實體媒體層**：主要使資料在傳輸媒體中能正確的傳送與接收 。

🌐 **傳輸轉換層**：是負責將 ATM 的細胞轉換成傳輸用的媒體，其傳輸的媒體可分成以下幾種：

E3：34.37Mbps

DS3：44.74Mbps

Multimode fiber：100Mbps

Blockcoded：155Mbps

SDH：155Mbps

二　ATM 層（ATM Layer）

ATM 層是實體層的上層，此層主要是進行建立和擴充 header 資訊，如 VPI 和 VCI，以便建立 ATM 系統中的位址，即路徑的建立。在 ATM 層中，包含了兩種資訊：

◎ **使用者至網路介面（User-to-Network Interface；UNI）**：包含了從某一用戶節點至 ATM 交換機間的溝通資訊。

◎ **網路至網路介面（Network-to-Network Interface；NNI）**：包含了 ATM 交換機和 ATM 交換機之間的溝通資訊。

而通道連接的方式，可有下列數種方式：

1. **單點對單點**

2. **單點對多點**

3. **多點對多點**

ATM 層的另一個功能，是具有網路管理的功能，若網路上發生連接故障或錯誤時，可針對資料細胞，執行「操作（Operation）」、「管理（Administration）」、「維護（Maintenance）」等功能，以使網路能繼續運作下去。

三　ATM 調整層（ATM Adaptation Layer）

ATM 調整層一般可簡稱 AAL。AAL 層位於 ATM 層之上，此層主要負責將資料切割成固定長度的資料，成為細胞中的 Pay load，經 ATM 層，再加入細胞的 header，然後由 ATM 層傳送出去。

AAL 層中又可分成 2 個子層：

1. **次轉換層（Convergence Sublayer；CS）**

2. **次區隔與重組層（Segmentation and Reassembly Sublayer；SRS）**

其中 CS 主要提供 AAL 層與更高階的應用層之間的介面特性。而 SRS 則是將資訊切割成固定長度的 Pay load。

另外，ALL 層針對不同性質的服務，也定義了不同的傳輸速率以及是否採固定傳輸速率等特性。

其可分為 A、B、C、D 四級，如表 10-2。

◎ 表 10-2

CLASS A	是採用固定的傳輸速率、需要預接通道、而來源與目的地節點之時序須同步。其在傳輸資料之前，先建立DTE與DCE之間的通道，再以固定的速率進行資料傳輸。其和典型電路交換方式類似，可以以撥接電話方式建立通道後，再以64Kbps的速率進行傳輸，故也可稱為電路模擬（Circuit Emulation）方式。
CLASS B	除了CLASS A是採固定速率傳送資料外，CLASS B、C、D皆是採用可變速率。使用可變速率，例如在使用影像電話等視訊服務，其只傳送前後畫面變動的部份，資料量不大，因此，可用不同的速率，以提高網路效率。
CLASS C、D	CLASS C、D，都是採取可變速率、來源與目的地節點之時序須同步的方式，不同的是，CLASS D不用預接通道。

10-6-4 ATM 的服務品質（Quality of Service；QOS）

在 ATM 中，針對不同的傳輸方式，可有不同的傳輸速率，可分為下列幾種速率：

◎ **可變位元速率（Variable Bit Rate；VBR）**

VBR 採取可變速的傳輸方式，其又分成兩種——即時 VBR RT（Real Time）及非即時 VBR NRT（Not Real Time）。

◎ **固定位元速率（Constant Bit Rate；CBR）**

CBR 和 VBR 不同，其資料傳輸是採取固定的速率。

◎ **未指定位元速率（Unspecified Bit Rate；UBR）**

UBR 是指 ATM 網路以目前最快的速度來傳輸資料，因此，其資料的正確性較無法保障，換句話說，當網路擁擠不堪時，以 UBR 傳輸的資料，會先被丟棄，所以，通常以 UBR 來傳輸較不重要的資料。

◎ **有效位元速率（Available Bit Rate；ABR）**

ABR 具有網路智慧管理的功能，針對目前網路的狀況，自動調節傳輸速率。

對於以上的各種速率，有些相關的參數用以說明其狀況，如下列所示：

◎ **PCR（Peak Cell Rate）**

為線路中能傳送的最高速率。

🌐 **CDV（Cell Delay Variation）**

為每個 Cell 因不同的時間延遲所造成的差異性。

🌐 **CTD（Cell Transfer Delay）**

表示 Cell 在 ATM 網路上，從傳送端到接收端之間的延遲時間。

🌐 **CLD（Cell Loss Delay）**

表示 Cell 在 ATM 網路上傳送時，被丟棄的比例，當 ATM 交換機發生阻塞或錯誤時，就會有 Cell 漏失的現象產生。

🌐 **CMR（Cell Miss-insert ration）**

當發生 header 的錯誤時，Cell 會改以不同的虛擬通道來傳送。

🌐 **SCR（Sustainable Cell Rate）**

SCR 是表示在單位時間內，虛擬通道傳輸資料量的平均值。

10-7　超高速乙太網路（Gigabit Ethernet）

10-7-1　Gigabit 乙太網路簡介

　　由於大量的影像、聲音…等多媒體資訊流量的增加持續不斷，對網路傳輸速度提昇的要求也同樣的增加，人們對於 1995 年出現的高速乙太網路 100Mbps 已不太能滿足，因此又開發了比高速乙太網路快 10 倍的 Gigabit 乙太網路又稱為超高速乙太網路，速度達 1000Mbps 也就是 1Giga bps，嗯！或許，不久又會出現速度比 Gigabit 乙太網路快 10 倍的"極高速乙太網路"也說不定。

　　如同之前高速乙太網路產生的重要觀念——要和既有的乙太網路接軌，同樣的，Gigabit 乙太網路也是以既能提昇傳輸速度又能和 Fast Ethernet 和 Ethernet 相整合的概念做為其制定規格的主軸。

　　當然，要達到 1000Mbps 的傳輸速度，超高速乙太網路其所使用的纜線當然會和之前的乙太網路有所不同，另外其 MAC（Medium Access Control：媒體存取控制）層也是一個比較不同之處。

事實上，一開始 Gigabit 乙太網路的實體層技術主要是來自 Fiber channel（光纖通道），並以此為基礎為 1000BASE-X 制定了 IEEE 802.3z 的規格，而 1999 年後才針對 Category 5 雙絞線制定了 IEEE 802.3ab 的規格。因此，我們可以說超高速乙太網路的規格是由 IEEE802.3z 和 IEEE802.3ab 組合而成。

10-7-2　Gigabit 乙太網路的分類

Gigabit 乙太網路主要分成二大類，一類是 1000BASE-X，另一類則是 1000BASE-T。1000BASE-X 是由 IEEE802.3z 制定，而 1000BASE-T 則是由 IEEE802.3ab 所制定。

在 1000BASE-X 類中又包含了三種規格，分別是 1000BASE-SX、1000BASE-LX 及 1000BASE-CX。

以下為其規格的彙總表。

◎ 表 10-3

名稱		參考規格
1000BASE-X	1000BASE-SX 1000BASE-LX 1000BASE-CX	IEEE802.3z
1000BASE-T		IEEE802.3ab

在介紹 1000BASE-X 的內容之前，我們先了解和 1000BASE-X 密切相關的——光纖和其雷射光源。

1000BASE-X 可支援光纖（多模和單模）以及遮蔽式雙絞線的傳輸媒體，若是使用光纖則分別使用一芯做為傳送和接收，若是使用遮蔽式雙絞線則是用 1 對線，同樣 1 條傳送，1 條接收。

基本上，光纖可分為以下兩類：

🌐 多模式光纖

多模式光纖其芯 core 直徑比較寬、散射大、允許數條傳輸路徑、傳輸效率較低、適合近距離傳輸。

1000BASE-X 支援 core 為 50μm 及 62.5μm 之多模式光纖。

單模式光纖

單模式光纖其芯 core 直徑較窄、散射小、使用單一傳輸路徑、傳輸效率較佳、適合長距離傳輸。

1000BASE-X 支援 core 為 10μm 的單模式光纖。

光纖的光源──雷射光源

1000BASE-X 所使用的雷射光源包含了以下兩類：

短波長雷射

波長為 770～860nm（奈米），頻譜寬為 4nm。

長波長雷射

波長為 1270～1355nm（奈米），頻譜寬為 0.85nm。

而其中長波長雷射能提供較長的傳輸距離。

1. 1000BASE-SX

1000BASE-SX 使用 850nm 的短波長雷射，1 對多模式光纖，若 core 為 62.5μm 最大傳送距離可達 260m；若 core 為 50μm 則最大傳輸距離 550m。

2. 1000BASE-LX

1000BASE-LX 使用 1350nm 的長波長雷射，1 對光纖，可以用單模式也可以用多模式。

使用 core 為 10μm 的單模式光纖，最大傳輸距離可達 5000m；使用 core 為 62.5μm 的多模式光纖，最大傳送距離可達 440m；若 core 為 50μm 的多模式光纖，則最大傳輸距離 550m。

3. 1000BASE-CX

1000BASE-CX 其中的 C 表示 Copper（銅）。

1000BASE-CX 不是使用光纖做為傳輸的媒體，而是用 150Ω 的遮蔽式短銅纜線，因此其纜線的成本明顯較使用光纖的 1000BASE-SX 及 1000BASE-LX 便宜，不過，缺點是其最大傳輸距離只有 25m，加上由於支援 1000BASE-CX 的設備在市面上的產品並不多，因此，成本較高，就短矩離連接而言，其實使用性不大。

由以上我們可以了解到，不同的光纖型式和雷射光源的組合，會產生不同的最大使用距離，其整理如下表：

◎ 表 **10-4 1000BASE-X** 傳輸媒體特性

名稱	傳輸媒體	最大傳輸距離	雷射光源
1000BASE-SX	多模式光纖	260m（core: 62.5μm）、 550m（core: 50μm）	850nm 短波長
1000BASE-LX	多模式光纖	440m（core: 62.5μm）、 550m（core: 50μm）	1350nm 長波長
	單模式光纖	5000m（core: 10μm）	
1000BASE-CX	15Ω 遮蔽式短銅纜線	25m	

4. **1000BASE-T**

1000BASE-T 的傳輸媒體為 4 對 Category-5 的 UTP，其最大傳輸距離為 100m。

事實上，由於 1000BASE-CX 的傳輸距離只有 25m，再加上一般使用 UTP 的便利性，因此許多室內佈線多採用 1000BASE-T，而不再用 1000BASE-CX 了。

10-7-3　Gigabit 乙太網路的 OSI 模型

Gigabit 乙太網路的標準（IEEE802.3z 及 IEEE802.3ab）是由 IEEE802.3 發展出來的，因此，基本上可將它視為是 IEEE802.3 的昇級版。

Fast Ethernet 和 Gigabit Ethernet 的 OSI 模型圖請參閱下一頁。

在 Fast Ethernet 和 Gigabit Ethernet 的 OSI 模型圖中，我們可以看出 Fast Ethernet 和 Gigabit Ethernet 有以下幾個部份不同：

◎ **Fast Ethernet 的 MII 與 Gigabit 的 GMII**

Fast Ethernet 使用 MII（Medium Independent Interface：媒體獨立介面），而 Gigabit Ethernet 使用 GMII。

◎ **PCS（實體編碼子層）的編碼方式不同**

100BASE-X 使用的編碼方式是 4B/5B，而 1000BASE-X 則使用 8B/10B。

Gigabit 在 MDI 和 PMD 上提供更多選擇

在 Gigabit 的傳輸媒體上，可以提供多模式光纖、單模式光纖、遮蔽式短銅纜線、Category-5 UTP…等較多的媒體選擇。

> 註　PLS：Physical Layer Signaling 實體層訊號子層
> MII：Media Independent Interface 媒體獨立介面
> PCS：Physical Coding Sublayer 實體編碼子層
> PMA：Physical Medium Attachment 實體媒體介接子層
> PMD：Physical Medium Dependent 實體媒體相依子層
> MDI：Media Dependent Interface 媒體相依介面

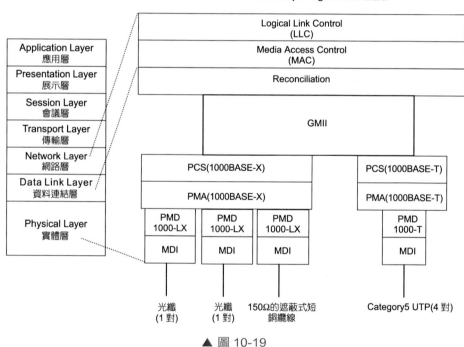

▲ 圖 10-19

以下我們再對幾個部份來做進一步的介紹。

MAC

在 Gigabit 乙太網路的 MAC 層中，除了可以使用保留過去 Ethernet 的 CSMA/CD 半雙工模式傳輸以便和過去的乙太網路接軌，另外一方面，也可以使用全雙工模式以便享受較高效率的資料傳輸。

在 Gigabit 乙太網路的 MAC 層，為了保留 CSMA/CD 半雙工模式傳輸，延伸出二種主要技術：

載波延伸（Carrier Extension）及封包連發（Packet burst），在稍後的章節我們會詳細介紹。

Reconciliation

Reconciliation 調節層，主要的功能是做為將 PLS（實體層）和 GMII 之間的橋樑，透過 Reconciliation，在接收資料時，PLS 所提供的一些資料訊號 Reconciliation 會將對應成 GMII 的訊號，然後再傳至 MAC 層，若是傳送資料時，則反向操作。

GMII

在 Fast Ethernet 中，藉由 MII 這個和傳輸媒體無關的介面，可以解決 100BASE T 中不同纜線的連接，其包含資料訊號線的定義和電氣特性等，同樣的，在 Gigabit Ethernet 的 GMII，功能也是如此，我們可以視為是 Fast Ethernet MII 的擴充，其最主要的差異包含了：資料訊號編碼寬度不同及時脈速度的不同。

MII 使用的資料訊號編碼寬度為 4 位元寬，而 GMII 為 8 位元寬。MII 的時脈速度為 25MHz，而 GMII 的時脈速度為 125MHz。

PCS

PCS（實體編碼子層）主要的功能有編／解碼、載波感應和碰撞偵測、時脈同步…等。

傳送資料時，PCS 將自 MAC 層收到的封包資料經由適當的編碼後，再將其送至 PMA 子層。接收資料時，則反向以解碼方式操作。

在 1000BASE-X 使用光纖通道使用的編碼方式：8B/10B 編碼，將 8 位元的資料轉換成 10 個位元的編碼組，這種編碼方式有以下幾個特點：

(1) 將 8 位元資料編成 10 位元的編碼組，因此會多出非用於資料的編碼空間，可以做為控制訊號，因此，就不需要單獨傳送額外的控制訊號。

(2) 提供接收端時脈回復所需的傳輸密度（每 10 位元的編碼組，會有 3~8 次的轉換）。

(3) 提供位元錯誤的檢測能力。

(4) 直流成份小：傳輸過程中若編碼的直流成份過大，易造成 "基線偏離" 的現象使得訊號失真，8B/10B 編碼其最大執行長度為 5，而最大 RDS 為 3。

最大執行長度和最大RDS（執行數位總和）為無直流編碼效能評估的參數值，最大執行長度有限，且最大RDS越低，表示無直流成份的特性越佳。

最大執行長度表示，在連續的編碼位元中，同樣的位元值出現的最大數量。

最大RDS表示，將編碼位元1當做數值1，位元0當做數值0，其編碼位元組的最大總合值。

在 1000BASE-T 中的編碼方式是使用 PAM-5（5 Level 脈衝變頻：+2、+1、0、-1、-2）。4 對線分別進行 250Mbps 的傳輸，因此，總合可以達到 1000Mbps 的傳輸速度。

◎ PMA

PMA 主要的功能在於將來自 PCS 編碼的並列資料，轉換成適當的串列信號以供媒體傳輸。

在 Gigabit 乙太網路中所使用的並列資料與串列資料轉換的編碼是 NRZ（Non-Return to Zero）

◎ PMD

PMD 的主要功能是做為 NRZ 串列編碼與光的 ON/OFF 訊號或電壓變化訊號之間的轉換。

傳送資料時，PMD 會將 PMA 傳來的 NRZ 化串列編碼訊號轉換成光的 ON/OFF 訊號或電壓變化訊號，最後再由 MDI 傳送出去；反之，在接收資料時，由 MDI 傳來的光的 ON/OFF 訊號或電壓變化訊號經由 PMD 轉換後變成 NRZ 化的串列編碼訊號再送到 PMA 去。

◎ MDI

在 Gigabit 乙太網路的傳輸媒體選擇上，比 Fast Ethernet 多了許多光纖媒體的選擇，如：提供多模式光纖，單模式光纖，短波長雷射，長波長雷射。另外還有遮蔽式短銅纜線，Category-5 UTP 等，因此，在 MDI 這個實際連接 Gigabit 乙太網路設備和傳輸媒體的介面選擇上也有較多的選擇，如：用於光纖連接的雙工 SC 接頭、MT-RJ 接頭以及 UTP 的 RJ-45 接頭。

雙工 SC 接頭各用一個接頭來引接光纖，因此同樣的 Gigabit 乙太網路一端也是要用到 2 個 SC 接頭，而且，那條傳送、那條接收也要分清楚。

另一種 MT-RJ 接頭，是由 SFF（Small Form Factor）所提出的規格，它有和 RJ-45 接頭類似的形狀，因此，比 SC 接頭更容易插入／拔出設備，另外，每一個

MT-RJ 接頭即含 2 芯的光纖，所以不必像 SC 接頭必須先決定那條傳送、那條接收後再連接。

10-7-4　Gigabit 乙太網路的建議配置

我們可以利用上述所談到的各類型 Gigabit 乙太網路的概念來做基本的網路配置。

較長距離的連接（如：大樓與大樓之間）

可以採用 1000BASE-LX 及單模式光纖的方式來連接，其連接距離可達 5000m。

中距離的連接（如：樓層與樓層之間）

可以採用 1000BASE-SX 及多模式光纖的方式來連接，選用 core：50 μm，連接距離可達 550m。

短距離的連接（如：樓層間各辦公室之間）

可採用 1000BASE-T 及 Gigabit-5 的 UTP 纜線來連接，連接距離可達 100m。

10-7-5　Gigabit 乙太網路的自動協商（Auto-Negotiation）

在前面章節中我們曾談過 Fast Ethernet 的 Auto-Negotiation（自動協商），在 Gigabit 乙太網路中也同樣有這項功能，不過，它們之間有下列些許的差異：

1. Fast Ethernet 的自動協商是選用的功能（Auto-Negotiation 層為選用），而 Gigabit 乙太網路的自動協商功能是非選擇性的，其在 PCS 層執行。

2. Fast Ethernet 的自動協商中其傳輸速度是可選擇的，Gigabit 乙太網路 1000BASE-T 也是如此，但在 1000BASE-X 中則是固定的。

由於 1000BASE-T 也是有使用 UTP 做為其傳輸媒體，因此，其自動協商的功能（若有選用的話）和 10BASE-T、100BASE-T4、100BASE-TX 一樣，同樣具有傳輸速度、流量控制、半雙工／全雙工等選擇的功能。

而 1000BASE-SX 在應用上就有些不同了，它的自動協商只提供流量控制、半雙工／全雙工等選擇的功能。

當然，所謂的自動協商，必定是雙方在通訊前先 "協商" 通訊的模式，這模式的資訊格式是一個 16 位元的訊息，如下圖：

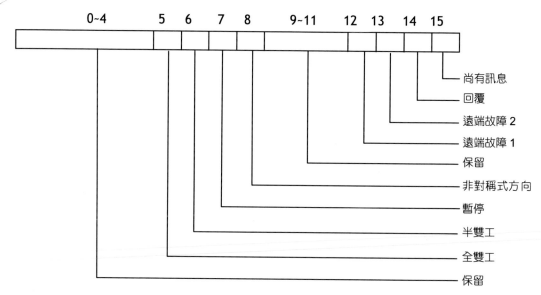

▲ 圖 10-20

◎ 保留（位元 0～4、9～11）

為保留位元。

◎ 全雙工、半雙工（位元 5、6）

用來說明該設備是否具有全雙工或半雙工的操作模式。

◎ 暫停（位元 7）和非對稱性方向（位元 8）

暫停和非對稱性方向這二個位元的組合，用來說明該設備是否具有流量控制的功能，若有其為對應性或非對稱性流量控制。

其組合意義表如下：

◎ 表 10-5

	暫停 （位元7）	非對稱性方向 （位元8）	代表意義
組合模式	0	0	不使用流量控制
	0	1	非對稱性流量控制（流量控制由自身主動送出）
	1	0	非對稱性流量控制（流量控制由對方主動送出）
	1	1	對稱性流量控制

🌍 **遠端故障 1（位元 12）、遠端故障 2（位元 13）**

這二個位元用來說明目前雙方的網路連結是否為正常，其組合意義如下表：

◎ **表 10-6**

	遠端故障1（位元12）	遠端故障2（位元13）	代表意義
組合模式	0	0	網路連結正常
	0	1	設備已離線
	1	0	網路連結失敗
	1	1	自動協商錯誤

🌍 **回覆（位元 14）**

此位元用來表示該設備已從對方接收到同樣的自動協商訊息。

🌍 **尚有訊息（位元 15）**

用來表示除了這 16 位元的資訊外，尚有其他的資訊，這是預留日後自動協商功能若有增加其他選項時之用。

10-7-6　Gigabit 乙太網路的流量控制

在前面所提到的自動協商的 16 位元訊息中，針對流量控制使用到了"暫停"（位元 7）和"非對稱性方向"（位元 8）這二個位元的組合，用來說明該設備是否具有流量控制的功能，若有對稱性或非對稱性流量控制。

所謂的"暫停"，簡單地說，就是要求傳送資料的一端先暫停一下。

當設備雙方以全雙工的方式進行資訊的傳輸時，假如，接收端的內部資料暫存區已經滿了，又來不及"消化"，只好丟棄之後的資料框，正因為如此，所以當接收端發現內部暫存區即將滿了，就會透過自動協商的機制來告訴對方，你先暫停一下，讓我"消化"。

但這個暫停的流量控制功能有其限制，傳輸的兩端，必須是二個工作站之間、一個交換器和一個工作站之間或是一個交換器和一個交換器之間，總之，其在二端點間運作，中間不能有其他節點。

而流量控制的方向，包含了對稱性和非對稱性二種。

所謂的 "對稱性流量控制"，是指其全雙工連結傳輸的二端設備，能互相對另一方做流量控制，所以其流量控制方向是雙向的。

而 "非對稱性流量控制"，則只允許某一端對另一方做流量控制，因此，其流量控制方向是單向的。

一般而言，交換器和交換器之間或工作站和工作站之間多採用對稱性流量控制，而非對稱性流量控制則用在交換器和工作站之間，當交換器發現其內部暫存區快滿時，就會對其連接的工作站送出暫停的流量控制訊息。

因此，我們可以歸納出在自動協商針對流量控制的 "暫停" 和 "非對稱性方向" 這二個位元的組合為下列三種模式：

- 雙方無流量控制
- 雙方採用對稱性流量控制
- 雙方採用非對稱性流量控制（流量控制的方向為單向）

10-7-7　Gigabit 乙太網路與載波延伸、載波連發

Gigabit 乙太網路為了配合 CSMA/CD 的操作模式，使用了下列二項擴充技術：

1. 載波延伸（Carrier Extension）
2. 封包連發（Packet Burst）

載波延伸（Carrier Extension）

在 CSMA/CD 中為了確實檢測出碰撞訊號，因此要求──網路最大傳輸路徑來回一趟的時間必須 "短於" Slot Time（時槽時間）。

在 Ethernet 和 Fast Ethernet 中，其 Slot Time ＝ 最小資料框長度，都是 512bit（64 位元組），若資料框小於最小資料框長度規定，則會被丟棄。

為了要使 CSMA/CD 能在 Gigabit 乙太網路中正常運作，使其能正確地偵測出碰撞的產生，因此，其 Slot Time 和最小資料框長度不再相等。

◎表 10-7

參數	Ethernet	Fast Ethernet	Gigabit乙太網路
Slot Time	512bit times	512bit times	4096bit times
MinFramesize	512bit（64位元組）	512bit（64位元組）	512bit（64位元組）

由上表我們可以知道，Gigabit 乙太網路為了保持和 Ehternet 以及 Fast Ethernet 的相容性，其最小資料框長度也是 512bit，但為了能正常地偵測出碰撞，其 Slot Time 做了改變，成為 4096bit times，也就是 4.096 μ 秒。

所謂的載波延伸（Carrier Extension），簡單地說，就是對其載波長度做延伸。

在 Gigabit 乙太網路中，其 Slot Time 為 4096bit times（512 位元組時間），若資料框的長度小於 Slot Time，則由 MAC 層在其 FCS 欄位後增加一個載波延伸的欄位，使其總長度能變成 Slot Time 的長度。

這個載波延伸的欄位內容是非資料性的，完全不影響原始資料內容也不影響其 CRC 檢查，這個欄位內容在接收時會被丟棄。

其延伸的資料框模式如下圖：

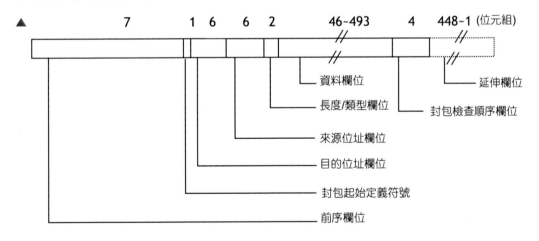

▲ 圖 10-21

當資料框長度小於 Slot Time 時會使用載波延伸的欄位，若是資料框長度大於或等於 Slot Time 時，則不會再使用此延伸的欄位了。

封包連發（Packet Burst）

在傳送資料框時，我們必須另外考慮到一種情形，假如，每個欲傳送的資料框長度都小於 Slot Time 長度時，若只有使用載波延伸，會造成傳送過多非資料性欄位內容，對整體的傳輸效能大幅降低。

為了解決這個問題，Gigabit 乙太網路提供了封包連發出 Packet Burst 的方式。透過封包連發可以讓使用者連續送出一連串長度小的封包資料。

原本在傳輸資料框時，每傳送一個後就會停止，同時釋出載波，以便讓其他設備取得傳輸權，而 Gigabit 乙太網路的封包連發模式，則是允許一個工作站連續傳送多個資料框，而且只對第 1 個資料框進行載波延伸。

當然，也不能一直讓傳輸權被 "獨占"，因此封包連發也有其限制──Burst Limit（連發限制）時間，即連續的封包傳輸最長的時間限制，在未到達 Burst Limit 時間之前，封包皆可連續傳送而不被打斷。

在每個連發封包之間，是以 Interframe spacing（內部資料框間隔）來區分，這內容同載波延伸內容一樣也是屬於非資料性。

10-7-8　Gigabit 乙太網路的半雙工與全雙工參數

一　半雙工參數

前面我們提過 Gigabit 乙太網路若在半雙工模式下操作，會用到載波延伸和載波連發的功能，以下是 Gigabit 在半雙工模式下的一些參數：

◎ 表 10-8

參數名稱	Gigabit乙太網路
Slot time	4096 time（4.096µs）
Attempt Limit	16
Back off Limit	10
Jam size	32 bits
Max Frame Size	1,518 octets
Min Frame Size	64 octets
Inter Frame Gap	96 bits

參數名稱	Gigabit乙太網路
Inter Frame Gap	8192 octets
ExtendSize	448 octets

Slot time

Slot time（時槽時間），在前面曾提過的 Ethernet 和 Fast Ethernet 中其 Slot time 和 Min Frame Size 一樣，都是 512bit time，但在 Gigabit 乙太網路中，其 Slot time 長度為 4096bit time，換算為時間為 $4.096\,\mu s$。

Attempt Limit

表示當碰撞發生時，在等待了一段 Back off（退讓）時間後，最多再嘗試傳送的次數，若再重傳失敗，則該資料框就會被丟棄。其值和 Ethernet、Fast Ethernet 一樣，同為 16。

Back off Limit

Back off（退讓）時間是以 Slot time 為基本單位，其計算的方式如下：

```
0 ≤ r < 2^k {k=Min(n,10)}
```

其中，n 表示第 n 次重傳資料，r 表示 Back off time 的範圍是 Slot time 的 0～r 倍，k 為 (n,10) 之最小值，以重傳第 1 次為例：k = Min(1,10)=1，$0 \leq r < 2^1$ 所以其範圍為 0～1；同理其範圍第 2 次為 0～3、第 3 次為 0～7…以此類推，到第 10 次時其範圍為 0～1023。

其值和 Ethernet、Fast Ethernet 一樣，同為 10。

Jam size

發生碰撞時，某台 DTE 仍會持續傳送 Jam size 時間長度的資料，以確保網路上其他的 DTE 都已了解碰撞已經發生了。

其值和 Ethernet、Fast Ethernet 一樣，同為 32bit。

Max Frame Size

Max Frame Size（最大資料框大小）：用來表示一個正確資料框的最大長度，除了前序欄位、封包起始定義符號之外，其他如目的位址欄位、來源位址欄位、長度／類型欄位、資料欄位以及封包檢查順序欄位等都包含在其資料框內。其值和 Ethernet、Fast Ethernet 一樣，同為 1518 位元組。

🌐 Min Frame Size

Min Frame Size（最小資料框大小）的內容和 Max Frame Size 一樣，除了前序欄位、封包起始定義符號之外，其他如目的位址欄位、來源位址欄位、長度／類型欄位、資料欄位以及封包檢查順序欄位等都包含在其資料框內，只不過一個是最大，一個是最小。

其值和 Ethernet、Fast Ethernet 一樣，同為 64 位元組。

🌐 Inter Frame Gap

每個資料框間隔的長度，其值和 Ethernet、Fast Ethernet 一樣，同為 96bit。

🌐 BurstLength

這是專用於 Gigabit 乙太網路的參數，用來規定封包連發的長度限制，因此，Ethernet、Fast Ethernet 並無此參數規定。

🌐 ExtendSize

ExtendSize 延伸長度，用來規定使用載波延伸時附加的延伸欄位最大的長度，同樣的，此參數也屬於 Gigabit 乙太網路專用。

🔻 全雙工參數

當 Gigabit 乙太網路使用全雙工模式操作時，不會使用到 CSMA/CD 的方式，因為其傳送和接收通道是專用的，因此，就不用再去做碰撞偵測了，所以，在前述的半雙工參數中，如 Slot time、AttemptLimit、Back off time、Jam size、BurstLengh、Extendsize 等涉及 CSMA/CD 操作的參數就不須規定了，其餘的就和半雙工參數一樣了。

10-7-9　典型超高速乙太網路交換器的設定

我們以網路大廠 Cisco Catalyst 6500 系列，Catalyst 3500 系列為例，接線方式如下圖：

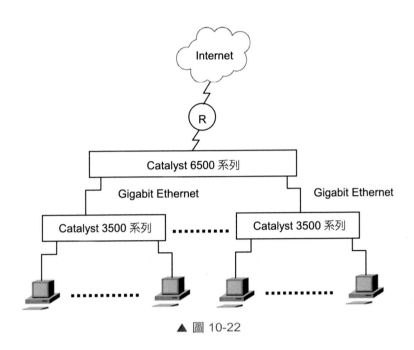

▲ 圖 10-22

我們將 Cisco Catalyst 3500 系列 Gigabit Ethernet port 設定好後，查看典型的設定如下：

```
Taipei#
Taipei#
Taipei#
Taipei#sh running-config
Building configuration...
Current configuration:
!
version 12.0
no service pad
service timestamps debug uptime
service timestamps log uptime
no service password-encryption
!
hostname Taipei
!
enable password cisco
!
!
```

```
!
!
!
!
ip subnet-zero
no ip domain-loopup
!
!
!
 --More--                              interface FastEthernet0/1
 description tpelab-netrangera Promiscuous for VPN lab
 switchport access vlan 61
!
interface FastEthernet0/2
 description tpelab-pixa outside for VPN lab
 switchport access vlan 61
!
interface FastEthernet0/3
!
interface FastEthernet0/4
!
interface FastEthernet0/5
!
interface FastEthernet0/6
!
interface FastEthernet0/7
!
interface FastEthernet0/8
!
interface FastEthernet0/9
!
interface FastEthernet0/10
 --More--
interface FastEthernet0/11
!
interface FastEthernet0/12
!
```

```
interface FastEthernet0/13
 description San Jose tpelab-2611a
 switchport multi vlan 400，401
!
interface FastEthernet0/14
 description tpelab-2611a
 switchport access vlan 300
!
interface FastEthernet0/15
 description San Jose IP Phone
 switchport access vlan 400
!
interface FastEthernet0/16
 description San Jose IP Phone
 switchport access vlan 400
!
interface FastEthernet0/17
 description tpelab-vpnClienta for VPN
 --More--                      switchport access vlan 61
!
interface FastEthernet0/18
 description tpelab-c3030a Public for VPN lab
 switchport access vlan 61
!
interface FastEthernet0/19
 description tpelab-vpnclient
 switchport access vlan 61
!
interface FastEthernet0/20
 description hklab-7100a for VPN lab
 switchport access vlan 61
!
interface FastEthernet0/21
 description tpelab-pixb outside for VPN lab
 switchport access vlan 63
!
interface FastEthernet0/22
```

```
   description tpelab-pixb outside for VPN lab
   switchport access vlan 63
!
interface FastEthernet0/23
 --More--              description tpelab-pixb inside for VPN lab
   switchport access vlan 64
   switchport trunk encapsulation dotlq
!
interface FastEthernet0/24
 discription tpelab-VPNclient inside for VPN lab
 switchport access vlan 64
 switchport trunk encapsulation dotlq
 switchport mode trunk
!
interface GigabitEthernet0/1
 discription tpelab-3508a
 switchport trunk encapsulation dotlq
 switchport mode trunk
!
interface GigabitEthernet0/2
 discription tpelab-3508a
 switchport trunk encapsulation dotlq
 switchport mode trunk
interface VLAN1
 ip address 10.1.1.55 255.255.255.0
 no ip directed-broadcast
 --More--                    no ip route-cache
 ntp broadcast client
!
ip default-gateway 10.1.1.1
logging 10.1.1.200
logging 10.1.1.201
snmp-server engineID local 0000000902000030807D7B80
snmp-server community private RW
snmp-server community public RO
snmp-server chassis-id 0x12
```

Gigabit Ethernet

```
!
line con 0
 transport input none
 stopbits 1
line vty 0 4
 password cisco
 login
line vty 5 15
 password cisco
 login
!
ntp server 10.1.1.11
end
 --More--
Taipei#
Taipei#
Taipei#
<>
```

　　我們再將路由器 Catalyst 6500 系列，Catalyst 3500 系列和電腦的 IP 位址都設定好後，就可以連上 Internet 了。

Q&A 測試

1. DSU/CSU 的功能為何？

2. X.25 網路的通信協定包含哪三層？

3. Frame Relay 和 X.25 封包格式最大的不同處？

4. 光纖和一般電線傳輸的最大不同處？

5. 單模式光纖的發送器型式為_____。

   多模式光纖的發送器型式為_____。

6. FDDI 所採取的媒體存取方式為_____。

7. FDDI 的節點架構包含哪 4 個部份？

8. ATM 使用固定長度的封包、定義為_____，做為傳輸的單位。

9. 每個 Cell，是由_____個 bytes 所組成。

10. ATM 的基本特性？

11. 針對 ATM 標準所提供的各種功能，可分成哪三個層？

12. ATM 針對傳輸速率的不同以及是否採固定速率傳輸，可分成哪四級？

13. ATM 的傳輸速率依服務品質可分為哪 4 種？

14. 在 1000BASE-X 類中主要包含了哪三種規格？

15. Fast Ethernet 的 Auto-Negotiation（自動協商），在 Gigabit 乙太網路中也同樣有這項功能，它們之間的差異為何？

16. Gigabit 乙太網路自動協商的 16 位元訊息中，針對流量控制使用到哪二個位元？

17. 自動協商針對流量控制的 "暫停" 和 "非對稱性方向"，這二個位元的組合包含了哪三種模式？

18. Gigabit 乙太網路為了配合 CSMA/CD 的操作模式，使用了哪二項擴充技術？

19. 在 Gigabit Ethernet 中提供和 Fast Ethernet MII（Medium Independent Interface；媒體獨立介面）類似功能的介面為何？

20. Gigabit Ethernet 的規格主要是由哪二種規格組合而成？

◎ 參考解答 ◎

1. DSU/CSU（Data Service Unit）/CSU（Channel Service Unit）其主要功能在於提供一個標準介面，以傳送和接收用戶的資料。

2. Physical layer、Link Access Layer、Packet Layer。

3. Frame Relay 封包格式中的 Header 取代了 X.25 中的位址和控制欄。

4. 光纖截面面積小。

   光纖材料為玻璃，具不導電特性。

   光纖使用光線來傳輸訊號，電線用電來傳輸訊號。

5. ILD、LED

6. Token Ring

7. PMD、PHY、MAC、SMT

8. 細胞（Cell）

9. 53

10. 固定長度細胞；並列導向傳輸；虛擬通道連接

11. 實體層、ATM 層、ATM 調整層

12. class A、class B、class C、class D

13. VBR：可變位元速率

    CBR：固定位元速率

    UBR：未指定位元速率

    ABR：有效位元速率

14. 1000BASE-SX、1000BASE-LX 及 1000BASE-CX

15. (1) Fast Ethernet 的自動協商是選用的功能（Auto-Negotiation 層為選用），而 Gigabit 乙太網路的自動協商功能是非選擇性的，其在 PCS 層執行。

    (2) Fast Ethernet 的自動協商中其傳輸速度是可選擇，Gigabit 乙太網路 1000BASE-T 也是如此，但在 1000BASE-X 中則是固定的。

16. "暫停"（位元 7）和"非對稱性方向"（位元 8）這二個位元。

17. (1) 雙方無流量控制。

　　 (2) 雙方採用對稱性流量控制。

　　 (3) 雙方採用非對稱性流量控制（流量控制的方向為單向）。

18. (1) 載波延伸（Carrier Extension）

　　 (2) 封包連發（Packet Burst）

19. GMII。

20. IEEE802.3z 和 IEEE802.3ab。

11

CHAPTER

行動通訊

11-1　簡介

　　現在一般大家初識見面，互留對方電話時，除了家中的電話號碼外，都會再加上手機號碼，若是出門忘了帶手機，總覺得怪怪的，是的，事實上，行動通訊早已深入你我的日常生活之中了。

　　有點"年紀"的讀者，對中華電信那支大大的「黑金剛」必然是印象深刻吧！那時的手機價格相當昂貴，門號更是一號難求，必須耐心排隊，一旦擁有了手機，旁人都會投以"行情不錯"的眼神。

　　打開台灣的行動通訊史，黑金剛可算是第一代（1G）行動通訊的代表，而它所採用的系統是屬於類比式的 AMPS 行動電話系統。

　　漸漸的，AMPS 系統隨著使用者需求的快速增加，一些問題接踵而來，像類比式系統的致命傷 - 保密性不佳，造成了電話易被盜拷、竊聽，再加上頻寬不足、容量小、通話品質不佳…等缺點，因此，第二代行動電話系統的需求便更加迫切了，而此時 GSM 的搶先推出服務，取得了市場上的先機，所以 GSM 可以算是在 2G 市場上的大贏家。

　　當然，人類需求的慾望是無止境的，礙於 GSM 在數據資料上傳輸速率只有9.6Kbps，無法滿足上網者對於速度的要求，因此，又出現了可稱為 GSM 系統加強版的 GPRS 系統，用來提升數據資料傳輸的速率，大部份的人將其歸類為「2.5G」，也就是介於 2G 和 3G 之間的一種過渡系統。經歷從 1G, 2G,3G，到了 4G 行動通訊更提升了整體網路速率至 100Mbps，並更加強了使用者在高速移動下的網路存取能力，讓世界各地區的使用者都能享有高速無線網路的體驗，隨著雲端運算及物聯網的技術成熟，第五代行動通訊（Fifth gerneration mobile networks, 5G）的催生也正在加緊腳步，接下來便為讀著們一一介紹行動通訊的技術及發展。

11-2　行動通訊的演進

　　無論是 1G、2G、2.5G、3G，4G 以至於 5G，基本上，行動通訊系統都包含了 Mobil Station（MS）行動台、Base Station（BS）基地台、Mobil Switching Center（MSC）行動交換中心等三大部份。

◉ **Mobil Station（MS）：行動台**

主要的功能在於收發信號，並作為行動通訊網路和使用者的使用界面，一般最常用的就是手機了。

◉ **Base Station（BS）：基地台**

做為 MS 和 MSC 之間連繫的橋樑，在所謂的蜂巢式系統中，BS 如同一格一格的 Cell（細胞），分區負責信號的傳輸，換言之，每一個 BS 都有其無線電波涵蓋的範圍，如此一站傳一站，每個 BS 的無線電傳輸功率才得以限制，否則，過大功率的無線電波基地台，可是會被民眾去圍台抗議的。

◉ **Mobil Switching Center（MSC）：行動交換中心**

MSC 主要提供了訊息交換的功能，以便將該行動通訊系統網路連接到其他系統網路，如 PSTN（公眾有線電話網路：例如我們一般用的市話）或其他家業者的行動通訊網路。

由上面的說明，我們可以知道，手機和手機之間（就算同一家系統廠家也一樣）並不會直接通訊，也就是其不具有對講機功能，其溝通方式仍是 MS → BS → SS → BS → MS 的程序（但透過某些技術就可以達到，例如 Bluetooth 藍芽技術）。

⬡ 1G 時代

「商場如戰場」這句話同樣適用於行動通訊之上。在 1980 年代，美國發展出第一代行動電話系統，稱為 AMPS（Advanced Mobil Phone System），這是一套類比式的系統，早期台灣使用的 090、091 門號正是 AMPS 系統。

反觀其他地區如歐洲，類比行動電話系統的標準太多，如 RTMS（Radio Telephone Mobil System）、TACS（Total Access Communication）、NMT（Nordic Mobil Telephone）…等，無法整合，因此喪失了攻占市場的先機，最後，美國在第一代行動通訊（1G）這場比賽中得到了勝利。

⬡ 2G 時代

第一代行動通訊（1G）和第二代（2G）的主要差別，在於從類比系統演進到數位系統，類比系統和數位系統的比較如下表：

◎ 表 11-1

項目	類比式	數位式
訊號模式	類比	數位
需要基地台數量	少	多
傳輸距離	較長	較短
頻寬	較窄	較大
門號容量	少	多
通訊安全性	不佳，易被盜打	佳，不易被盜打
頻譜使用率	效率不佳	效率佳
通話品質	不佳	較佳

同樣在這場 2G 的市場大戰中，各國為了搶占這塊大餅，也都企圖讓自己研發的系統能成為龍頭。

就美國而言，利用原本的 AMPS 為基礎，透過數位化附加模組設備，使 AMPS 變成 D-AMPS。D-AMPS 系統對於原本的 AMPS 仍然相容。

另外，美國 Qualcomm 公司所提出的 CDMA 標準，也因為後來南韓政府的積極投入，使得南韓在 CDMA 系統的市場占有了一席之地。

至於日本，則是採用 TDMA 技術以 PDC（Personal Digital Cellular）作為其行動電話的標準，不過這系統和前述的其他系統有相容性的問題，因此，對於進軍世界通訊市場而言，是一大利空。

事實上，在 2G 的這場行動通訊比賽中，真正的贏家，已不再是美國，而是歐洲。

歐洲各國了解在 1G 的挫敗，是因為各國各自發展不同的行動電話標準，缺乏整合性，因此，便透過歐洲電信標準協會（ETSI；European Telecommunications Standards Institute）來制定一套泛歐行動通訊標準，於是，GSM 誕生了，這次搶在美國之前推出，而且軟硬體及相關的服務機制也都齊全，於是吸引了許多想由 1G 升級成 2G 國家的目光，尤其是亞洲國家，而我們台灣這次也是採用了 GSM 的系統。

GSM（Global System for Mobil Communication）系統，已在全世界建立了最多的使用人口，以下針對我們常聽到的 GSM900、1800、雙頻手機、SIM 卡等，作簡單的說明。

GSM900、1800 中的 900、1800 皆是指其工作的頻率，ITU 分配給 GSM900 的頻率在 900MHz 左右（上傳為 890～915MHz，下載為 935～960MHz），而 GSM1800 的頻率在 1800MHz 左右（上傳為 1710～1785MHz，下載為 1805～1880MHz）。

而所謂的雙頻手機就是指能同時支援 GSM900 和 1800 的手機，此時，你可能有個疑問，為何有 GSM900 了，還要推出 GSM1800 呢？這是因為 GSM 用戶的數量激增，使得原本的 GSM900 門號已不敷使用，因此，才又增加了 GSM1800（事實上 GSM 還有推出 GSM1900，同時支援 GSM900/1800/1900 的手機就稱為三頻手機），那麼 GSM900 和 GSM1800 之間有何差異呢？

相同的是，900 和 1800 皆是屬於 GSM 系統，而不同之處則有下列幾點：

1. 使用頻率：GSM900 使用 900MHz，而 GSM1800 使用 1800MHz。

2. 傳輸距離：在無線通訊中，頻率越高其傳輸距離反而會越近，由此可知，GSM900 的傳輸距離是比 GSM1800 長。

3. 所須基地台數量。

正因為 GSM900 比 GSM1800 的傳輸距離較長，因此，要達到同樣的無線電涵蓋範圍，GSM1800 必須建置比 GSM900 更多的基地台。

GSM 系統的另一個特點就是使用 SIM（Subscriber Identity Module）卡，SIM 卡是 GSM 系統中用來識別及記錄用戶資料的儲存媒體，SIM 卡中記錄了用戶的一些基本資料及 GSM 系統的用戶識別碼，SIM 卡可以插入任何支援 GSM 系統的手機中，換言之，你也可以將一些資料如電話號碼等記錄在這張 SIM 卡中，將來換手機時，只要帶卡換機，電話號碼資料仍在，你就不必花時間重建電話簿了。

當你向任何一家民營電信公司申請行動電話時，最後電信公司會交給你一張 SIM 卡，要注意的是，SIM 卡有大小之分，大張的叫 ID-1 卡，小張的叫 Plug-in 卡，買手機時要注意一下，你的手機用的 SIM 卡和你所申請到的 SIM 卡大小是否相符。

三 2.5G

「行動上網」簡單地說，就是使手機能將「網際網路」和「行動通訊」的功能結合在一起，手機不再單單只有通話的功能而已，影音多媒體及網際網路的資源都將貫注到 3G 系統中。

就 GSM 系統（2G）而言，一般的語音傳輸是沒什麼問題，但其 9.6Kbps 的數據傳輸速率就現在對於多媒體資訊需求日增的消費者而言，真得是太慢了，因此，其推出的 WAP 手機上網反應並不熱烈。

於是在真正升級成 3G 之前，歐洲 ETSI 推出了針對 GSM 系統的改善方案 -GPRS（General Packet Radio Service）整合封包無線電服務，藉由 GSM 加裝處理數據封包的設備，在和既有系統相容的前提下，透過同時提供 Circuit Switching（電路交換）及 Packet Switching（封包交換）的網路交換技術，便可有效提昇像彩色圖像、音樂等多媒體數據資料傳輸的速度了（最高可達 115.2Kbps），對於想用手機上網的消費者而言，在 3G 時代真正來臨之前，也算是一個不錯的替代方案。

GPRS 的特點如下：

1. 仍延用 GSM 使用的 TDMA 多重存取方式。

2. 利用 Packet Switching（封包交換）方式提升數據資料的傳輸速度。

3. 最高的傳輸速度 115.2Kbps，這是假設 8 個時槽都用於數據資料傳輸，每個時槽 14.4Kbps，$8 \times 14.4 = 115.2$Kbps，但事實上，一般真正在使用時不會全部用來傳輸數據資料，因為語音仍是手機的主要傳輸資料。

4. 以傳送的封包資料量來計費。在 GSM 中，數據資料的傳輸如同通話費一樣是以連線時間來計費的，而 GPRS 則是以傳輸的封包資料量來計費，用多少收多少，對於想用手機上網的消費者而言是較合理的方式。

5. GPRS 一開機即可隨時保持連線狀態。使用 GPRS 上網，一旦上線後便隨時可以和 Internet 保持連線，用戶只有在傳輸數據時會占用通道，如果有資料要傳送，可以立即傳送，不像 GSM 的撥接方式，每次都要重新建立連線，可以節省不少時間和連線成本。

6. GPRS 使用 SGSN、GGSN 等設備來升級 GSM。GSM 升級到 GPRS，主要是增設了二種設備 SGSN 及 GGSN（有些廠家會把二者合一）。

   - SGSN（Serving GPRS Support Node）

     其提供了類似 Internet 中的 IP Router 功能，另外還具備了管理數據行動網路的能力，如用戶的身份驗証、資料編碼…等。

   - GGSN（Gateway GPRS Support Node）

     顧名思義，GGSN 提供了類似 Internet 中的 Gateway 功能，其主要用來處理 GPRS 和外界網路的連線，另外，還負責分配用戶的動態 IP 位址。

四 3G

　　行動通訊市場有如中國古代的戰國時代，由於各國採用的系統不盡相同，因此，若是你到的國家其手機系統和我們國家不同，那麼你的手機可能就英雄無用武之地了。

　　在理想的 3G 行動通訊標準，應是全世界互相相容的，但事實上，在 2G 原本就是各擁其主的現象，要那一陣營放棄原本的系統，改用對方的系統，除了在硬體如通訊基地台等設備投資成本外，技術的權利金也是個大問題，所以，想一統天下，的確不是件容易的事。

　　為了建立全球一致的行動通訊標準，1865 年由聯合國籌備設立了 International Telecommunication Union（ITU）：國際電信聯盟，行動通訊的主要發展國家及相關發展廠商都是其成員。

　　針對 3G 行動通訊，ITU 發表 IMT-2000（International Mobil Telecommunication 2000）的標準，其中定義了 3G 系統所要具備的一些特性，例如：

1. 通話品質必須至少與固接式電話網路相同。
2. 3G 的通訊區域能涵蓋全世界。
3. 3G 必須和既有的 2G 系統相容。
4. 3G 的傳輸率最高能至 2Mbps（靜止狀態必須達 2Mbps；低速率移動時必須達 384Kbps；高速率移動時必須達 144Kbps）。

　　在第三代行動通訊 3G 的競賽中，以二大勢力的競爭較為激烈，一是採用 WCDMA 系統以歐洲和日本廠商為主力，做為 GSM/GPRS 系統升級到 3G 的方案。

　　另外，則是 CDMA2000 系統是由美國廠商所提出的方案，主要提供 cdmaOne 系統升級到 3G 的方案，其中包含了 2 種子方案，一是 CDMA2000 MC-1X，另一則是 CDMA2000 MC-3X，這二種方案，CDMA2000 MC-1X 的角色類似 GSM 以 GPRS 做為 2.5G 系統，成為進入 3G 的過渡系統，cdma2000 MC-1X 的傳輸速率是 153Kbps，而 cdma2000 MC-3X 則是 384Kbps，可以算是真正的 3G 系統。

　　當然，在市場單打獨鬥是無法生存的，因此，1988 年由歐洲標準協會（ETSI）、日本標準組織（ARIB；Association of Radio Industries and Business）、美國組織（T1P1）以及韓國（TTA；Telecommunication Technology Association）組成 3GPP（The Third Generation Partnership Project）協會，主要推動的系統為 WCDMA。而另一陣營則是由北美（TIA；Telecommunications Industry Association）、韓國（TTA）、日本（ARIB）

以及中國大陸（CWTS；China Wireless Telecommunication Standards Group）所組成的 3GPP2（The Third Generation Partnership Project 2）協會，主要推動的系統為 cdma2000。

🌏 3GPP 的參考網站為：www.3gpp.org

🌏 3GPP2 的參考網站為：www.3gpp2.org

11-3　行動通訊的多工存取方式

就行動通訊無線電頻道使用而言，其使用的頻率是由 ITU（International Telecommunication Unit：國際通信聯盟）來負責分配，因為頻率的資源有限，所以便出現不同的多工通訊方式來有效的利用所分配到的頻率。

基本上，1G、2G、3G 的多工存取方式包含了 FDMA、TDMA、CDMA 等 3 種。

一　FDMA（Frequency Division Multiple Access）分頻多工

第一代行動通訊 AMPS 系統即是採用此種方式，其運作模式主要是將其整個通訊的頻寬分割成許多個較小的頻道，不同的使用者使用不同的頻道，使得同一時間能有多個用戶同時通話，缺點是當同時有大量用戶同時通話時，會造成頻道不足，另外，其通訊品質不良及易被竊聽、盜打也是常令人所詬病。（相關介紹可參考第 2 章多工技術）

二　TDMA（Time Division Multiple Access）分時多工

主要使用的代表系統為 GSM，TDMA 將可使用的頻寬中，分成數個時槽（Time Slot），在 GSM 系統中分成 8 個時槽，每個時槽為 277msec，各時槽間為了避免互相重疊而干擾，因此設有 Guard Band（保護頻道）的機制。（相關介紹可參考第 2 章多工技術）

三　CDMA（Code Division Multiple Access）分碼多工

CDMA 是由美國廠家 Qualcomm 所提出，主要使用的代表系統為 cdmaOne、cdma2000、WCDMA。

CDMA 早期是用在軍方，商業化後使用發現了它的許多優點，例如容量大、發射功率低、通訊品質佳、涵蓋範圍大、頻道利用率高…等。

CDMA 是將各個用戶以數位方式編碼，在同一頻道上，同時可以傳送多個用戶，各個用戶只接收到屬於自己的訊息，不易受到干擾。

就 TDMA 與 CDMA 比較，簡單來說，可以把 TDMA 想成是單線道的高速公路，而 CDMA 則是多線道的高速公路，因此，這也就是為何 CDMA 是 3G 系統普遍使用的多工方式了。

CDMA 的特性以下列出了幾項：

◎ **使用 Soft Handoff（軟式交遞），通話較不易中斷**

當蜂巢式系統手機在通話時，若有移動，有時可能會超越原本連線中基地台的無線電涵蓋範圍，此時，必須由下一個無線電範圍可涵蓋的新基地台接手，這種現象稱做 Handoff（交遞），Handoff 可分成二類，一是 Hard Handoff（硬式交遞），另外則是 Soft Handoff（軟式交遞）。

(1) **Hard Handoff（硬式交遞）**

此種方式用於 GSM 系統中，由於各相鄰基地台其頻率不同，因此，手機在進行 Handoff 的過程中，必須先中斷和原本基地台的通訊，然後再由新基地台來提供通話服務，屬於 Break-Before-Make 方式，換言之，要是連接過程不順時，斷話的風險就提高很多。

(2) **Soft Handoff（軟式交遞）**

Soft Handoff 則是 CDMA 系統則採用的方式，因為各基地台的頻率相同，因此，其 Handoff 的方式，並不像 Hard Handoff 會先中斷和原先基地台的通訊，而是等手機和新基地台通訊穩定後才中斷和原先基地台的通訊，屬於 Make-Before-Break，因此大大降低了在變換基地台時的斷話風險。

◎ **手機消耗功率低**

CDMA 的手機其消耗功率比 TDMA 低，換言之，其手機的待機時間較長，而且其電磁輻射量也變小，可以降低對人體危害的程度。

◎ **基地台有更廣的涵蓋範圍**

在相同發射功率下，CDMA 所能涵蓋範圍比 TDMA 方式更為廣泛，約為 TDMA 的 1.7～3 倍，因此，使用 CDMA 系統所需的細胞（Cell）基地台可以比 TDMA 少很多，如此便可縮短系統建置時間，節省建置成本。

🌐 **頻率規劃容易**

在 GSM 系統中，相鄰的基地台必須使用不同的頻率，否則會產生干擾，因此，各基地台使用的頻率必須經過一番處理規劃，反觀 CDMA 系統，則是所有的基地台都使用同樣的頻率，各用戶則是透過不同的數位編碼來區分彼此，因此便可省去頻率規劃的麻煩了。

11-4　第三代行動通訊：3G

11-4-1　3G 的技術標準

第三代行動通訊（3G）有項重要的核心技術──「全 IP 封包技術」，IP：Internet Protocol，原是使用在網際網路上，現今無線通訊網路都朝向其發展。因為透過此技術觀念，可以將無線通訊與網際網路的資源做完美的結合。

全 IP 的概念，就是讓所有的手機都有自己的 IP 位址，這引申出二個問題，一是 IP 位址數量的需求，二是其移動性。

以 IPv4 而言，其 IP 的位址長度為 32bits，無法滿足全球手機大量的 IP 位址需求，因此，便有了 IPv6 的解決方案。

IPv6 的位址長度為 128bits，如此一來，便可提供足夠的 IP 位址供其手機使用。

在「挑戰 2008─國家發展重點十大重點投資計畫」中，希望結合國內產、官、學、研各界資源，透過「IPv6 推動工作小組」及「IPv6 Forum Taiwan」的機制，積極推動台灣在 IPv6 的網路建設。

11-4-2　IMT-2000 中所訂定的 3G 標準

經過世界各國及通訊大廠針對 3G 標準的一番角力之後，在 IMP-2000 中訂定了 3G 的三大技術標準：

1.　**W-CDMA（Wide-band Code Division Multiple Access）**

主要支持國家：日本、歐洲。

2. CDMA-2000（Code Division Multiple Access-2000）

主要支持國家：美國、南韓。

3. TD-SCDMA（Time-division Synchronous Code Division MultipleAccess）

主要支持國家：中國大陸。

 W-CDMA（Wide-band Code Division Multiple Access）

W-CDMA 是由日本 NTT DoCoMo 所開發的標準，主要的支持國家包含了日本和歐洲，廠家則包含了芬蘭的 Nokia、瑞典的 Ericsson 及日本的 NTT。

基本上，日本 ARIB（Association of Radio Industries and Business）的 W-CDMA 和歐規的 UMTS（Universal Mobile Telecommunications System）是屬於同一體系的。

W-CDMA 使用的核心網路與 GSM 相似，換言之，可以讓現有 GSM 系統業者以較低的成本來轉型到 3G，就 GSM 或日本的 PDC 系統而言，這都是一個相當好的轉型方案。

由於在 2G 系統中，GSM 擁有全球第一的市場占有率，因此，對 W-CDMA 標準未來的市場推廣而言，有相當大的助益。

日本所推出的 PDC 系統，為封閉式的系統，和其他國家的 2G 系統完全不相容，因此失去了一次在國際的舞台和其他國家一較長短的機會，眼見歐洲 GSM 系統的成功，就 3G 的市場，日本特別積極佈局在 W-CDMA 上，而這努力也獲得了 ETSI（歐洲通訊協會）的肯定，由 ETSI 提出成為 IMT-2000 技術標準之一。

二 CDMA-2000（Code Division Multiple Access 2000）

CDMA-2000 標準，也稱做 CDMAMulti-Carrier，其主要的支持國家和廠商為美國的 Qualcomm、Motorola、Nortel、Lucent 以及南韓的三星。

CDMA2000 是由 CDMAONE 演進而來的，作為 CDMAONE 轉型到 3G 的解決方案。其核心網路和 CDMAONE 相容，可減少轉型到 3G 的成本。

CDMA2000 的建置計劃分成幾個階段：

1. **CDMA2000 1X**：提供 2 倍於 CDMAONE 的語音容量，其數據傳輸率可達 144Kbps。

2. **CDMA20001X EV-DO（Data Only）**：純數據傳輸速率可達 2Mbps。

3. **CDMA20001X EV-DV（Data Voice）**：提供同步數據、語音傳輸，速率可達 2Mbps。

TD-SCDMA（Time Division-Synchronous Code Division Multiple Access）

在 IMT-2000 中，除了 W-CDMA 和 CDMA2000 二大主流標準外，中國大陸憑藉其內地龐大的市場，也提出了自己的 3G 標準：TD-SCDMA。

TD-SCDMA 是由大唐電信（原中國電信技術研究院）和德國西門子公司合作研發的 3G 標準，希望能取得本身內地 3G 市場的主導權。

TD-SCDMA 融合了國際重要通信技術 TDMA 與 CDMA 的優點，其特色包括了使用智慧天線技術（低功率下有大範圍的涵蓋面）、高頻譜利用率、TDD（Time Division Duplex）技術、系統容量是 W-CDMA 和 CDMA2000 的數倍、手機功率消耗低⋯等。

中國大陸信息產業部所核准給大唐電信的頻段有三段，分別是 1880MHz～1920MHz、2010MHz～2025MHz 以及 2300MHz～2400MHz。其中第一段是系統使用的頻段，第二段則是國際核心頻段，第三段則是計劃專供大唐電信使用，這說明了目前中國大陸對 3G 市場的佈局策略，第一段可以和既有系統相容，第二段可以和國際接軌，第三段又可以培植本國通訊產業，換言之，中國大陸希望在 3G 的國際通訊市場研發中占有一席之地。

11-4-3　3G 的應用

3G 行動通訊，簡單地說它提供了一個更便利的介面將行動通訊與網際網路資訊做完美的結合。換言之，我們可以利用 3G 立即快速地連接到 Internet，不再受傳輸速率不足之苦，無論何時何地，隨時上網，持續連線（3G 不以連線時間計費，而是依接收或傳送資料的大小來計費），全球資訊皆可「一機打盡」。

透過 3G 影音無限的傳輸魅力，其應用更可以豐富我們的生活。

影像通訊

通過 3G，遠距離人和人的溝通，將突破傳統語音通訊的限制，以即時的影像＋語音＝影音電話，讓我們可以真實地看見彼此的表情、聽見更高品質的聲音，真的是做到了「天涯若比鄰」，例如：Skype、FaceTime 等 App 應用。

◯ 即時娛樂

等車無聊嗎？想打發空閒時間嗎？透過 3G 手機，馬上來場 On-Line Game 吧！或是，欣賞一下最新的音樂 MTV，讓等待的時間不再無聊，例如：Angry Birds、YouTube 等 App 應用。

◯ 保全監控

3G 應用在居家保全，只要在家中有個監視器，便可隨時透過手機看到家中即時的狀況，無論是老人看護、家中防盜，甚至在托兒所或是保母育嬰都是很好的應用。另外，也可以透過 3G 的即時遠端監控來隨時監控任何地方的儀器或設備，如此便可以減少大量的人力成本支出，例如：elook、ProCam 等 App 應用。

◯ 生活資訊

想隨時隨地知道最 HOT、最 IN 的流行情報、美食介紹、那間百貨公司在打折、今天天氣如何？或是需要知道你前面路口的交通狀況和最佳的行駛路線，沒問題，用 3G 手機馬上給你最即時的情報，例如：愛評生活通、生活氣象、路況快易通等 App 應用。

◯ 視訊會議

開會不再受限於特定場所了，有了 3G，我們就可以走出辦公室，隨時隨地來場視訊會議，當然，相關的資料、報表也都可以即時傳送給對方，例如：Skype、G＋hangout 等 App 應用。

◯ 行動商務

利用 3G 高速的上網能力，可涵蓋很多的服務，例如線上訂購、信用卡付款、電子銀行服務、電子錢包、股票下單、網路訂票…等，相信對未來的電子商務推行有很大的幫助，例如：Google Wallet 等 App 應用。

11-4-4　3G 陣營的情形

全球的行動通訊大戰，由 1G、2G 延燒到 3G，在 2G 市場已搶得先機的廠家想乘勝追擊、擴大版圖，而之前沒嘗到甜頭的，當然不肯再錯過這次大好機會。

⬡ 一　CDMA VS. GSM

2G CDMA 和 GSM 之爭可以說是 3GCDMA-2000 和 W-CDMA 的前哨戰，GSM（Global System for Mobile）是歐洲力挺的 2G 通訊系統，而 CDMA（Code Division

Multiple Access）系統則是由美國 Qualcomm 公司研發，南韓並以 CDMA 做為國家通訊發展的重點項目。

美國和歐洲這二大陣營，為了鞏固自己的勢力，還在頻譜使用上做了一番角力，GSM 所使用的 900MHz，美國已先拍賣給本國的業者做為 PCS（Personal Communications System）之用，因此，GSM 系統便無法進入美國。而歐洲也以類似手法回敬美國，讓 CDMA 也登陸不了歐洲。

CDMA 其主要市場範圍局限在北美地區、日、韓等地區，而 GSM 則涵蓋了歐洲和大部份的亞洲，雖然 CDMA 的技術比 GSM 進步（其傳輸效率高於 CDMA），但在商業化的過程中，CDMA 的腳步較 GSM 慢，使得先進入 2G 市場的 GSM 占盡了先機，橫掃全球，取得了空前的勝利。

 CDMA-2000 VS. W-CDMA

CDMA-2000 是 CDMA 轉型至 3G 的方案，同樣的，GSM 也打出了 W-CDMA 的王牌，雙方人馬又一次的交鋒，形成了 3GPP（Third-Generation Partnership Project，參考網址：http://www.3gpp.org，以 W-CDMA 為發展主軸）和 3GPP2（Third-Generation Partnership Project 2，參考網址：http://www.3gpp2.org，以 CDMA-2000 為發展主軸）的二大發展組織之間的較勁。

分析戰情，由於 CDMA-2000 並不相容於 GSM，當然，原本使用 GSM 的業者如歐洲國家和大部份的亞洲國家，多半會以 W-CDMA 為升級的首選，日本的 PDC 系統也預估會直接升級為 W-CDMA。至於 CDMA-2000 基本擁護者美國和南韓仍將繼續努力開發市場，另外，其占用較少頻譜資源的優點（載波間隔為 1.25MHz），就新加入 3G 市場的業者而言，或許，CDMA-2000 也是個不錯的選擇。

三 台灣的發展

根據通訊業者調查，台灣手機用戶人口早就超過了總人口數，許多人同時擁有 2 個以上的手機門號，普及率可說是超過 90％。台灣的業者所採用的 3G 標準，分為二大主流，使用 W-CDMA 的遠傳電信、台灣大哥大和中華電信，以及使用 CDMA-2000 的亞太行動寬頻電信（東森寬頻電信子公司）。

亞太行動寬頻電信 0982 QMA3G 服務，於 2003.7.28 正式開台，這是台灣第一家提供 3G 服務的業者，其餘四家 3G 業者，遠傳電信於 2005.7.13 正式開台、中華電信於 2005.7.26 正式開台、台灣大哥大與威寶電信也於同年相繼開台。

11-5 第四代行動通訊：4G

11-5-1 簡介

為了應付更大的網路需求及提供更快的資料傳輸速率，下一代的行動通訊時代終將到來，從 3G 到 4G 的過程中，有所謂的 3.5G、3.75G，而這樣的演進過程，其實都只是 3G 的進階版本，將資料傳輸的速度逐漸提升，然而這些 3G 的進階版本為了不讓大眾造成混淆故皆統稱為 3G。

3G 在 IMT-2000 的技術規格底下主要分作 W-CDMA 與 CDMA2000 兩大陣營，3.5G 即為 W-CDMA 的進階版本，係使用 HSDPA（High Speed Downlink Packet Access，高速下行封包存取）技術，在原本 W-CDMA 技術中，上傳速率為 384Kbps、最高下載速率為 2Mbps，而在 HSDPA 技術中，最高下載速率提升至 14.4Mbps，比原本的 3G 的理論下載速度快了好幾倍。

而更進階的版本為 HSUPA（High Speed Uplink Packet Access，高速上行封包存取），又稱作 3.75G，將 3G 及 3.5G 的最高上傳速率提升至 5.625Mbps，加快了上傳資料的速率，有助於提升需要大量上傳頻寬的服務品質，例如雙向視訊通話等。

而結合上行及下行稱為 HSPA（高速封包存取），其進階版本 HSPA＋ 最高理論下載、上傳速度為 42Mbps、22Mbps，國內通信業者也積極為 HSPA/HSPA＋ 行動網路進行建設，因應手持行動裝置的熱銷，行動傳輸速度成為行動網路的重要議題。

11-5-2 4G 的技術標準

針對 4G 行動通訊，ITU 在 2008 年發表 IMT-Advanced（International Mobile Telecommunications-Advanced）的標準，其中定義了 4G 的關鍵特性，例如：

1. 提供高度的國際通用性，保留彈性機制，以支援遠距離服務與成本高效率管理。

2. 相容於既有 IMT 標準。

3. 以全 IP 封包交換為基礎的網路，並相容於既有無線標準。

4. 具備與其他無線電接收系統相互配合之能力。

5. 使用者之設備可通用於全世界，並能在全球各地複合的網路間順暢地進行網路交換。

6. 支援高品質的行動、多媒體服務，提供終端於高速移動時（如：火車行駛時），100Mbps 的資料傳輸速率；而當終端處於靜止狀態時，提供 1Gbps 的資料傳輸速率。

7. 支援更多終端同時使用網路，動態地分享與使用網路資源。

8. 擴展可使用頻段範圍：5～40MHz （來源：ITU-R M.1645）。

國際電信聯盟 ITU 定義的 IMT-Advanced 的技術標準，在 2002 年開始出現技術（Beyond IMT-2000）概觀，在 2005 到 2007 年間，ITU 開始著手於 SMaRT 重點項目，分別是：頻譜（SPECTRUM）、市場（MaRKETPLACE）、管制機制（REGULATORY）及技術（TECHNOLOGY），這些項目必須同時兼顧全球性與地區性的考量，各項目之說明如下：

1. **頻譜（SPECTRUM）**：擴展可使用頻段範圍 5～40MHz，基於頻譜屬於自然資源，須為第四代行動通訊重新規劃頻譜的使用方針，相關議題如：流量推算、頻譜效率、無線電移轉特性（TDD、FDD）、全球頻譜的使用協調、全球漫遊設施、動態頻譜分享技術等

2. **市場（MARKETPLACE）**：包含使用者需求、應用服務需求與營運模式的經濟面驅動方式。

由於行動通信裝置的發展，行動通信裝置能提供動態的服務及應用，下表為 ITU 制訂的行動服務市場目標，說明使用方、內容提供方、服務提供方、網路營運方、應用開發方等各別之目標如下表 11-2：

◎ 表 **11-2** 行動服務市場目標

觀點角度	目標
終端使用者	<ul><li>隨時隨地皆可接收資料</li><li>便利的存取接收應用及服務</li><li>兼備適當的服務品質與費用</li><li>簡單易理解的使用者介面</li><li>長久的裝置與電池壽命</li><li>多樣的服務選擇</li><li>加強服務提供的效能</li><li>良好友善的計費方式</li></ul>
內容提供者	<ul><li>具備建立彈性計費方式的能力</li><li>根據使用者的使用偏好、位置，具備提供符合使用者及其裝置使用之內容提供能力</li><li>具備創造一個相似於應用程式市集（EX:Google Play、App Store）的龐大市集</li></ul>
服務提供者	<ul><li>快速、開放使用者參與服務創造、驗證及條款</li><li>服務品質及安全管理</li><li>根據終端及資料流量類型，具備自動調整之功能</li><li>具備建立彈性計費方式的能力</li></ul>
網路營運者	<ul><li>資源最佳化（頻譜及設備）</li><li>服務品質及安全管理</li><li>具備提供不同服務之能力</li><li>彈性的網路組態設定</li><li>依照全球的經濟規模，降低終端及設備上的成本</li><li>具備順暢地從IMT-2000系統轉移至進階IMT-2000系統的能力</li><li>具備IMT-2000系統與進階IMT-2000系統之間分享最大化的能力</li><li>獨立的驗證機制（網路存取的獨立性）</li><li>具備建立彈性計費方式的能力</li><li>根據行動服務之類型，具備存取最佳化的能力</li></ul>
應用開發者/生產者	<ul><li>依照全球的經濟規模，降低終端及設備上的成本</li><li>進入全球市集之中</li><li>開放模組與子系統之間的物理及邏輯介面，提供一個可程式化的平台，已達兼具經濟效益及快速開發的能力</li></ul>

（資料來源：ITU-R M.1645）

在這樣行動服務市場，具有三項重點：

(1) **連通性**：配合良好且連貫的服務機制，從網路基礎建設的整合開始，帶給終端使用者順暢的服務。

(2) **內容提供**：資訊提供不再只是單向的提供，由終端或其他方提供資訊，將成為資訊服務的另一個重要管道。

(3) **行動商務**：營收方式及營收來源。

上述的三項重點，將電信通訊、資訊科技及內容整合，創造出新的服務典範，產生更多的服務附加價值，這樣的改變帶給使用者與服務提供者雙方龐大的便利及機會。

3. **管制機制（REGULATORY）**：包含擬定授權程序，規劃頻譜可用範圍、制訂相關執照，控制自然資源使用率等

4. **技術（TECHNOLOGY）**：根據頻譜資源、市場供需條件、管制機制，提供符合之服務與能力，而根據這樣的市場需求走向，行動服務必須具備了一些關鍵技術領域：

(1) **系統關聯技術**：行動通訊的資料傳輸技術從電路交換技術移轉為封包交換技術，也讓使用者能在便利、安全的情況下接收行動服務，例如：VoIP、最佳化 IP 與無線電間的移轉、網路架構的容錯機制、無縫的移動接收能力（handover）、安全與隱私的密碼技術、商務驗證技術、資訊過濾技術等。

(2) **存取網路及無線電介面**：無線電的存取技術，包含調節計畫及程式計畫、多重存取計畫、軟體定義無線電（SDR）與可重構的系統、可調節的無線電介面、天線技術及觀念等，影響 4G 發展的相關技術，例如：路由演算法、網路架構存取技術（高封包流量節點）、不同無線電介面的資訊換手（水平及垂直的換手）、動態的服務品質控制、移動間的封包控制、多重輸入輸出（MIMO）等。

(3) **頻譜使用**：傳輸技術必須使用到額外的頻譜範圍，頻譜的使用效率與 4G 相關的技術，例如：分層的蜂巢結構、MIMO、頻譜分享技術等。

(4) **行動終端**：大多數的技術改革，都可從終端裝置的演進看見，不管是使用新的元件、新的軟硬體平台還是新的架構，例如：人機互動、M2M、行動終端平台（操作系統、中介軟體及應用程式平台）、電池技術（能源密度）等。

(5) 應用程式：應用程式的存取透過 IMT-2000 或進階 IMT-2000 系統，其相關技術例如：內容描述程式語言、APIs、中介軟體、動態變率編譯器等（來源：Recommendation ITU-R M.1645）。

ITU 於 2012 年在日內瓦舉行無線通信大會，宣布 LTE-Advanced 與 WirelessMAN-Advanced 成為正式的現行第四代通訊標準，在頻譜的使用上，第四代行動通訊將提高頻譜的使用效率，達成同時降低頻寬使用及提高資料傳輸量。4G 技術不止於頻譜使用的突破，也在傳輸速度上提供優異的品質，相較於 3G 智慧型手機資料傳輸速率，4G 行動通訊提高至少 100 倍的資料傳輸速率，讓消費者能享受高速、高品質的行動服務。

11-5-3　WiMAX 標準

WiMAX（Worldwide Interoperability for Microwave Access；全球互通微波存取），其具有可達約 48 公里的傳輸距離及更快速的傳輸速度（約 70Mbit/s），WiMAX 主要是以 IEEE 所制定的 802.16 系列標準為其發展的基礎，其系列標準有 802.16、802.16a、802.16b、802.16c、802.16d（802.16-2004）、802.16e、802.16f、802.16g、802.16j、802.16m，其中 802.16 是最早在 2001 年提出的標準，屬於固定式、單點對多點的無線寬頻傳輸標準。

基本上，802.16 系列標準的發展包含了三種型式，分別是固定式、可攜式以及移動式，像 802.16、802.16a 是屬於較早期制定的固定式標準，其只能用在固定接收，不能用於高速移動的環境。固定式標準 802.16d（802.16-2004）其傳輸速度則可達 75Mbps，而 802.16e 是在 2005 年制定的標準，其標準已具有移動性的功能並可提供 30 Mbps 的傳輸速度，可應用在如手機、筆記型電腦、汽車等具移動性質的產品上。2007 年開始制定的 802.16m（WirelessMAN-Advanced）標準，由 IEEE（電機與電子工程協會）宣布成為下一代 WiMAX 標準規格，並於 2010 年 10 月通過 ITU 認可達 IMT-Advance 標準。

11-5-4　WiMAX 發展

WiMAX 的發展在 2007 年 10 月 ITU（國際電信聯盟）在日內瓦所召開的世界無線通信大會中，經與會國家投票最後通過了將 WiMAX 技術正式納入 3G 標準，成為了 IMT-2000 家族的成員，讓 WiMAX 在全球的佈局邁進了一大腳步，讓許多國家和電信業者都開始支持 WiMAX 未來的發展。

　　在台灣，政府在 WiMAX 上早已投注了相當大的心血，2004 年「行政院國家資訊通信發展推動小組」提出了「行動台灣計畫（M-TAIWAN）」，5 年 370 億元的預算中，WiMAX 便是其關注的焦點。2007 年 7 月 26 日，我國 NCC 正式公佈六張 WiMax 分區執照得標廠商名單，得標廠商包括全球一動、威邁思電信、大眾電信、遠傳電信、大同電信和威達。

　　2007 年 10 月 22 日，在國際合作上正式與另外 5 家國際知名大廠完成 WiMAX 技術合作備忘錄的簽署，這 5 家國際大廠分別是 Alcatel-Lucent、Motorola、Nokia Siemens Networks、Sprint-Nextel、Starent，可以充分提供國內廠商與國外領導技術廠商之間的技術交流，進一步提昇國內廠商的核心技術能力，使台灣在國際上的 WiMAX 產業中取得重要地位。

　　而台灣在 WiMAX 研發領先許多國家，2008 年 WiMAX 認證實驗室的設立，當時全世界共有 6 間 WiMAX 認證實驗室，台灣就佔了其中的 2 間。由於 WiMAX 相關產品要取得 WiMAX Forum 核發的認證標籤，必須通過 WiMAX 認證實驗室的測試，因此，能取得 WiMAX Forum 核准建立 WiMAX 認證實驗室，WiMAX 相關產品便可以在國內進行認證，如此一來可以縮短產品出貨時間，更可以大幅降低認證成本。此時我國對 WiMAX 的投資也已位居全球第二，高達 200 億新台幣。

　　正當台灣在國際上站穩 WiMAX 的重要地位時，國際間的 4G 技術版圖發生了令人意想不到的變化，那就是 3GPP 陣營所主導的 4G 行動寬頻技術 LTE 的出現，WiMAX 的敗退就從此展開，從 2009 年起與我國簽屬合作備忘錄的大廠如 Alcatel-Lucent、Nokia Siemens Networks，都紛紛放棄 WiMAX 技術而轉向對 4G LTE 的投資。

　　但造成 WiMAX 退潮的最主要原因，是來自於英特爾（Intel）公司，身為 WiMAX 的發起者與主導者，英特爾於 2010 年 7 月無預警解散了 WiMAX 辦公室（WiMAXProgram Office），時至今日雖然英特爾從未聲明要將 WiMAX 結束，但解散 WPO、投資 LTE 技術等動作，無疑是將 WiMAX 打入冷宮，控制住 WiMAX 在全球的版圖，讓 WiMAX 對 LTE 的影響降至最低，加上許多已開發大國與大型跨國電信業者都採用 3GPP 陣營的 LTE，這樣的發展情形也讓台灣在 4G 通訊上好不容易拿到國際間的領先優勢不再，對許多台灣的電信業者、軟硬設備商來說，對 WiMAX 所付出的投資心血也相對較難以收回。

11-5-5　LTE

　　LTE（Long Term Evolution，長期演進技術），其概念是由日本電信公司 DoCoMo 於 2004 年所提出的。3GPP（3rd Generation Partnership Project）於 2008 年提出了 LTE Release 8 版本標準，LTE Release 8 引入了正交分頻多工（OFDM）、多重輸入多重輸出（MIMO）等技術，實現了在 20MHz 的頻寬下 100Mbps 的傳輸速度，但國際電信聯盟（ITU）認為 LTE Release 8 並不符合 IMT-Advance 行動通訊需求標準，直到 LTE-Advance 版本的出現，才達到了 ITU 所制訂的 IMT-Advanced 技術標準。LTE-Advance 加強高速移動狀態下的網路傳輸能力，儘管是在時速 350～500 公里的高速之下，都能提供網路服務，LTE-Advanced 於 2011 年 3 月由 3GPP 正式列為下一代行動通訊標準，於 2012 年宣布與 WirelessMAN-Advanced 成為正式的現行第四代通訊標準。

11-5-6　LTE 於台灣與世界發展情形

🌐 台灣情形

　　台灣於 2013 年 10 月完成了 4G 頻譜的釋照作業，NCC 釋出 700MHz/900MHz/1800MHz 頻段作為 LTE 使用，分區執照所得之國內電信業者分別為，中華電信、台灣大哥大、遠傳電信、亞太電信、台灣之星移動電信（頂新集團）、國基電子（鴻海集團）如下表所示。

◎ 表 11-3

頻段	頻段編號	頻譜範圍	底價（億）	得標價（億）	得標業者
700MHz	A1	上行703~713 MHz 下行758~768 MHz	46	64.15	亞太電信
	A2	上行713~723 MHz 下行768~778 MHz	46	68.1	遠傳電信
	A3	上行723~733 MHz 下行778~788 MHz	46	68.1	國基電子
	A4	上行733~748 MHz 下行788~803 MHz	69	104.85	台灣大哥大

頻段	頻段編號	頻譜範圍	底價（億）	得標價（億）	得標業者
900MHz	B1	上行885~890MHz 下行930~940 MHz	16	36.55	台灣之星
	B2	上行895~910MHz 下行940~950 MHz	21	33.2	中華電信
	B3	上行910~915MHz 下行950~960 MHz	21	23.7	國碁電子
1800MHz	C1	上行1710~1725MHz 下行1805~1820 MHz	22	185.25	台灣大哥大
	C2	上行1725~1735MHz 下行1820~1830 MHz	14	100.7	中華電信
	C3	上行1735~1745MHz 下行1830~1840 MHz	14	127.9	遠傳電信
	C4	上行1745~1755MHz 下行1840~1850 MHz	14	117.15	遠傳電信
	C5	上行1755~1770MHz 下行1850~1865 MHz	30	256.85	中華電信

（資料來源：NCC NEWS第10期）

中華電信、台灣大哥大、遠傳電信、亞太電信、台灣之星移動電信、國基電子獲頻寬分別為：35MHz、30MHz、30MHz、10MHz、10MHz、20MHz，合計釋出135MHz，頻寬大小將直接影響行動網路資料傳輸之品質，各家業者都為提供高品質的4G服務努力。

全球情形

LTE服務適用頻段分作FDD-LTE（分頻多工）與TDD-LTE（分時多工），ITU於2007年訂定IMT-Advanced標準，於標準中規劃5個頻段供4G網路使用，依照不同的地區有不同的頻段分布，台灣採用的是700MHz/900MHz，歐洲網路大多採用800/1800/2600MHz，美加地區所採用之頻段包括700MHz、1700MHz/1900MHz、2100MHz/2600MHz，而日本地區採用850MHz/1500MHz、1800MHz/2100MHz/2500MHz，大陸地區則採用1800MHz/1900MHz/2300MHz/2500MHz，各國之4G LTE頻譜使用及電信業者概況如下表所示：

◎ 表 **11-4** 各國電信業者 / 頻譜使用（**MHz**）

美國

Verizon Wireless	C Spire	MetroPCS	AT&T Mobility	Sprint Nextel	Leap Wireless
700	1900	1700/1900/2100	700/1700/2100	1900	1700/2100

加拿大

Bell	Telus	MTS	Rogers Wireless
1700/2100/2600	1700/2100	1700/2100	1700/2100/2600

中國

中國移動	中國聯通	中國電信
1900/2300/2600	1800/2300/2600	1800/2300/2600

日本

NTT DOCOMO	au(au byKDDI)	SoftBank	Wireless City Planning	EMOBILE
850/1500/2100	850/1500/2100	2100	2500	1800

英國

Vodafone	O2	EE	THREE
800/2600	800	800/1800/2600	800/1800/2600

德國

Vodafone	O2/Telefónica	Telekom Deutschland
800	800/2600	800/1800

法國

Bouygues Telecom	FT/Orange	SFR
800/1800/2600	800/2600	800/2600

南韓

SK Telecom	KT Corporation	LG U+
850/1800	900/1800	850/2100/2600

（資料來源：Wikipedia）

在世界各地 4G 的服務佈建都已成形，各國的電信業者們在 4G 頻譜的標售也都歷經過一番角力，都是為了提供高品質的 4G 行動通訊服務，讓使用行動通訊的人們，能夠享受到順暢且高速的網路傳輸品質。

11-6　第五代行動通訊 5G

隨著行動裝置的問世，人們生活的型態逐漸地在改變，對行動通訊的需求也不斷地提高，促使行動通訊技術不斷演進，當第四代行動通訊（4G）在世界各個地區遍地開花後，第五代行動通訊（Fifth Generation Mobile Network, 5G）的發展也開始受到人們的關注。經過第二代行動通訊 GSM、第三代行動通訊 UMTS 及第四代行動通訊 LTE-Advance/WiMax-Advance 等技術發展，從以往新一代的行動通訊標準是經由 3GPP、WiMax 論壇、國際電信聯盟（ITU）等標準組織所定義發布，到第五代行動通訊，則是率先由英國的通訊商 Orange、Vodafone；日本的 DoCoMo、Sprint；中國的中國移動；荷蘭的皇家電信等企業，在 2006 年於英國成立的—「新世代行動網路聯盟」（Next Generation Mobile Networks Alliance, NGMN Alliance）於 2015 年提出的《5G 白皮書 NGMN 5G White Paper》，其中對第五代行動通訊定義出使用者經驗種類、資料傳輸速率要求以及網路延遲等擘畫，並計畫將第五代行動通訊於 2020 年正式商轉。

大家都知道行動通訊主要是通過不同的頻率發送無線電磁波，且在不同的頻段中運作著不同的傳輸工作。一般而言，低頻段的無線電磁波傳輸射程較遠、高頻的無線電磁波傳輸射程則較短，例如：2G 行動通訊 GSM 被定義在 450MHz、850MHz、900MHz、1800MHz 和 1900MHz 等低頻段運作，一般情況一個 GSM 的天線蜂窩半徑為 35 公里、最高可以傳播達 120 公里以上的範圍，然而個人區域網路（Personal Area Network, PAN）例如藍芽（Bluetooth）傳輸技術，則是被定義在短波特高頻（UHF）的 2.4-2.485GHz 頻段運作，主要是應用於短距離的情況下，裝置與裝置間進行資料交換，一般情況下的傳播距離為 10 到 100 公尺。

然而第五代行動通訊所採用的是極高頻（Extremely high frequency, EHF）電磁波，頻率範圍為 30～300GHz，是介於超高頻（Super high frequency, SHF）與超級高頻（Tremendously high frequency , THF）之間，比起 4G 網路的特高頻（Ultra High Frequency, UHF）有限的頻譜資源，極高頻在頻譜上的運用可以更有效率，5G 能提供相對於現今網路的一千倍的頻寬速度提升，但只損耗了相當於 4G 50％的能源，在 500km/hrs 的移動情形下，5G 行動通訊能達成 10Mbps 的上傳／下載速度、網路的延遲更能縮短至 10 毫秒（ms）甚至是 1 毫秒以內，這對於 5G 所宣稱的三方面提升訴求：網路性能（Network capabilities）、網路可持續運作性（Enablers for operational sustainability）以及商業應用的靈活性（Enablers for business agility）是做好的數據實例。下表則是《NGMN 5G White Paper》針對使用者需求定義出 5G 行動通訊的 KPI（Key Performance Indicators, 關鍵績效指標）定義。

◎ 表 11-5 5G 行動通訊 - 使用者經驗關鍵績效指標（資料來源：NGMN 5G White Paper）

使用案例	資料傳輸速率	端對端（End to End）延遲	移動性
50Mbps+ 任何地方	下載:50Mbps 上傳:25mbps	10毫秒	0-120km/h
室內極高頻帶存取	下載:1Gbps 上傳:500Mbps	10毫秒	步行速度
極低網路延遲	下載:50Mbps 上傳:25Mbps	1毫秒	步行速度
高空飛行存取	下載:15Mbps （單一使用者） 上傳:7.5Mbps （單一使用者）	10毫秒	最高1000km/h
網路高密度存取	下載:300Mbps 上傳:50Mbps	10毫秒	視需求（0-100km/h）

　　5G 行動通訊雖然相容於 4G 行動通訊的基礎建設，但在網路的應用型態已截然不同，5G 的三大訴求：網路性能（Network capabilities）、網路可持續運作性（Enablers for operational sustainability）以及商業應用的靈活性（Enablers for business agility），將充分地被應用於物聯網以及其延伸的應用領域，而成為一個全新的網路服務型態，更能促進新一代的商業模式崛起，在不久的將來，所有跟人們生活有關的事物都無法與網路脫離，而 5G 行動通訊則是最重要的啟動開關。

11-7 行動通訊安全

11-7-1 行動通訊安全的重要性

某位電腦駭客入侵政府的網站，動了一番手腳後，某個人的身份被嚴重修改了，她的信用卡被止付、社會福利號碼消失，而且還成了殺人放火的通緝犯，這是電影的情節，但是，「未來有可能發生」。

由於科技的發展，網路早已和人們的生活習習相關，而行動通訊技術更是由過去只拿來做語音傳輸用的 1G 類比式系統，逐漸演進到提供多媒體影像、語音與數據傳輸的 3G 系統，它所帶來的龐大商機，便是讓許多業者前仆後繼投入了大量資金想占有一席之地。

但是，和網路的電子交易一樣，行動通訊也面臨到了一個重要的問題，那就是「通訊安全」。縱然廠商提供各式各樣便利的服務，但若是你的資料（如信用卡卡號、銀行帳號密碼）在傳輸過程有可能被竊取，相信你絕不會想去碰它了。

早期 1G（第一代行動通訊）的通訊安全有很大的漏洞，一是其傳輸過程沒有隱密性可言，任何人都可以利用簡單的無線電接收設備，監聽通話內容，其二是系統無法有效辨識手機用戶的合法性，因此常聽說歹徒利用「王八機」（也就是盜拷手機）來犯案，以躲開警方的追緝。

而隨後推出的 2G，採數位式系統，對通訊安全就提供了較多的保障，例如用戶向電信公司申請 GSM 的門號，電信公司核准後會發給用戶一張 SIM（Subscriber Identity Module：用戶辨別模組）卡，這張 SIM 卡儲存了用戶的基本資料和傳輸時所需的密鑰，透過它電信公司便可以用來辨識手機用戶的身份、合法性與加密傳輸內容，如此便可以有效解決在 1G 常發生的手機盜拷問題。

而未來 3G 所使用的安全機制，由於配合電子商務的使用量大增、國際漫游的需求等因素，其考量必須更加周詳，例如：安全機制應減少占用連線時間、個人隱私權的保護（系統業者透過定位系統，可以隨時知道你身在何處，影響您的隱私權）、安全機制統一化以便符合各國法規要求…等，目前 3G 採行的安全機制仍未完全定案。

以日本 NTT DoCoMo 為例，其推出的 3G 服務「FOMA」是採用 F5 Network 公司 BIG-IP 技術，做為其用戶傳輸資料加／解密的安全機制，另外其 SSL 加速器，則是用於分擔 SSL 伺服器處理 SSL 的工作，以提高整體傳輸效能。

11-7-2　安全性的要求

就通訊安全而言，基本上包含「用戶身份的識別」、「訊息的完整性」、「訊息的機密性」與「不可否認性」等四項特性。

- 用戶身份的識別：目前在網路上的交易，主要是利用「憑證」來做為用戶身份的識別，憑證是由公證第三者認證單位（CA；Certificate Authority，例如 VeriSign（參考網址：http://www.verisign.com））、台灣網路認證股份有限公司（TaiCA 參考網址 http://www.taica.com.tw），經委託單位授權同意後所發行的。

  憑證的內容主要包含了 Public Key、用戶的帳號或卡號、序號、有效期限…等。

  憑證的安全性和其位元長度有關，TaiCA 目前提供 40 位元與 128 位元二種，一般而言，如需要傳輸信用卡卡號、銀行帳號密碼等重要機密資料，建議申請 128 位元的憑證。

- 訊息的完整性：簡單的說，就是指訊息在傳輸過程中，不會被篡改、破壞、或刪除，想想，要是買賣方在傳輸報價時，數字多一個 0 或少一個 0，那可是影響很大的。

  基本上，訊息傳輸的完整性，可以透過檢查碼（Checksums）和辨認碼（Authentication Code）的技術來達成。

- 訊息的機密性：要做到訊息傳輸的機密性要求，一般都是透過加／解密的方式。

  訊息會先透過金鑰 1 加密，變成亂碼後，再傳送出去，傳輸過程中就算有人竊得其內容，沒有解密用的金鑰也無法解密，因此便可保持此訊息的機密性，等到接收端收到這加密的訊息，再經金鑰 2 解密的手續便可得到正確的訊息。

- 不可否認性：指留下雙方交易的證據，避免任何一方不承認此項交易。

基本上，加／解密系統可以概分為二類：對稱式與非對稱式。

1. **對稱式加／解密系統**

指上述的金鑰 1 和金鑰 2 是同樣的，換言之，訊息的傳送者和接收者其加 / 解密都用同樣的金鑰，如下圖：

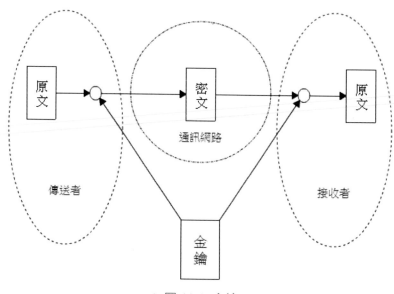

▲ 圖 11-1　金鑰一

2. **非對稱式加／解密系統**

又稱公開金鑰加密法（Public-Key Encryption），訊息的傳送者和接收者使用不同的金鑰來加 / 解密，傳送訊息使用金鑰 1 加密，而接收時利用金鑰 2 解密，金鑰 1 與金鑰 2 是成對的，通常我們分別稱它們為公鑰（Public-key）及私鑰（Private-key），少了任一個就無法完成加 / 解密的工作。公鑰在傳送時是公開的，而要解密的私鑰則是不公開的，其操作模式如圖 11-2　金鑰二。

先前提到的 SSL 機制，就是屬於公開金鑰加密法。

SSL（Secure Socket Layer）：是目前廣泛應用在 Internet 電子商務交易（如信用卡資料的傳輸）的一種加密及解密技術標準，配合憑證來識別用戶身份，以保護資料在交易過程中的安全性。

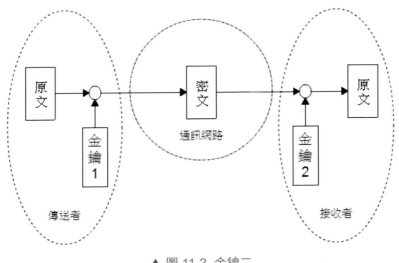

▲ 圖 11-2　金鑰二

11-7-3　行動通訊的潛在風險與防範措施

　　隨著行動裝置的普及使用，許多資安風險應運而生，用戶資料在不知名的情況下便遭到有心人士的竊取，全球第一支手機惡意程式在 2000 年誕生，其為附著在 **WAP** 手機上的病毒，透過病毒發送大量 **SMS** 簡訊給伺服端，導致大量用戶的手機被垃圾簡訊攻擊的事件。現今的行動裝置仍存在著被病毒或是惡意程式攻擊的機會，常見已遭受攻擊的表徵如：

- 🌐 防毒發出警報通知。
- 🌐 異常的系統活動：網路瀏覽異常緩慢、系統無預警關機等。
- 🌐 應用程式時常出現非正常反應：出現亂碼、非預期的崩潰。
- 🌐 收到不知名的簡訊：接收到亂碼簡訊，簡訊出現不尋常的字元。
- 🌐 自動發話：手機自行撥話給不知名的號碼。
- 🌐 不尋常的網路流量活動或是帳單紀錄。

　　這些行動裝置系統的異常現象，都是以遭受惡意程式感染的前兆，為確保個人用戶資料的安全性及隱私保密性，針對行動裝置的使用可以下的方式作為因應機制：

- 🌐 不連接不知名的 Wifi、藍牙連線。
- 🌐 安裝行動裝置防毒軟體。

◎ 不隨意開啟不知名的 SMS 簡訊或是電子郵件。

◎ 不隨意下載來路不明的應用程式。

◎ 手機資料定期備份。

◎ 不隨意填寫個人機密資料、信用卡資料。

　　若以確定遭到感染攻擊，用戶可以先關閉網路、拆除電池，並將手機交給鑑識人員分析後，更換全新的裝置進行使用。在行動裝置普及使用的現今，個人用戶保障自身的作法即是培養良好的使用習慣以及防毒措施，才能有效的阻絕攻擊與保障隱私。

Q&A 測試

1. 行動通訊系統的三大組成部份為何？

2. 所謂的 GSM 雙頻手機，包含了哪二種頻率？

3. Soft Handoff 和 Hard Handoff 的不同？

4. WAP 的通訊協定主要包含了哪幾項？

5. 編寫 WAP 網頁的主要使用語言為何？

6. 第二代行動通訊 2G 和 2.5G 其資料傳輸的技術有何不同？

7. ITU 針對 3G 其傳輸速率有何規範？

8. IMT-2000 中訂定 3G 的三大技術標準為何？

9. 請列舉幾項 3G 應用的服務。

10. 全球第一個以 W-CDMA 為標準所提供的 3G 服務國家為何？

11. 以 CDMA-2000 為標準所提供的 3G 服務國家又為何？

12. GSM 手機主要以何種方式來防止手機的盜拷問題？

13. 目前在網路上的交易，主要使用何種方式來做為用戶身份的識別？

14. 加／解密系統依其金鑰的類型可以概分為哪二類？其金鑰的類型有何不同？

15. 在第四代行動通訊標準中，經過國際電信聯盟認可，通過 IMT-Advanced 技術標準的規格有哪些？

16. 台灣所採用的 4G 頻段有哪些？

17. 在 ITU 的定義之中，4G 行動通訊的傳輸速率為何？

18. Which one of the following is not a wireless wide area network technology？
（中山資管所 102 年計算機概論）

    (A) UMTS

    (B) LTE

    (C) WiMAX

    (D) Ultra-wideband

19. Which of the following is most closely related to eBay to ensure that payment transferred securely from buyer to seller on the condition that the product is sold as claimed？（台大資管所 98 年計算機概論）

    (A) SSL

    (B) SET

    (C) PayPal

    (D) FedEx

20. The encryption scheme where the sender and the receiver share the same key for encoding and decoding the message：（台大資管所 98 年計算機概論）

    (A) Asymmetric encryption

    (B) Symmetric encryption

    (C) Common key encryption

    (D) None of the above

◎ 參考解答 ◎

1. 包含了 Mobil Station（MS）行動台、Base Station（BS）基地台、Mobil Switching Center（MSC）行動交換中心等三大部份。

2. 包含了 900 及 1800MHz。

3. Hard Handoff 屬於 Break-Before-Make 方式較有斷話的可能。

   Soft Handoff 屬於 Make-Before-Break 方式，較不易有斷話的可能。

4. (1) Wireless Application Environment（WAE）

   (2) Wireless Session Protocol（WSP）

   (3) Wireless Transaction Protocol（WTP）

   (4) Wireless Transport Layer Security（WTLS）

   (5) Wireless Datagram Protocol（WDP）

5. WML（Wireless Markup Language）

6. 2G 是使用電路交換（Circuit-Switch）方式，而 2.5G 則是使用了封包交換（Packet-Switch）方式。

7. 依不同傳輸環境，具有不同傳輸速率：

   (1) 室內環境：至少可達 2Mbps。

   (2) 慢速移動：至少可達 384kbps。

   (3) 高速移動：至少可達 144kbps。

8. (1) W-CDMA（Wide-band Code Division Multiple Access）

   (2) CDMA-2000（Code Division Multiple Access-2000）

   (3) TD-SCDMA（Time-division Synchronous Code Division Multiple Access）

9. 影像通訊、即時娛樂、影音郵件、視訊會議、行動商務…等。

10. 第一個以 W-CDMA 為標準提供 3G 服務的國家為日本。

11. 第一個以 CDMA-2000 為標準提供 3G 服務的國家為南韓。

12. 使用 SIM 卡。

13. 使用憑證。

14. (1) 對稱式加／解密系統：訊息的傳送者和接收者其加／解密都用同樣的金鑰。

    (2) 非對稱式加／解密系統：訊息的傳送者和接收者使用不同的金鑰來加／解密，傳送訊息使用公鑰（Public-key）加密，而接收時利用私鑰（Private-key）解密。

15. LTE-Advanced、WirelessMAN-Advanced

16. 700MHz/900MHz/1800MHz

17. 靜態傳輸達 1Gpbs、高速移動下傳輸達 100Mbps

18. (D)

    🌐 UMTS：3G 行動通訊技術規格

    🌐 LTE：3G～4G 間之行動通訊技術規格

    🌐 WiMAX：3G～4G 間之行動通訊技術規格

19. (A)

    SSL（Secure Socket Layer）：是目前廣泛應用在 Internet 電子商務交易（如信用卡資料的傳輸）的一種加密及解密技術標準，配合憑證來識別用戶身份，以保護資料在交易過程中的安全性。

20. (B)

    對稱式加／解密系統，訊息的傳送者和接收者其加／解密都用同樣的金鑰，如下圖：

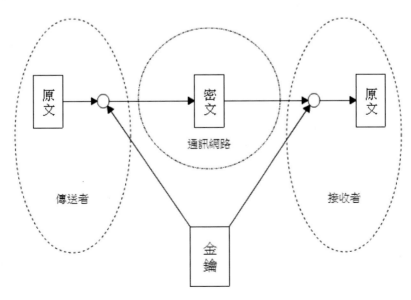

PART 4

網路應用篇

12

CHAPTER

ADSL與Cable Modem

12-1　簡介

隨著 Internet 的快速發展，傳統撥接上網所使用的 Modem（數據機）傳送速度雖然由 14.4、28.8、33.6 提升至目前的 56Kbps；但對於 Internet 上的使用者而言，這樣的速度依然不夠，因為現在 Internet 上傳送的資料常常包含有圖片、文字、語音、動態影像…等等，使用者需要的是更高的傳送速度。在傳統類比式數據機發展到 56Kbps 而遇到瓶頸時，網路大廠紛紛發展寬頻的傳輸產品，目前最被看好的寬頻傳輸產品是 Cable Modem（纜線數據機）和 ADSL（非對稱數位用戶迴路）。

我們如今一般所使用的線路是類比用戶線路（Plain Old Telephone Service；POTS），而新興的寬頻傳輸技術所使用的是數位用戶迴路（Digital Subscriber Line；DSL），一般通稱為 xDSL。

常見的數位用戶迴路（xDSL）有 HDSL（High Data Rate Digital Subscriber Line；高傳輸數位用戶迴路）、VDSL（Very High Data Rate Digital Subscriber Line；極高傳輸數位用戶迴路）和 ADSL（Asymmetric Digital Subscriber Line；非對稱數位用戶迴路）。

- **高傳輸數位用戶迴路（HDSL）**：可藉由兩對傳統電話線路達到 Tl（1.544Mbps）或 E1（2.048Mbps）的傳送速度，傳送時使用的是對稱的傳送方式，也就是上傳和下傳的速度是一樣的，唯一的缺點是距離無法太長。目前在台灣已有部份的企業採用 HDSL。

- **極高傳輸數位用戶迴路（VDSL）**：是 xDSL 中傳送速度最快的技術，傳送速度可以從 13Mbps～60Mbps。不過由於規格尚未定妥，所以尚在努力發展中。

- **非對稱數位用戶迴路（ADSL）**：是目前一般民眾普遍用於寬頻上網的一種技術，使用 ADSL 上傳的速度可從 64Kbps 到 1Mbps，下載的速度可以從 256Kbps 到 12Mbps，由於上下傳送的速度不同，所以稱為非對稱（Asymmetric）的傳送技術，其最受注目的地方不是上下傳送的速度不同，而是 ADSL 可以利用現有已架設完成的電話線路，突破現有 56K Modem 的傳送限制，達到寬頻高速網路的傳送能力。

12-2 ADSL 的傳送與連線方式

◆ ADSL 的傳送方式

ADSL 訊號的傳送方式是近幾年來爭議之所在，唯有待其規格訂定，發展硬體的廠商才會大量投入。

有關 ADSL 訊號的傳送方式，一般可分為 CAP（Carrierless Amplitude/phase Modulation）和 DMT（Discrete Multitone）。

● **CAP**：是 Carrierless Amplitude/phase Modulation 的縮寫，也就是無載波調幅與相位調變。CAP 是 AT&T 公司於 1991 年開發出來的，具有調變技術機制的原型機，結合了上傳與下傳分別處理功能，與目前數據機的處理方式很相似，整合起來比較容易。CAP 可以提供接收頻道（downstream）、傳送頻道（upstream）和 POTS 頻道（電話用頻道），利用 CAP，可以一面接收或傳送資料、一面打電話，彼此不會互相干擾，十分方便。目前大部份的 ADSL 設備都是使用 CAP 的傳送方式。

● **DMT**：是 Discrete Multitone 的縮寫，也就是離散多重音調。DMT 是 Amati Communication 提出來的技術。DMT 將頻道切成 256 個子頻道，每個子頻道佔用 4KHz 來傳送資料，DMT 會去檢查每個子頻道的狀況，以確保傳送的品質。使用 DMT 的好處是可以有效地利用頻寬，維持傳送服務的品質（若有子頻道受干擾，就關閉該子頻道），和 ATM（非同步傳輸模式）搭配良好。

◆ ADSL 的連線方式

ADSL 的設備常見的有 ADSL Router（路由器）和 ADSL Modem（數據機）如圖 12-1。而 ADSL 最大的效益是使用現有的銅纜線路，勿需額外花費建構基礎網路，即可取代傳統類比的 Modem（數據機）。

▲ 圖 12-1 中華電信使用的 ADSL Modem

ADSL 的連線是只要在局用端（電信局或 ISP）提供 ADSL 服務，廣大的用戶端安裝 ADSL Modem，就可以享受原有的電話服務，更可以快速地取得網際網路上的各種服務。

有關 ADSL 的連線方式，請見圖 12-2：

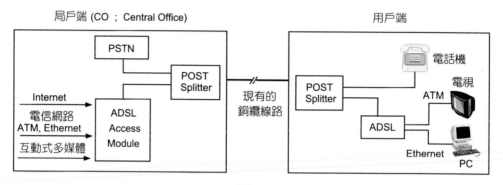

▲ 圖 12-2

在局戶端的機房中，ADSL 存取模組會將 Internet 服務連線的訊號、電信網路的資料和互動式多媒體的資料都接收好，在 POTS Splitter 中和傳統電話服務（0-4KHz）訊號結合起來，透過現存的電話線路傳送至各個用戶端。用戶端收到後，在 POTS Splitter，先將傳統電話使用的訊號（0-4KHz）分離出來，送到電話機，其餘的訊號送到 ADSL，經解調變或解碼後，送到用戶端的 TV 或 PC。

在用戶端的 PC，則將資料傳送到 ADSL 作調變及編碼，然後送到 POTS Splitter 與傳統電話的訊號（0-4KHz）作結合，經由現成的電話線路傳送到局戶端；局戶端的 POTS Splitter 將傳統電話的訊號分離出來處理，其餘的經解調變或解碼後，再透過 ADSL Access Module 送至 ISP。

12-3　國內 ADSL 網路的應用架構

在國內，ADSL 網路的應用主要有兩大類，一是全省中小學連網部份，另一個應用則是商用 ADSL 網路。

全省中小學連網應用架構如圖 12-3：

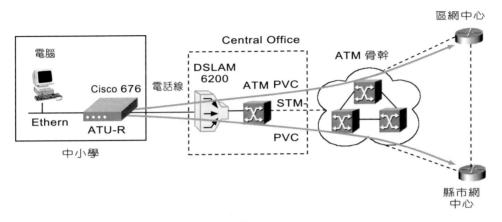

▲ 圖 12-3

中小學的電腦將封包送到 ADSL 設備，這時候封包會轉換成 ADSL 封包，再傳送到 Central Office 的 DSLAM（Digital Subscriber Line Access Multiplexer），經過多工器送到 ATM 設備，不論是連接到縣市網中心，或直接連到區網中心，都是透過 ATM 骨幹，再透過區網中心，連上 Ethernet。

商用 ADSL 網路的連線圖如圖 12-4：

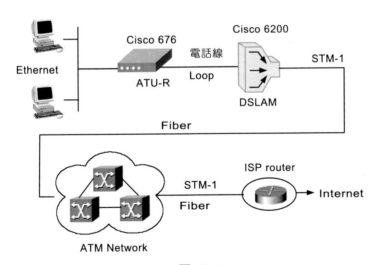

▲ 圖 12-4

在公司用的電腦或家用的 PC，將封包送到 ATU-R，再透過電話線連上 Network Provider（今多工器和 ATM）網路，然後透過光纖連上網際網路服務提供者，再透過 ISP 連上 Internet。

12-4 ADSL 簡易的故障排除

在國內，已經有眾多的家庭用戶和企業使用 ADSL 連上 Internet，有時候會發生連不上 Internet 的情形，只要我們了解 ADSL 相關設備的使用，就可以進行簡易的故障排除，而不需要等候廠商的修復了。

我們以用戶端的 ADSL 線路為例子，目前申請 ADSL 線路時，用戶端會配置一台 ATU-R（我們一般稱為 ADSL 的設備），在 ATU-R 正面的面板上有六個燈號，如下圖：

▲ 圖 12-5

我們解釋如下：

- **PWR**：電源指示燈
- **ALM**：警示燈
- **LLK**：電腦網路卡連線指示燈
- **LAC**：電腦網路卡傳送指示燈
- **WLK**：機房連線指示燈
- **WAC**：機房傳送指示燈

在正常連線的情形下，ATU-R 面板的 PWR，LLK 和 WLK 三個燈號應該亮綠燈，若是有故障的情形發生時，簡易的處理方式如下：

- **PWR 燈不亮**：檢查電源是否接好，電源按鈕是否開啟。
- **LLK 燈不亮**：檢查電腦網路卡是否安裝設定好，再檢查網路線。
- **WLK 燈不亮**：檢查連接機房的配線是否脫落，再重新開機。
- **ALM 亮紅燈**：將電源按鈕重新開啟，等待約一分鐘後，再測試連線是否正常。

以上簡易的故障排除仍無法順利連上 Internet 時，請向 ISP 客戶服務部門申告障礙，派工程師來處理。

12-5　ADSL 的特色與發展

ADSL 的特色

- **升級方便**：利用原有的傳統電話線配合使用 ADSL Modem，用戶即可升級。

- **高速上網**：使用 ADSL 上網，比傳統數據機撥接方式快十倍以上（以 1M 和 56Kbps 來比較），可以提供用戶多媒體、視聽娛樂…等網路服務；目前一般 ISP 提供的頻寬選擇有 256K/64K、1M/64K、2M/256K、2M/512K、3M/640K、8M/640K、12M/1M 等。

- **一線雙用**：在上網的同時也可以撥打電話。

- **不須撥號**：不像傳統數據機須撥號，使用 ADSL 時只要輸入帳號及密碼連線即可。

- **費用計算**：目前一般使用 ADSL 的費用包含了二大項——中華電信電路費 + ISP 網路費。

　　因為目前的 ADSL 用戶必須使用中華電信的電路，因此這項費用是會出現在您的中華電信電話帳單中，而 ISP 網路費則因各家 ISP 的費率而有所不同，目前國內提供 ADSL 服務的 ISP 有中華電信（HINET）、數位聯合（SEEDNET）、東森寬頻（ETHOME）、和信媒體（GIGA）…等。所以，建議您在申請前，貨比三家不吃虧。

ADSL 的發展

　　ADSL 在台灣已經相當普及，隨著全省中小學的使用，中華電信的大力推展，一般用戶的價格不會太貴的情形下，有相當大發展的空間。

　　在廠商支授發展方面，國內有合勤、亞旭、致福、喬治、系統、展達和聯合光纖…等等在發展 ADSL 數據機，另外，仲琦、友勤、台聯、正華、東訊、台通…等等在發展 ADSL 局戶端和用戶端的系統。

　　在目前的應用上，有中華電信的互動式多媒體服務、淡江大學校外宿舍資訊網路、新竹科學園區寬頻區域網路、全省中小學上網計劃和一般用戶連網計劃，這麼多的應用計劃和實驗測試，可以讓我們相信 ADSL 是未來寬頻網路中，相當重要的成員。

12-6 Cable Modem 介紹

目前有多家的 ISP 和有線電視合作,共同推展使用纜線數據機(Cable Modem),如圖 12-6,

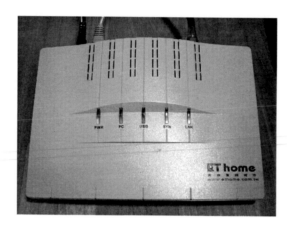

▲ 圖 12-6 Cable modem

分為單向和雙向兩種解決方案。單向的 Cable Modem 在上傳資料時,仍需透過傳統的數據機撥接連線才可以連上網路,而雙向的 Cable Modem 則不需要撥接動作,而是直接連上網路,傳送的速度較之傳統的撥接傳送速度迅速十多倍甚至百倍,真可說是在 "飆網"。

Cable Modem 使用的是有線電視(俗稱第四台)的同軸電纜線連接上網,而原先的纜線系統是用來傳送電視節目到各個家庭中,所使用的頻率在 50-450MHz,目前有線電視所鋪設的混合光纖 Z 同軸電纜(hybrid fiber / coax HFC)則可以使用到 700MHz或更高的頻率。這對 Cable Modem 的使用更有幫助,因為使用者希望在使用 Cable Modem 時不要影響電視的收看。若是傳統使用的頻率 50-450MHz 都給電視節目頻道佔用了,那 Cable Modem 的頻道要放在哪兒?目前在 Cable 網路的使用頻率範圍為5-45MHz 給 Cable Modem 上傳資料,55-750MHz 給電視節目和 Cable Modem 下傳資料,如圖 12-7:

▲ 圖 12-7

若是有線電視節目原先已佔用了 50-550MHz 的頻率,則新加入的 Cable Modem 所使用的頻率為:5-45MHz 給 Cable Modem 上傳資料,有線電視使用 5-550MHz,550-750MHz 則給 Cable Modem 下載資料,如圖 12-8 所示:

▲ 圖 12-8

12-7 Cable Modem 的系統架構

若將 Cable Modem 存取網路的參考模型對應到 OSI(Open System Interconnect)7 層的關係,則如圖 12-9:

Application		
Presentation	Applications	MCNS Control Message
Session		
Transport	TCP or UDP	
Network	IP	
Data Link	IEEE 802.2	
	MCNS MAC	
Physical	Down Stream TDM	Up Stream TDMA
	Digital RF Modulation (QAM-64 or QAM-256)	Digital IF Modulation (QPSK or QAM-16)
	HFC	

▲ 圖 12-9

用戶端下傳資料時,可以利用 64QAM 技術,達到 30Mbps;更可以使用 256QAM 技術下傳達 40Mbps。用戶端上傳資料時,只能使用 16QAM 或 QPSK 技術,達到 2.56Mbps～5.12Mbps，而一個纜線區網大約可以連接 500 到 5000 個家庭，分流的結果，每個用戶端大約只能存取 128Kbps～ 數 Mbps，但比起現在使用的數據機（56Kbps）而言，還是快太多了。

Cable Modem 常用的系統架構有兩種。

一是維持目前的電視使用情形而使用電腦透過 Cable Modem 連上網，如圖 12-10。

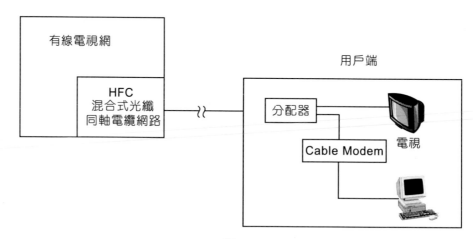

▲ 圖 12-10

另一種使用方式為電視和電腦都可以上網，這時候還需要多加 Set-Top-Box（機上盒），如圖 12-11。分配器的連接，並非一定得接上 PC，有些家庭在不用電腦的情形下，可以加裝 Set-Top-Box，就可以透過電視上網了。

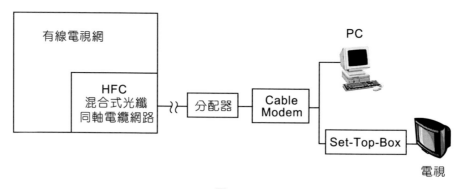

▲ 圖 12-11

12-8　ADSL/Cable Modem 的差異

目前國內一般民眾寬頻上網的二大主流 ADSL 與 Cable Modem，它們之間有何差異呢？簡單來說，一個是獨享，一個是分享.

ADSL 是利用我們傳統電話線為傳輸介質，一戶一線，各自獨享其頻寬，而 Cable Modem 是利用有線電視的同軸電纜為介質，同一區段其所有用戶共用其頻寬，因此並無法做到網路傳輸流量管制，換句話說，每個用戶能使用到的頻寬都不一定

ADSL 與 Cable Modem 的比較整理如下表：

◎ 表 12-1

比較項目	ADSL	Cable modem
傳輸介質	電話線	有線電視同軸電纜
頻寬特性	1.頻寬獨享 　下載:2M - 12Mbps 　上傳:64k - 1Mbps 2.屬非對稱傳輸方式	1.頻寬共享 　下載:27M-36Mbps 　上傳:768k-10Mbps 2.屬非對稱傳輸方式（指雙向型）
IP 位址	固定制:固定IP位址非固定制:動態IP位址	非配發固定IP,使用動態IP位址
網路安全性	較佳	較差
傳輸距離限制	用戶必須在距離機房5公里的範圍內	無ADSL傳輸距離的限制
連接方式	星形連接,用戶間不會互相干擾	串接式，個別用戶障礙會互相影響
適合對象	一般個人/家庭,企業	一般個人/家庭（用戶住所必須在有線電視系統業者有提供服務的區域內）

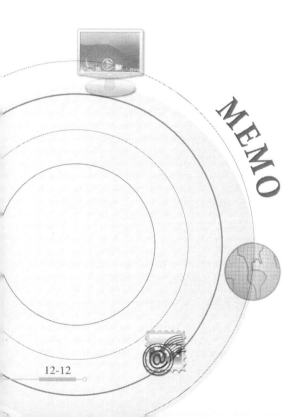

MEMO

CHAPTER

13

網路的應用服務

13-1　簡介

　　隨著網路的普及，時至今日許多關鍵性的網路應用正在改變人們生活的型態，這樣的改變甚至連我們都無法想像，從雲端運算的概念提出到實際商轉，不過短短的兩年，雲端運算以整個改變軟體、硬體、系統整合商等的產銷生態，更改變人們使用軟體與企業導入資訊系統的模式。當雲端運算的使用越發普及，雲端上的資料量越來越多，雲端服務提供商或是資料中心成為一個超大的資料庫，當資料量大到一定程度時，對這些資料進行分析後，可以得到較好的答案，這就是大數據。近年來雲端運算、大數據、物聯網的形成，網路服務近乎無所不能，另外近場通訊、網路電話、網路安全等，都是網路世界新興的應用議題，我們介紹如後。

13-2　雲端運算（Cloud Computing）

- 🌐 什麼是雲端運算？
- 🌐 雲端運算的服務分類
- 🌐 雲端運算的服務架構與關鍵技術
- 🌐 雲端運算帶來的影響

13-2-1　什麼是雲端運算？

　　根據美國國家標準技術研究所（NIST）對雲端運算的定義：「雲端運算是依照需求，能方便存取網路上所提供的電腦資源的一種模式，這些電腦資源包括：網路、伺服器、儲存空間、應用程式以及服務等，同時減少管理的工作，可以降低成本並提升效能」，雲端運算的背後是由一大群的電腦，透過一個網路或整個網路將大量的電腦連接起來，形成一個大量的網路資源，每一台電腦都有提供服務的能力，也就是說利用這些電腦的運算能力循環共享，讓每台電腦沒有閒置的時間，網路資源可以快速地被供應，減少管理的工作、降低成本並提昇效能，雲端運算的概念圖如下圖 13-1 所示。

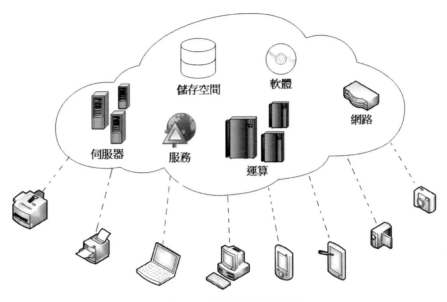

▲ 圖 13-1 雲端運算概念圖

　　然而在圖 13-1 的呈現，將雲端運算概念描繪成一朵雲，利用雲這樣的圖示對雲端運算的描繪用意，重點是強調雲端運算對網路資源的運用，並非聚焦於網路運作的細節（如圖 13-2），客戶端的請求如何行經交換、路由、再連接到甚麼樣的伺服端等種種細節已不是重點。雲端運算的價值及其對世界帶來的改變，在於這朵雲如何被運用，就是雲裡包含的網路、伺服器、儲存空間、應用程式以及服務，如何讓各種網路裝置方便地存取，這樣看似簡單的改變，卻是一項重大的變革。

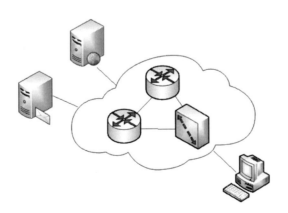

▲ 圖 13-2 主從式網路運作

　　雲端運算的概念並不是一項嶄新的發明，雲端運算的概念結合了分散式運算（Distributed computing）、網格運算（Grid computing）以及公用運算（Utility computing）。

分散式運算的概念出現始於 1970 年代，其運算的主要概念是將一個使用者的請求分割成 n 個區塊，n 個區塊再分配給 i 台電腦（伺服器）處理，透過 i 台電腦的運算後再彙整最後結果，讓運算的能力得到更多的提升。

網格運算則是基於分散式運算的運算概念基礎，利用網格（Grid）這樣的公開標準，將分散在不同位置、不同組織、不同類型（等級、作業系統、介面）的電腦資源，透過網際網路在共同制定的網格的標準下，達到資源的共用與協同作業，用以解決相同的任務及目標。

而公用運算則是強調「資源隨需供應」、「資源按用量計費」的概念，也就是如同供應水、電、瓦斯一般，用戶選擇所需的 IT 服務，並依照用量計費，不論是運算、儲存、應用程式或是網路資源，提高 IT 資源使用的效率。

13-2-2　雲端運算的服務分類

雲端運算到底提供了甚麼服務？依照不同的服務類型又有甚麼差異？根據 NIST 的定義，典型的雲端運算架構分作三個層級：應用層、平台層、基礎設施層，如圖 13-3 所示：

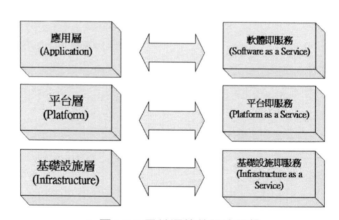

▲ 圖 13-3 雲端運算的服務層級

1.　基礎設施層（Infrastructure）

基礎設施層主要特點是將硬體資源虛擬化、加以管理、再提供服務，硬體資源包括：網路、儲存、運算等資源，將實體資源抽象化成一個合體（如圖 13-4），利用虛擬實體資源合體的能力，提高整體 IT 資源的使用效率，透過有效的 IT 資源管理，提升資源的穩定性及可靠度，這樣一來，對內可提供優化的資源管理機制，另一方面，對外可依照特定需求，提供彈性且穩定的基礎設施服務。

2. **平台層（Platform）**

平台層介於雲端架構的中間層，於應用層與基礎設施層之間，平台層類似於中介軟體（Middleware），但平台層更多的是提供了一個可程式的環境，具備開發、管理、監控、佈署等可程式環境，在相對低廉的開發成本內，快速地提高服務的擴充性以及可用性。

3. **應用層（Application）**

應用層可以說是一個集中的軟體服務佈署區，提供各式各樣的標準化應用、客製化應用等，就等同以往的授權軟體一般，只是服務提供的模式將有所改變，以往的商業或一般軟體透過收取授權費用的方式進行販售，但雲端應用層裡所提供的所有應用，將大幅降低軟體的授權使用費，甚至免費提供，用戶在使用應用時，更毋須顧慮應用於硬體上運行的資源與效能問題，因為大部份的應用都在服務提供端進行運行，成為一項重大的變革。

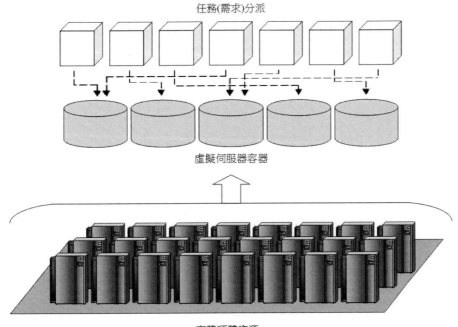

▲ 圖 13-4 基礎設施層虛擬化

依照不同的服務層級，對應至不同的服務類型：

1. **軟體即服務（Software as a Service）**

提供直接的軟體應用的服務，提供現成的軟體應用給用戶使用，用戶不須額外作功能的開發，簡易既便利，但因此用戶欲運用多樣的功能時，便失去靈活性，例如：Google Doc，Amazon AWS，Microsoft Azure。

2. **平台即服務（Platform as a Service）**

提供平台管理的服務，用戶可於平台上開發應用，並掌控之，將所開發的應用或網頁依照平台的規定及限制，佈署在平台上營運，用戶不須煩惱開發的網頁或是服務的效能及儲存空間問題，平台將計算佈署所需資源，依照提供最佳化的資源效能，並依照資源的用量進行計費，例如：Google App Engine。

3. **基礎設施即服務（Infrastructure as a Service）**

提供最底層的運算、儲存以及網路資源，依據客戶的特定需求，動態地提供處理能力、網路元件、儲存空間等資源能力，因 IaaS 只提供基礎的運算、儲存資源，並無應用之服務，故服務的提供必須由用戶自行定義、選取，服務提供方再依據客戶的需求提供資源服務，已讓客戶在低成本的情況下輕鬆擁有客戶所需的資源，例如：Amazon EC2。

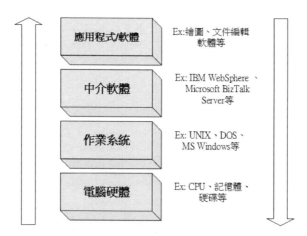

▲ 圖 13-5 作業系統架構

　　雲端運算依照不同的層級，提供不同類型的服務，這樣分層的關係跟我們所熟悉的作業系統架構（圖 13-5）是相似的概念，不同層級所提供的服務類型各不相同，然而並非所有雲端服務都提供所有層級的服務，所提供的服務層級越高，提供端內部所需建立的層級便越多，舉例來說，Google App Engine 提供了一個可程式的 PaaS 環境，讓用戶可以於平台之上快速地開發、管理、監控及佈署應用，在服務提供端便必須預先建設好相映對的基礎設施層，以提供平台層進行資源的調配與管理基礎。

雲端運算若以服務的佈署方式分類，又可分為：公用雲、私用雲與混和雲（如圖13-6），不同佈署方式的雲，其服務說明如：

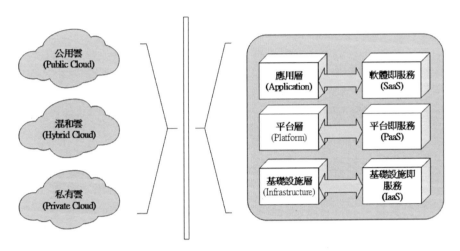

▲ 圖 13-6 雲端服務層級與類型

1. **公用雲（Public）**

   公用雲於字面涵義包含公共、公開之意，但公用雲並非完全的對外公開所有資料或是服務，公用雲的服務提供方式，是由第三方的獨立雲端供應商所提供，透過相對低廉的收費或是免費的方式，提供用戶具經濟效益且便利的雲端服務，並建立起用戶存取的管控機制。

2. **私有雲（Private）**

   由特定企業、組織所建構或使用的獨立雲端運算環境，與公用雲不同之處便在於，雲端服務或是資源的使用權，只限於提供企業內部作使用而已。

3. **混和雲（Hybrid）**

   即混和公用雲及私有雲，在這樣的服務模式中，部份的資源或是服務將依照使用的特性，分別放置於公用雲或私有雲中，這樣一來，某些企業或是組織能將一部份非關鍵的資源或是服務，放置於公用雲中，類似於外包的概念進行處理，降低成本且提升效率，而部份的關鍵資源或是服務，依舊能於私用雲中進行處理，得到妥善的掌控，多半的政府機關或是金融組織會使用此種服務方式，藉以區分對外公開與對內管控的資源或是服務，以提升運作的效率。

13-2-3　雲端運算的服務架構與關鍵技術

隨著雲端時代的來臨，越來越多的雲端供應商提出各式各樣的雲端服務，例如：Google、Amazon、Microsoft 等大廠，雖然雲端服務的架構由應用層、平台層與基礎設施層三層組成，但不同的的雲端供應商，提供的服務層級不盡相同，所以各自具備的關鍵技術也不相同，接下來就為各位介紹幾個雲端供應商的雲端服務架構與關鍵技術。

亞馬遜 Amazon Web Services；AWS

亞馬遜公司成立於 1994 年，自 2002 年起，亞馬遜從網路書商、電子商務公司等角色，拓展自身業務躋身為雲端供應商，亞馬遜將大量的資金投入自家資料中心的研發及建置，運用過往經營網際網路業務的軟硬體、基礎設施的基礎，累積了大量的 IT 架構建置及管理的知識，發展出亞馬遜的雲端運算服務──AWS，其雲端服務架構如圖 13-7，及介紹 AWS 架構相關之技術：

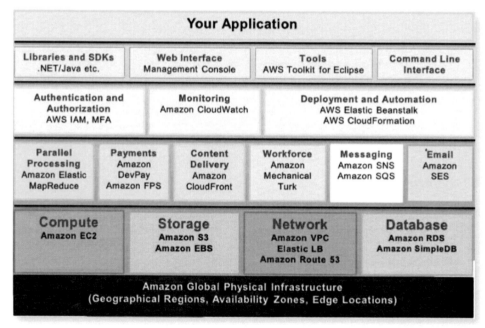

▲ 圖 13-7 Amazon Web Services

（資料來源：http://ramanalokanathan.com/category/tech/lamp/）

運算能力（Compute）

依據用戶之需求，提供用戶運算的能力。例如：Amazon Elastic Cloud（EC2）、Amazon Elastic Map Reduce、Auto Scaling。

◎ 儲存能力（**Storage**）

提供用戶在雲端儲存、存取資料的服務。例如：Amazon Simple Storage Service（S3）、Amazon Elastic Block Store（EBS）、AWS Import/Export。

◎ 網路能力（**Network**）

提供用戶一個虛擬的網路環境，讓用戶在雲端中具備建立網路環境或 DNS。例如：Amazon Route 53、Amazon Virtual Private Cloud（VPC）、AWS Direct Connect、Elastic Load Balancing。

◎ 資料庫（**Database**）

提供用戶使用與建立關聯式資料庫於雲端之中。例如：Amazon Simple DB、Amazon Relational Database Service（RDS）。

亞馬遜 AWS 最基礎的四項核心服務即是：簡單儲存服務（Simple Storage Service；S3）、彈性運算雲（Elastic Cloud；EC2）、簡單佇列服務（Simple Queue Service；SQS）與簡單資料庫（SimpleDB）。EC2 建立在大規模的運算平台之上，提供了可調整的運算能力，實現 IaaS 運算雲的功能，用戶可以將應用佈屬在 EC2 上並監控管理之，S3 則實現了 IaaS 儲存雲的功能，用戶可以隨時的將大量的應用資料（如：文件、圖片及影像等非結構化資料）在線上備份、儲存於 S3 中，而 Simple DB 是一項支援結構化資料即時查詢的 Web 服務，能與 EC2 及 S3 即時地連接，提供即時的資料集儲存、檢索與處理功能，提供輕量級的數據庫服務，而 SQS 主要負責儲存電腦之間發送的訊息，在不同電腦間進行一種安全、可靠的訊息傳送動作，降低各個電腦間的依賴、訊息遺失的問題，使系統更為穩定。

Google-Google App Engine

Google 公司在網際網路服務的領域中占有重要的地位，也是雲端運算領域諸多技術的先行者，例如 Google APPs、Google Web API、分散式檔案系統（Google File System, GFS）、MapReduce 平行運算框架、分散式資料庫 BigTable 等。

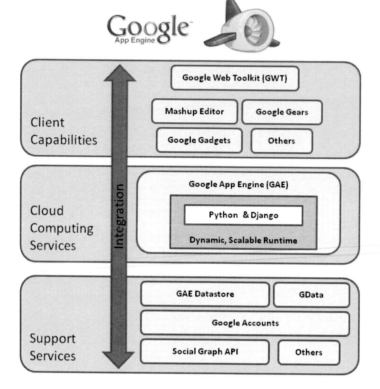

▲ 圖 13-8 GAE 雲端服務架構

（資料來源：http://rdn-consulting.com/blog/tag/azure/）

在 2008 年 Google 推出了 Google App Engine（GAE），GAE 是一個讓使用者可以託管 Web 應用程式的雲端平台，GAE 開發者可以利用 Google 既有的龐大網路及基礎設施能力，且 GAE 整合了 Google 內部龐大的資源，整合了上下的帳戶功能與支援串連（如圖 13-8）。

開發者須依照 GAE 的平台框架限制，進行 Web 應用程式的佈署，主要在 Python 及 Java 語言的編譯環境中進行 Web 應用的開發，開發者可以使用 GWT（Google Web Toolkit）來加速開發，透過分散式檔案系統 GFS 和分散式資料庫 BigTable 來儲存、存取資料，為了讓開發者專注於開發應用的工作，平台利用 MapReduce 平行運算框架來處理大量的資料集運算，讓平台具有良好的運算能力，以降低網路的負載，提升應用的可靠性，且 GAE 結合了 Google 帳戶，開發者及用戶可以利用 Google 帳戶登入 GAE，進行 Web 應用的託管與使用，提供了一個動態靈活的雲端 Web 託管平台。

微軟 Microsoft-Azure

微軟是全球知名的軟體供應商，對一般用戶及開發者來說一定不陌生，微軟所提供的軟體及開發環境也對用戶建立了重要的使用基礎，隨著雲端運算時代的來臨，微軟在2008年也推出了雲端服務，一個運行於微軟的資料中心的雲端 PaaS 平台——Azure，其架構如圖 13-9 所示：

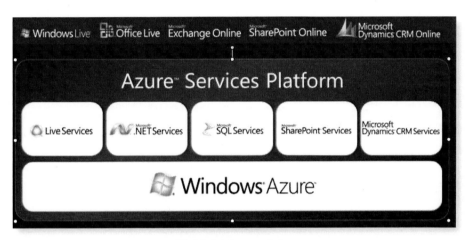

▲ 圖 13-9 Microsoft Azure

（資料來源：Microsoft TechNet）

Azure 提 供 了 五 項 雲 端 平 台 層 服 務：SQL 服 務、.NET 應 用 服 務、Live 服 務、SharePoint 服務、Dynamic CRM 服務。SQL Azure 服務提供了雲端的資料庫整合服務，SQL Azure 提供的資料庫環境與專為本機開發設計的 SQL Server 環境類似，保留了許多 SQL Server 的處理方式，如：DBMS、ADO.NET 存取等，但將資料庫移至雲端後，增加了許多便利性，例如開發者無須再煩惱定期備份的問題、資料的實體位置也不再重要等優點，資料存取與維護工作等日常工作變得更具效率；而 .NET 服務對開發者來說一定不陌生，在 Azure 中的 .NET 服務將原本 .NET 本地開發框架擴展至雲端環境中，提供開發者一個可程式化的平台，開發雲端或是本機應用程式，將環境移至雲端也簡化了開發者的開發工作，讓開發者可以專心致力於應用程式的開發工作，而無須顧忌程式後端的效能支援問題，可以供給企業發展 SaaS 的應用服務；Live 服務負責處理微軟大量的用戶資料，提供用戶聯絡人資訊、圖片、Blog 管理等服務，在 Azure 中的 Microsoft Live 提供使用者所有 Microsoft Live 的同步存取，將 Live 服務的使用者資料同步於不同的裝置中，讓資料的轉移、共享更添便利性；Dynamic CRM 服務提供企業整合客戶的資料，提供有效的雲端客戶關係管理平台。

13-2-4　雲端運算帶來的影響

雲端運算的興起，到底帶給世界怎麼樣的影響，不管是一般的用戶、企業用戶還是政府機關用戶，雲端服務改變了許多現況，也解決了許多問題，讓 IT 資源能在非常經濟的條件下，得到妥善的管理和利用，不僅如此，越來越多的資料和服務，都將更親近於一般用戶，資料與服務伸手可及，就連收費也會越來越親民。

這樣的變革也帶給更多開發人員發揮的空間，有了雲端服務，開發人員可以把心思專注於如何開發良好的應用及平台，把硬體資源配置、自動化監控與效能管理等問題，放心交給雲端的虛擬化資源服務，另一方面，有了雲端服務，開發人員可以快速地將想法付諸實現，在很快的時間內，就可以將開發好的應用雛型佈署在雲端平台之中，後續也可以透過平台的管理，將應用的功能、介面設計或是安全機制等方面進行擴充，實際來說，雲端運算所帶來的影響及好處可以歸納為幾個方面：

降低終端設備成本

對於企業或是應用開發商來說，雲端服務帶來較高的成本效益，企業或開發者省去大量的基礎設施、網路設備的佈建與購買。

效率提升

雲端服務將大量的資料傳流放至於雲端中，當要做資料存取、轉移、共享時更為方便，資料可以順暢地於雲端上讓所有具有權限的用戶存取。

彈性使用、靈活調配資源

雲端服務最具經濟效益也最彈性靈活之處，就是在於儲存空間、運算或是網路服務的計費，皆是按用量進行計費，讓雲端用戶依照自己的需求，選擇不同等級的服務，付出相對廉價的費用。

高擴展性、高穩定性、高可靠性

不管是基礎設施層、平台層級的雲端服務，企業、開發者或一般用戶依照自身所需的服務等級進行選擇，某些雲端服務更可讓用戶擴增自身所需的服務，雲端服務提供商所建立龐大的資料及運算中心，讓用戶減少擔憂系統效能及故障問題。

自動化管理、監控

雲端服務具備良好的自動化監控管理與備份能力，能確保 24 小時保持服務運行的順暢性，讓企業用戶或是開發商不用再擔心半夜要處理 Server 當機或是資料遺失等問題。

13-3 大數據（BigData）

- 何謂 **Big Data**？
- **Big Data** 資料量到底有多少？
- **Big Data** 將改變什麼？

13-3-1 何謂 Big Data ？

大數據（Big Data）又稱為海量資料、巨量資料，最早的概念，是因為我們所需處理的資料量過於龐大，導致處理資料的電腦系統無法儲存完整的資料，故以此稱之高德奈（Gartner）在 2012 年提供大數據的定義：「大數據是屬於大量、快速和具有多變性的資訊資產，需要運用新型的處理方式來促成更好的決策、洞察力以及優化處理」。

13-3-2 Big Data 資料量到底有多少？

拜科技進步所賜，我們所儲存的資訊量以非常驚人的速度成長，例如：在天文學方面，始於 2000 年的史隆數位巡天計畫（Sloan Digital Sky Survey，SDSS），在短短幾個星期之內，所蒐集到的資料量便超過了以往所有天文學資料量的總和。再以網路公司 Google 為例，每天得處理超過 24PB（1 petabyte 約等於 1,000 terabyte）的資料，而旗下的 YouTube 服務，使用者每秒所上傳的影片檔案，加總起來的播放長度就超過了一小時。根據計算在 2007 年，全球儲存了超過 300EB 的資料量（1 exabyte 約等於 1,000petabyte），1EB 也相當於 10 億 GB，以一部電影的數位檔大約 1GB 的大小看來，就等於是 10 億部電影的數位檔，而截至 2012 年為止，我們每日所新增的資料量大約為 2.5EB。

◎表 13-1

儲存單位	等於
1 Bit	Binary Digit
1 Byte	8bits
1 Kilobyte(KB)	1024 Byte
1 Megabyte(MB)	1024 Kilobyte
1 Gigabyte(GB)	1024 Megabyte
1 Terabyte(TB)	1024 Gigabyte
1 Petabyte(PB)	1024 Terabyte
1 Exabyte (EB)	1024 Petabyte
1 Zettabyte(ZB)	1024 Exabyte
1 Yottabyte(YB)	1024 Zettabyte
1 Brontobyte	1024 Yottabyte
1 Geopbyte	1024 Brontobyte

13-3-3　Big Data 將改變什麼？

　　面對需要處理的資料大量增加，過往位居主流的關聯式資料庫在此趨勢的發展中突顯了不足，因此許多大型網路公司，如 Facebook、Google、Amazon 等，紛紛捨棄了關聯式資料庫技術，而改以 NoSQL（非關聯式資料庫）相關技術，以解決大量資料存取的問題。

　　Big Data 的重點核心在於預測，過去當我們面對一個假設性的問題時，礙於蒐集、儲存和分析資料的工具的限制，導致無法分析全面的資料，而通常採用抽樣的方式來進行統計分析以便檢驗。隨著 Big Data 的時代來臨，我們能蒐集到幾乎完整的資料，也就是樣本等於母體的方式。以 Google 的流感趨勢為例（Google Flu Trends），利用全美數十億的網路搜尋關鍵字，來對流感進行預測分析，像這樣使用整體的資料而非抽樣的方式，使得預測更為精確。未來我們將會慢慢放下隨機抽樣的方式，而採用更全面的資料來分析，但這需要足夠的資料處理和儲存能力，與頂尖的分析工具。

13-4 物聯網（IOT）

- 什麼是物聯網？
- 物聯網架構
- 物聯網關鍵技術
- 物聯網相關應用

13-4-1 什麼是物聯網？

物聯網（Internet of Things；IOT）一詞，最早於 1999 年由 MIT Auto-ID 中心的 Ashton 教授在研究 RFID 時所提出，其定義為：將物品透過射頻識別技術（RFID）與網際網路連接起來，藉此實現智慧化的識別與管理。到了 2005 年，國際電信聯盟（International Telecommunication Union；ITU）提出了以「The internet of Things」物聯網報告，物聯網成為全球資訊產業的焦點，物聯網是在物品上裝入各種感測裝置及物品資訊的標籤，經由公共制定的協定，將各種物品與網路連接起來，方便進行資訊的溝通與交換，目的是對物品進行識別、追蹤、定位、監控等管理。在物聯網中，網路不再只是人與人之間溝通的管道，更可以是物品與物品之間也能互相溝通。

13-4-2 物聯網架構

物聯網對資訊的感知、傳遞、處理等過程，將其分為三層架構，即感知層、網路層和應用層，而「應用支援層」介於網路層與應用層之間，主要用途為提供各種類型的平台，以支援各種傳輸網路和應用服務的串聯，如下圖 13-10。

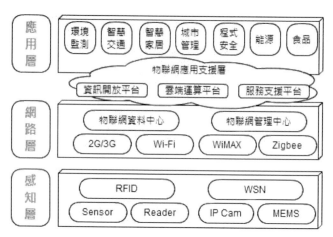

▲ 圖 13-10　物聯網架構圖（資策會 FIND，2010）

🌐 **感知層**：主要由各種資訊擷取、識別的感知元件所組成。如：**RFID**、**WSN** 和各種感測裝置。

🌐 **網路層**：使用有線與無線的網路技術，將感知層蒐集到的資訊整合，傳送到物聯網專用的資料中心。如：**2G/3G**、**Wi-Fi**、**ZigBee** 等。

🌐 **應用層**：即物聯網的各種應用領域，如：環境監測、智慧交通、智慧家居等。

13-4-3　物聯網關鍵技術

國際電信聯盟（International Telecommunication Union；ITU）認為物聯網為未來的電腦與通訊科技帶來新的革命，而其發展則仰賴以下四項關鍵技術。

1.　無線感知網路（Wireless Sensor Network；WSN）

WSN 是一種無線技術，使用感應器（Sensor）來偵測不同位置的環境狀態（如溫度、濕度、壓力、聲音和光線等），並經由無線網路傳送數據，讓遠端的人透過這些數據了解環境發生的狀況。

2.　嵌入式智慧（Embedded Intelligence）

是一種結合軟體與硬體的應用，透過嵌入式裝置使各種設備，都具有網路通訊和資料處理的功能，使裝置變得具資料分析的能力，藉此衍生更多元化的應用。

3.　奈米技術（Nanotechnology）

物聯網涵蓋的裝置甚廣，裝置越小，嵌入其中的運算晶片就必須越小，利用奈米技術開發出更細微的晶片，才能符合物聯網的裝置需求。

4. 射頻識別技術（**RFID**）

RFID 屬於一種無線通訊技術，是由感應器（**Reader**）和標籤（**Tag**）所組成，已被廣泛運用於運輸、物流行業，在物聯網的發展上扮演相當重要的角色，詳細內容將於下節做介紹。

13-4-4　物聯網相關應用

現在我們的生活週遭出現了許多物聯網相關的應用，例如穿戴式產品 Google Glass，支援無線網路能夠上傳與下載資訊。Google Glass 將數位資訊植入你所見的世界，預期的目的是能取代智慧型手機的螢幕，並且允許使用自然語言來與網際網路互動。

除此之外，智慧家庭也是物聯網相關應用的代表，智慧家庭所涵蓋的範圍甚廣，除了常用的家電設備，也包括了照明系統、監控系統、供水系統，甚至插座開關等，這些設備將不再只是獨立運作，透過感知器與無線連網，進行各種設備資訊的收集與控制，讓無人在家時也能透過網路進行遠端控制，透過這樣自動化與智慧化的結合，將提供更舒適、安全、便捷的居住環境。我們可以想像一下生活在智慧家庭中的情形：下雨時窗戶將會自動關閉，回家進門前空調已經開啟並調整至適當溫度，可以隨時隨地了解冰箱裡還剩下什麼菜，或者當洗澡時間一到浴室裡的熱水就已經放好了，物聯網所帶來的未來，將讓人們的生活更加便利。

13-5　近場通訊（**NFC**）

- 何謂進場通訊 **NFC**？
- **NFC**、**RFID**、**Bluetooth**
- **NFC** 的相關應用

13-5-1　何謂近場通訊 NFC？

近場通訊（**Near Field Communication**；**NFC**）是由 PHILIPS、NOKIA 和 SONY 聯合開發的一種短距高頻無線電技術，是由 RFID 延伸而來，但不同於 RFID 可運行於低頻（LF）、高頻（HF）、特高頻（UHF）、微波等不同頻率，NFC 所運行的頻率為 13.56MHz 屬高頻頻率，而運行有效距離也只有 20cm，其用途為透過高頻無線電在短時間內進行資訊的傳輸交換，NFC 傳輸速度分為 106 Kbps、212 Kbps 與 424 Kbps 三種，其主要分為主動與被動兩種運作型態，被動 NFC 稱為讀寫模式（Reader/Writer mode）一種非接觸式的電子標籤接收器（如圖 13-11），其功能就是等待主動端提出資料傳輸的請求，進行接受與存取主動端裝置所發出的資料。

▲ 圖 13-11 Nokia NFC
（資料來源：Nokia）

主動式 NFC 分為：模擬卡模式（Card emulation mode）與點對點模式（P2P mode）兩種模式：

🌐 模擬卡模式（Card emulation mode）

模擬卡模式就如同是一張具備 RFID 功能的 IC 卡，例如感應識別證、門禁卡、悠遊卡、停車票卡等型態，必須在近距離接觸被動端的 NFC 電子標籤進行資料傳輸交換。

🌐 點對點模式（P2P mode）

兩台具有 NFC 功能的裝置，進行裝置間的資料傳輸與交換，例如圖片、音樂等資料的傳輸交換，與藍牙（Bluetooth）功能相似，雖然比起藍芽的傳輸速率（2.1Mbps）來說 NFC 遜色許多，但優異於藍芽之處在於，NFC 裝置間不須做複雜的配對設定，簡化了整體的連線速度，而在非常近的距離下進行資料交換，也減少了許多干擾的可能性。

13-5-2　NFC、RFID、Bluetooth

🌐 RFID

無線射頻辨識 RFID（Radio Frequency Identification），為一種無線電通訊標籤技術，其利用無線電射頻射出的電磁波對目標進行辨識，無須與目標接觸就可藉無線電回傳辨識完成，RFID 運行頻率可分作，低頻（125KHz 或 134KHz）、高頻（13.56 MHz）、特高頻（860MHz～960MHz）與微波（2.4GHz）頻率型態。

低頻與高頻辨識有效距離較短，其主要應用於門禁、行動支付等近距離之應用；特高頻與微波辨識有效距離較長，其應用則主要用於貨物管理、ETC 等遠距離之應用。

而依供電系統與用途來區分 RFID 的話，其主要分為三種型態：

(1) **被動式（Passive Tag）**：為一片內涵天線電路的電子標籤，無自主供電系統，直到主動式的 RFID 設備發出無線電射頻時，無線電的電磁波會在標籤天線電路中形成微弱短暫的電源，以供標籤運作，被動式為市場上 RFID 的主流，其優點是成本低、體積小、壽命長。

(2) **半主動式（Semi-active Tag）**：具備自主供電系統（即內建電池裝置），但平時處於無電源之狀態，直到接收到無線電訊號時，才會啟動電源，進而回傳訊息資料。

(3) **主動式（Active Tag）**：具備自主供電系統（即內建電池裝置），利用電池電源主動偵測周遭，並將資料透過無線電射頻發送給讀取裝置，以進行辨識，優點為射頻距離較長、記憶體空間大。

🌐 Bluetooth

Bluetooth（藍牙）技術，最初是由 Ericsson（易利信集團）所研發成功。是一種無線電射頻技術，其規格標準由 IEEE802.15.1 所制定，主要設計用於手機裝置間的資料傳輸，其運行的無線電頻率為 2.4GHz，根據藍牙技術聯盟（Bluetooth SIG）所推出的藍牙 4.0 規格，其在可低電耗運行，提高傳輸距離至 30m。

NFC 是由 RFID 延伸、演變而來，其功能又與 Bluetooth 相似，三者之間的比較如下表所示：

◎ 表 13-2

	NFC	RFID	Bluetooth 4.0/+HS
運行頻率	高頻 13.56MHz	• 低頻（125KHz或134KHz） • 高頻（13.56 MHz） • 特高頻（860MHz~960MHz） • 微波（2.4GHz）	微波2.4GHz
有效距離	20cm	• 10cm • 1m • 1~100m • 200m	30m
傳輸對象數目	一對一	一對一或一對多	一對一
傳輸速率（Max）	低	依不同頻率而不同	高
安全機制	SIM卡PIN碼辨識加密	Anti-Counterfeiting防偽機制	AES-128 CCM加密演算法
受干擾性	低	依不同頻率而不同	高

13-5-3　NFC 的相關應用

隨著 NFC 技術的出現，腦筋動得快的業者也推出了許多 NFC 相關的應用服務，例如是行動支付、身分識別、電子鑰匙等，透過 NFC 短距離資料傳輸交互、低電耗、快速建立連線等的優點，加上 NFC 與 SIM 的安全託管商務模式，相關應用很快便應運而生。

行動支付

基於 NFC 快速存取、高安全性等優點，用戶可使用具 NFC 功能的裝置在短距離完成付款動作，例如：悠遊卡、信用卡、電子錢包等應用。隨著行動裝置及行動網路的普及，行動支付的應用在行動裝置上的實例越趨成熟，如美國蘋果公司的 Apple pay 等服務都已成熟地於消費市場上運行，針對行動支付的發展及應用將在 13-6 章節為大家做更為詳細的介紹。

◯ **身份辨識**

當用戶在網路上訂好不管是車票、機票、電影票、遊樂園入場卷等，將電子票憑證儲存在手機或是其他具 NFC 功能的行動裝置中，透過短距離對 NFC 被動端感應，憑證隨即進行資料辨識，當然這樣的概念也可以應用在電子門禁、鑰匙等應用設計

◯ **內容交付**

NFC 透過短距接收標籤無線電資訊，例如：海報內嵌 NFC 標籤傳送資訊內容等。

◯ **物業管理與室內導航**

隨著 NFC 的射頻技術應用廣泛地被市場及產業所接納，NFC 在室內方面的應用實例也越受到重視，例如：Beacon 應用，Beacon 即是一種以藍芽感應為基礎的電子裝置，經由行動裝置偵測進行定位、傳送資料等動作，簡單、便利且低成本等優點，在企業運用實例當中，可以充分發揮在資產盤點監控、警衛巡邏、展場導航等應用。

13-6　金融科技（Fintech）

◯ 什麼是 Fintech ？

◯ Fitech 包含了那些技術？

◯ Fintech 帶來的應用與影響

◯ Fintech 的未來發展

13-6-1　什麼是 Fintech ？

　　Fintech 即是 Financial Technology 的縮寫，是設計用來提供金融服務的一種科技，通常是透過 web-based、mobile-based 等科技形式，提供金融投資、支付、募資、個人財務管理、保險、借貸等的金融相關服務（如下圖 13-12）。

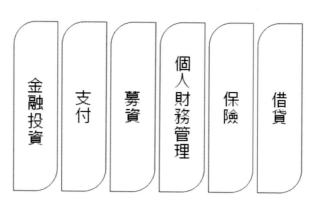

▲ 圖 13-12 Fintech 所能提供的金融服務

　　但 Fintech 在初期開始活絡卻非來自於金融業者或是金融體系的推展，而是來自非金融體系（Non-bank）的網路科技服務公司（如電子商務公司），電子商務公司利用平台上的小型金融服務，讓買家在平台上購物後直接付款，簡化了消費者在電子商務平台上的消費的交易過程，提高交易成功率。從信用卡、ATM 到 Fintech，其實目的都是為了經由更方便的方式來提供金融服務，而 Fintech 的演變成形主要關鍵來自於電子商務活絡、行動裝置的普及加上網路基礎建設的進步，一旦這些環境因素已然成熟，金融服務將不再受限於時間和地點，銀行原本所扮演的角色，也會逐漸地被 Fintech 取代。

13-6-2　Fitech 包含了那些技術？

區塊鏈（Blockchain）

　　區塊鏈（Blockchain）是由數學、密碼學、及演算法組成，區塊鏈像是一本完全公開且能受驗證的分類帳冊（ledger），透過世界各地的電腦運算，可以讓人們在公開驗證的 ledger，安全地傳送一筆資產或資料給其他人，相當於使用者之間所發出的和所收到的紀錄都是公開的，無法自行捏造，但在傳輸過程中都受到加密且難以被竄改。而區塊鏈（block chain）之所以得名，是因為區塊鏈都是由一個一個小的資料集（Datasets）所組成，這些資料集被定義稱為區塊（Block）。每個區塊中都存在一個時間戳（Timestap），時間戳像是一個數位的加密簽章，將每個區塊加密，而一個區塊中存在著一個 hash 可用來映射至下一個區塊，產生區塊間的連結，區塊又連結著前一個區塊，一連串連結形成一個區塊鏈，而這個區塊鏈則代表著這一筆金額或這一個檔案（如下圖 13-13）。

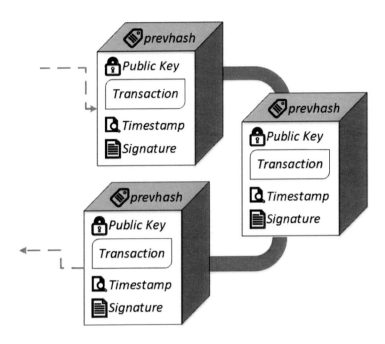

▲ 圖 13-13 區塊鏈示意圖

　　區塊鏈的技術發展可追溯自比特幣（bitcoin），比特幣是一種數位貨幣，由礦工（Miners）透過確認交易已獲得區塊鏈的獎勵，而獎勵就是比特幣。當一筆金額正從 A 端要送往 B 端，這筆金額從 A 端發出後，將會拆解成許多個資料片段至網路中成千上萬個提供運算的節點（node），這些節點透過運算將片段的資料集成一個區塊，這筆金額便將在世界各地的主機同時運算下，形成多個區塊，透過大量節點的同時地運算認證及加密，順利傳送至 B 端，而這樣點對點（Peer to Peer, P2P）的傳輸過程，僅在幾毫秒之內就可完成，不須透過第三方的集中處理，交易都在公開驗證的環境下傳輸完成。

　　如果今天 A 是透過銀行轉帳一筆金額給 B，需要將自己帳戶中的錢透過銀行的交易結算，再轉匯至給 B 的銀行帳戶，轉帳的過程僅透過同一個銀行的集中化（Centralized）地處理、結算，既耗時也較不安全，因為當銀行的伺服器如果被駭客入侵，銀行顧客們的資產將受到龐大的威脅；相對區塊鏈的去中心化（decentralized）的技術而言，要駭一個區塊鏈幾近不可能，因為這個區塊鏈是許多的區塊分散在不同主機所串聯而成的，每個區塊又都經過加密，駭客即便駭了一個區塊也毫無意義，因為這整個區塊鏈的資料數量可能相當於人類存在以來歷史資料的數量這麼龐大，加上區塊是透過公共支持的演算法來確保整個區塊鏈的安全性，要成功破解可以說難上加難。

　　既然區塊鏈是由公開支持的演算法來確保區塊的驗證安全，是不是也代表演算法可以被破解呢？是的，當駭客們擁有足夠的運算主機與節點時，要竄改原本的演算法形成

一套新的演算法是有可能做到的，但是當駭客的這套新演算法取代了原本的演算法後，這整個區塊鏈又代表著甚麼？是完全不同的一筆金額或是完全不具意義的一串資料？這些都有可能，當這一刻來臨時，整個區塊鏈的信用便會面臨瓦解。

大數據（BigData）

BigData 的技術已經廣泛地被運用在各個產業當中，在 Fintech 扮演的角色更是關鍵，大量的金融交易資料可以被即時分析，讓不同的金融商品因應分析結果被串聯起來，進而提出新的金融服務產品，更可以針對特定的消費者進行推銷，提高金融各項業務的推展，金融服務提供者透過大數據的運算分析可以有效地提升營收！

人工智慧（Artificial Intelligence, AI）

理財機器人（Robo-adviser）是 AI 的一項實例，理財機器人的基礎是一連串的演算法，演算法的設計可以依照投資者的資金、投資標的、權重等設定，產生建議的投資組合供投資者參考，當然現在聽起來這都只像是一個普通的決策系統而已，但當理財機器人的演算法不斷擴充，擴充到理財機器人可以透過學習不斷自我優化，進而將人口、經濟、政治、氣候、傳染疾病等的環境資訊透過分析納入理財規劃，到那時人類有限的資料處理能力還有辦法與機器人相匹敵嗎？

13-6-3　Fintech 帶來的應用與影響

Fintech 所帶來的應用不斷擴展，再過去的一小時中，Fintech 處理了全球三百萬個使用者透過行動支付的交易、兩千四百萬新台幣的 P2P 借貸、一億新台幣透過電子商務平台的交易金流、四千個金融保險產品的銷售等，而這些金融服務都可以同步資訊顯示在人們的手機、電腦、平板上，透過手機、電腦或是平板來完成（如下圖 13-14）。

人們不需要到銀行填寫匯款單才能匯款、賣東西給國外的客戶也不用再等上好幾天尾款才能入帳、購買保險也可透過線上的保險產品顧問就可以輕鬆投保，可以不用帶紙鈔和銅板在身上，因為透過行動裝置的 NFC 或螢幕顯示的 barcode 就可以完成付款，甚至還可以有優惠呢！

▲ 圖 13-14 Fintech 應用示意圖

　　如果做了這麼多 Fintech 的介紹後，大家還不是很清楚 Fintech 將會改變甚麼？又會帶來甚麼影響？對整體產業而言，所造成主要的影響如下，共四點說明：

降低成本（後端結算成本）

從 Fintech 的區塊鏈、bigdata 到理財機器人等技術介紹，我們可以得知金融服務提供者要是可以適時地將 Fintech 運用得宜，讓原本耗時的交易可以在短時間完成，結算作業也在交易完成同時完成，縮短整個交易程序，這樣一來將可以大幅地降低人力、時間以及後端等成本，將金錢與時間成本去拓展其他更有價值業務。

提升金融服務的價值

金融服務提供者所提供的金融投資、支付、募資、個人財務管理、保險、借貸等服務，若能運用 Fintech 的便利性以降低客戶的進入門檻，並能經由 Fintech 的分析讓不同的客戶享有獨有的客製化金融服務，將可以大大地提昇服務本身的價值，更能讓服務可以如影隨形！

取代人力

Fintech 對現有人力的取代將是這項科技最大的挑戰之一，當 AI 的發展不斷地與時俱進，加上 Fintech 的基礎建設越趨普及、技術越趨成熟，現下金融體系的工作將會大幅地被智慧裝置與系統所取代。

🌐 原有的金融業務市場被瓜分

具規模的金融業者若無法隨著 Fintech 的發展初期隨之加入或是導入相應技術，將會面臨新興的金融服務提供商瓜分市場的衝擊，例如以借貸來說，借貸放款一直以來都是銀行最大的利潤來源，但越來越多的 Fintech 借貸平台有辦法提供快速的 P2P 小額借貸，這瓜分了原本銀行的借貸市場，若政府及銀行無法跟上 Fintech 的發展腳步，金融市場可會一步步地被新興服務提供商所吞噬呢！

對消費者、或使用者而言，我們將會擁有更多選擇，而這些選擇將使我們原本的生活變得截然不同，有了行動裝置和網路，我們幾乎可以完成所有原本要到銀行才能完成的業務，銀行的功能將不再那麼重要，金融投資、支付、募資、個人財務管理、保險、借貸等等的金融相關服務都不再由大型金融集團壟斷，將由「服務」本身主角，消費者可以掌握自己的選擇，也更為便利！

13-6-4　Fintech 的未來發展

2016 年 1 月開始，丹麥已宣布不再使用零錢與紙鈔，將由信用卡、銀行卡、行動支付取代貨幣，全丹麥有 84.92％ 的交易都是通過銀行卡完成，基於去貨幣政策可以協助政府有效地掌握不法金錢的流向、降低紙鈔印製和運送的成本、減輕政府財政貨幣流通風險以及繁複的結算和行政成本，且更能活絡每一分貨幣的流通，達到促進消費且降低生產力的浪費；而對一般商家店面而言，可以降低收銀設備和監視、保全設備的設置，店內將不再有現金讓小偷覬覦，所有的營收都將自動進入商家帳戶，丹麥國會通過一連串的政策審議，致力推動去貨幣的國家；另外英國、德國、瑞士、以色列等國家政府也正積極制定政策，鼓勵 Fintech 創新服務的推出、降低市場門檻以及制訂引導和監管的相應機制，Fintech 在歐洲、中東等國家捲起一番金融服務政策的改革。

美國在 1995 年出現了第一家網路銀行 -SFNB（Security First National Bank, 美國安全第一網路銀行）、1998 年出現了 Paypal 電子支付，往後的十年間，許多的網路基金、保險、募資、借貸企業不斷興起。2008 年金融海嘯過後，美國政府成立金融消費者權益保護局（United States Consumer Financial Protection Bureau, CFPB）監管美國金融機構，以保障消費者權益，且在 2015 年為降低金融監管的政策風險，發布政策細則鼓勵創新性金融產品與服務推出，且 2016 年由美國貨幣監理局（Office of the Comptroller of the Currency, OCC）與美國財政部、國務院等相關部會制定主動式引導金融市場創新等政策，同時引導、鼓勵以及監管創新金融服務的推行。由於美國既有金融服務體系已相當成熟，Fintech 的推行則以補強金融服務市場的縫隙、強化原有金融服務便利性、分散消費者金融風險等角色，廣泛地被金融服務市場所接納。

近年來科技金融發展最為強勁快速的國家則非中國莫屬，由於中國金融服務機構仍由國資壟斷經營，當原有的金融服務的供給跟不上中國龐大的需求速度，中國政策面則鼓勵由個人投資創新金融服務推行，加上中國一行三會（一行，中國人民銀行、三會，中國銀行業、中國證券、中國保險監督管理委員會）的分業監管機制，中國於 2004 年出現了支付寶、2013 年微信增加支付功能，讓使用者可以透過微信帳號金錢儲值、綁訂信用卡等方式，使用行動裝置於實體商店進行付費、於電子商務平台上消費、甚至轉匯金錢給其他微信使用者，根據騰訊公司 2015 的統計，微信已覆蓋了中國 90% 以上的行動裝置，支付寶與微信支付的金融服務也正式拓展到其他生活應用的服務競爭市場當中，如中國的計程車叫車服務 - 滴滴打車及快的打車等應用，中國小米科技也積極於 2013 年搶進投入行動支付的市場當中。根據中國人民銀行 2013 年當年的統計，中國全國電子支付交易量高達 257.83 億筆，交易金額高達 1075 兆人民幣，中國更在中國的雙十一購物節單日累積高達 1030 億人民幣的交易金額，Fitech 在中國崛起的速度絕對不容其他已開發國家的小覷。

台灣在 2015 年由金管會成立了金融科技辦公室，也正積極擘畫國家的科技金融創新服務，民間企業也開始集結成立聯盟以積極發展科技金融服務，金管會於 2016 年研擬十大計畫以推展國內科技金融服務發展（金融與科技攜手，Fintech 升級，金管會 ,2016）：

1. 擴大行動支付（Mobile Payment）之運用及創新

2. 鼓勵銀行與 P2P 網路借貸平台合作

3. 促進群眾募資平台健全發展

4. 鼓勵保險業者開發 FinTech 大數據應用之創新商品

5. 建置基金網路銷售平台發展智能理財服務

6. 推動金融業積極培育金融科技人才

7. 打造數位化帳簿劃撥作業環境

8. 分散式帳冊（Distributed Ledger）技術之應用研發

9. 建立金融資安資訊分享與分析中心（Financial -Information Sharing and Analysis Center, F-ISAC）

10. 打造身分識別服務中心（Authentication and Identification Service Center）

Fintech 在世界各國的發展，往往政府所位居的角色最為重要，相關引導政策的推行以及監管機制的制定都是國家發展 Fintech 的命脈，然而台灣目前已遠落後於世界

Fintech 的腳步，Fintech 於世界其它國家的發展已創造出許多成功的科技金融服務和創新金融服務模式時，台灣仍在規劃和研擬階段，然而台灣本身擁有穩固的金融體系、出色的科技技術及人才，在與世界接軌的進程當中仍須共同努力，創造出自身的價值。

13-7　網路電話

- **Internet Phone** 的傳送方式
- 語音傳輸的高速公路
- 新興網路電話應用

13-7-1　Internet Phone 的傳送方式

隨著網際網路的盛行，在網際網路上的應用也呈現多樣化。在這些應用中，以網路電話（Internet Phone）最為引人注目，根據統計顯示，在美國地區，1994 年時網路電話營收為零，1996 年已達 2 千萬美元，1997 年則超過 3 千萬；在台灣地區，雖未加以統計，但從網路電話相關產品銷售量的節節升高，即可看出它為大眾所接受的程度。

Internet 原本是設計來傳送資料（Data），而 Internet Phone 就是在 TCP/IP 網路上傳送電話語音（Voice），其使用的技術稱為 VoIP（Voice over Internet），其概念就是將原本類比的聲音訊號壓縮成數據資料封包（Data Packet），然後透過網際網路來達成即時的語音傳送服務。

當然，要想達到"原音重現"的通話傳輸品質，語音封包在網路傳遞過程中可能發生的錯誤、失真、遺失、延遲以及迴聲（Echo）處理，都是網路電話必須克服的問題。

早期的 Internet Phone 只能用 PC 對 PC 的方式通訊，而現在也可以用電腦對電話（PC to Phone）或是電話對電話（Phone to Phone）來進行通話了。

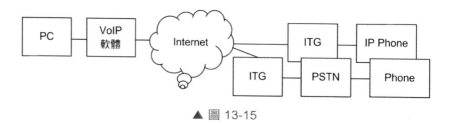

▲ 圖 13-15

網路電話的應用方式有下列幾種：

PC to PC（電腦對電腦）

這是屬於 P2P 的架構（Peer to Peer：點對點），使用者只要有一般的 PC，配上音效卡，耳機或喇叭、麥克風，以及雙方共有的網路電話軟體，然後透過 Internet，便可以開始通話。

PC to Phone（電腦對電話）

這種通話方式可以涵蓋傳統的電話使用者，不過，和 PC to PC 不同的是，除了同樣的上網費用外，還要支付 ITG（Internet Telephony Gateway）網路電話閘道器系統商的管理費用及受話方當地的市內電話費，當然，算一算，還是比打傳統電話便宜。

前面所談到廠商所提供的 ITG（Internet Telephony Gateway）網路電話閘道器服務，其目的是在作轉換的工作，ITG 可以轉送包含聲音、傳真和影像等多項資料型態。有了 ITG 的轉接，人們可以不必仰賴電腦來使用 Internet Phone 的功能，而是使用原本就熟悉的電話機，唯一有影響的地方是撥號的方式，在如此簡便的操作之下，用戶的使用意願就提高了不少。

Phone to Phone（電話對電話）

(1) 傳統電話對傳統電話，這種方式是指發話方，利用家用或公共電話先打到 ITG 系統商指定的電話，輸入密碼後，再撥受話方國碼、區域號碼、電話號碼後就可以進行通話了。

(2) 若收發話雙方都使用 VoIP Phone，其使用如同一般電話，那就可以不需要搭配電腦設備，可直接連線上網通話，如圖 13-13。

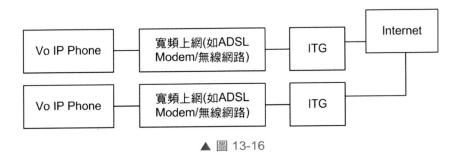

▲ 圖 13-16

網路電話的確 "俗又大碗"，但美中不足的是，若是遇到網路塞車時，那很抱歉，只能暫時讓您耳根子清淨一下了。

13-7-2　語音傳輸的高速公路

目前的網路世界不斷地快速變遷，包括數據、語音及影像，都將在共用的網路上順暢地同時傳輸。

這樣的網路藍圖對用戶機構而言，是一項利多的消息，因為他們將所有的運作集中於單一網路架構，不需要分別使用兩、三個不同的網路，因此頻寬費用及整體成本將可望降低。

頻寬費用之所以可以降低，是因為封包網路運用網路容量的效率，遠高於 T1/E1 專線等線路交換式網路（circuit-switched networks）及公共交換式電話網路（Public Switched Telephone Network；PSTN）。

舉例來說，封包式語音資料運用頻寬的效率，是傳統式 64Kbps 語音線路的 20 倍，可讓用戶機構及線路服務提供者在同一條線路上傳輸更多的資料。

◎ Cisco IOS 軟體支援語音傳輸

為了使業界更容易接受這種高成本效益之數據／語音整合，Cisco 不但將語音處理能力整合至 Cisco IOS 軟體中，還把語音模組加入該公司的多種網路產品之中。

這些新軟體及新模組為客戶提供了多樣化的選擇，協助客戶將語音整合至數據網路中，讓客戶根據成本考量以及每個地點的服務品質需求，選擇最合適的語音技術。

有一些產品，例如：新推出的 Cisco 多重服務存取集訊器（Multiservice Access Concentrator/MC3800）系列，便使用 ATM（非同步傳輸模式）的即時可變位元傳輸率（Variable Bit Rate；VBR）等級服務或訊框轉送協定（Frame Relay）來傳送壓縮的語音資料。

封包網路在統計學上具有多工的特性，可讓網路頻寬發揮最高的使用率；另一方面，壓縮演算法可縮減網路的資料流，消耗更低的網路頻寬，因此使用者可以享受更高的頻寬效率。同樣地，在 IP 網路中，Cisco 3600 路由器系列也可以在 TCP/IP 網路上進行多工傳輸及壓縮語音。

還有另一些產品，例如 Cisco 7200 路由器、LightStream 1010ATM 交換器、Catalyst 5500 校園交換器的線路模擬模組，則採用固定位元傳輸率（Constant Bit Rate；CBR）服務，在 ATM 網路上傳送語音資料，就如同電話交換器（telephone switch）在 64Kbps 的語音線路上傳送語音一般。

這種標準化方式不但可在多品牌的 ATM 網路中，提供高度的相互操作性，還可以使 PBX 等不支援封包協定的舊式系統，能夠與企業中其他的資料流以同一套基礎架構進行傳輸。

雖然這種架構不採用語音壓縮方式，但 CBR 服務仍可確保通話進行時，在單一網路上將有充裕的頻寬可用。

 Cisco MC3800 提供 ATM、訊框、語音整合系統

Cisco MC3800 則是一系列高延展性、低成本的多重服務存取裝置，可以在 Frame Relay、T1/E1 ATM 及專線網路上，整合語音、影像、傳真及區域網路資料流，而且價位十分經濟，即使網路規模不大，依然適合進行語音及數據之整合。

這套裝置支援數位及類比語音連線，主要定位在具有上百位使用者的網路架設地點，希望能將這些地點的私用分機交換機（Private Branch Exchange；PBX）連接至 ATM、Frame Relay 或專線網路上。

MC 3800 系列可透過軟體設定組態，以配合各種標準化的存取方式。因此，假設使用者希望將 Frame Relay 轉換成 ATM，並不需要更換原先的硬體設備。

為了透過 Frame Relay 傳送高品質的語音通話，Cisco MC3800 系列建置了 ITU G.729 及 G.729a 語音壓縮標準，最多可提供 24 個 8Kbps 壓縮語音通道。

MC 3800 系統可讓語音資料享有優先權，以確保語音的傳輸品質，而且未來還將採用目前已提出的 FRF.12 標準。這套標準由 Frame Relay 論壇所提出，可讓不同廠牌的設備都能以相同的方式，將資料封包分割為較小的訊框。

若能確實遵循這些標準，將可避免語音資料在傳輸時，被阻擋在較長的封包之後，造成傳輸的延遲、降低語音交談的即時性。利用 FRF.12 標準，MC3800 所傳送的資料訊框片段，將可透過任何支援此標準的廠商設備來進行重組。

此外，MC3800 系列還具有向外佇列架構（outbound queuing scheme），即使語音訊框和不連續的資料（會消耗大量頻寬）同時傳輸，依然能夠以穩定的速率傳輸。而接收端的播放緩衝區（play-out buffer）可以確保傳送的資料以固定的速率播放，即使網路上突然發生傳輸延遲，對話依然能夠保持流暢。

Cisco MC3800 之 VBR 服務所支援的語音傳輸，可讓網路管理者指定最大傳輸速率及長期傳輸速率，但卻不會讓語音傳輸佔用獨立的頻寬，導致無人通話時頻寬閒置。

一旦使用低位元速率（low-bit-rate）語音壓縮技術，以及可消除通話中靜音的語音活動偵測技術（Voice Activity Detection；VAD），使用者不但能享有 ATM 的服務品質，還可獲得優異的頻寬效率。

忙碌的分機以 IP 網路傳送語音

Cisco 3600 系列高性能、多功能分機路由器（branch router）已增加一個模組，可使語音及傳真資料透過 IP 網路傳輸。

這種語音傳輸應用必須使用一個語音介面卡，該介面卡具有 Ear & Mouth（E&M）傳訊介面，可讓路由器與 PBX 互相通訊。利用此種方式，單一 IP 網路上可同時傳輸 12 組語音通話。此外，Cisco 3600 的語音模組還可支援 ITU G.729 標準，將標準的 64Kbps 語音資料流壓縮至 8Kbps。

除此之外，還有另外兩種語音介面可供選用。使用 FXS（Foreign Exchange Station）語音介面卡（VIC），客戶只需將現有的電話及傳真機直接連接至 Cisco 3600 路由器，就可以輕易地將位於他處的企業 PBX 功能，延伸到這些分公司的電話中。

第三種介面以 FXO（Foreign Exchange Office）傳訊方法，提供語音至封包的閘道（gateway）轉換功能。要連接到公共電話網路的電話，會根據路由器中的 corporate dial plan 而轉送到這裡。

此外，Cisco 3600 亦支援 ITU H.323 標準，這項標準定義了 Voice-over-IP 的相互操作性，並應用於 Microsoft NetMeeting 等產品中，使該產品不但能提供完整的桌上型電話／會議系統，還可順暢地與語音網路互相連接。

由於 Cisco 3600 路由器有 NetMeeting 皆支援 H.323，因此雙方可以相互搭配，並由 Cisco 3600 擔任連接至 PSTN 的閘道器（gateway）。

透過 Internet/Intranet 進行傳真，可以為企業節約可觀的成本，因為根據 Pitney-Bowes 以及蓋洛普公司的研究指出，傳真的發送通常佔企業機構每年 40% 的電信費用。

Cisco 3600 路由器安裝語音／傳真模組之後，傳真資料便可在企業的 Intranet 或 Internet 上免費轉送。只要短短數周的時間，原先花費於該模組上的設資就可以完全回收。

IGX、BPX 廣域 ATM 交換器

1.2Gbps 的 Cisco IGXSTM 多重服務廣域交換器，可以透過企業廣域網路主幹中的公共網路及私用網路，整合來自路由器、工作群組 ATM 交換器、PBX 及舊式數據裝置的各種資料流。

IGX 利用先進的資料流管理能力，不但能夠以多工方式傳送各種資料類型，還可將這些資料轉換成 ATM 單元（cell），使頻寬的運用最佳化。這項產品還支援符合 ITU-T 標準的語音壓縮及 VAD ／靜音消除功能，以提供最佳的語音傳輸效率。VAD 功能只有在偵測到談話進行時，才開始傳送語音單元，因此可進一步節約網路頻寬。此外，IGX 交換器還支援 ADPCM（Adaptive Pulse Code Modulation）壓縮，可將語音由 64Kbps 壓縮至 32、24 或 16Kbps；該產品也支援 LD-CELP（Low-Delay Code-Excited Linear Predictive）方法，可進行 4：1 之壓縮。

除此之外，IGX 網路還可利用語音網路交換功能，在不同的地點間動態地傳送語音通話資料。IGX 交換器可以在廣域網路主幹中，擔任各分公司設備（例如 Cisco MC 3800 及 3600）的集訊裝置。IGX 及 MC 3800 系列可同時傳送 CS-ACELP 語音與 Frame Relay 數據，將網路主幹的功能延伸至網路分支。

對於採用 Voice-over-IP 的超大型企業或服務提供者而言，BPX 主幹 ATM 交換器可支援 Cisco 的標籤交換（Tag Switching）技術。該技術不但具有 Layer 3 路由技術的智慧性與服務，也同時具備 Layer 2 交換技術的速度。

對於不容許發生延遲的即時性應用項目（例如：語音傳輸），提高速度可以發揮直接的助益。IGX、BPX 廣域 ATM 交換器可以將來自 IGX 的資料流集中到 BPX 的核心主幹，也可以把電話交換器直接連接到 Cisco AXIS 邊緣集訊器（可安裝於 BPX 中）的線路模擬埠上。

一旦接通之後，電話交換機將認為自己正和 T1 專線進行通訊。這點對於尚未準備更換客戶端設備的網路地點相當有利。AXIS 機架可將語音信號轉換為 ATM 單元，並由 BPX 主幹負責傳送這些單元。

網路管理者只要將 PBX 插入 Cisco 3600 路由器中，就可以透過 IP 網路傳送語音或傳真。該裝置也可以同時兼作路由器及 PBX 使用，使網路架設地點不需另外加裝電話設備。

　　在數據通訊業者和電信通訊業者相繼持續地投資研發網路電路，可見未來的幾年，將會有網路電話的一片天，而網路學習者應儘早了解網路電話的相關應用，才是上上之策。

13-7-3　新興網路電話應用

　　隨著行動裝置的發展，網路通訊服務不斷推出，4G 行動通訊技術的成熟，通話品質也將日益提高，幾個網路通話應用在全球擁有廣大的用戶，例如：Skype、LINE 等，就 Phone to Phone 的用戶來說，透過 VoIP 的技術，經由與網路、固網的介接，用戶可以輕鬆地通過網路通訊應用打給其他的手機或是市話。

Skype

Skype 是由愛沙尼亞的開發團隊於 2003 年所開發，設計於桌上型電腦上運行，支援文字訊息即時傳送與語音通訊，在 2010 年 11 月正式被微軟公司收購之後，Skype 用戶也正式與微軟通訊 MSN 用戶合併，目前全球 Skype 用戶合併後人數達四億人，用戶可以透過 Skype 透過 P2P 方式撥打給 Skype 用戶、市內電話、行動電話等，Skype 為最早進入網路電話應用的服務之一，加上透過 Skype 撥打網路電話大多使用無須收費，因此吸引許多商務人士使用，其提供良好的通話品質，因此也廣受一般用戶的喜愛。

▲ 圖 13-17 Microsoft-Skype 電腦版

▲ 圖 13-18 Microsoft-Skype 手機版

🌐 LINE

LINE 是由南韓網際網路集團 NHN 旗下日本公司 NAVER Japan 在 2011 年所開發的手機通訊應用，提供在 Android 與 iOS 兩大系統上運行，在 2013 年 NHN 正式收回經營權，開始獨立經營 LINE，截至 2014 年 4 月，LINE 的全球註冊用戶已到達四億人，台灣用戶也達 1,700 萬人，LINE 不僅可以作為網路電話，LINE 主要藉由龐大的貼圖吸引用戶使用，用戶可以利用 LINE 傳送文字、圖片、影片甚至聲音訊息，在 2012 年更提供了電腦版本，並將所有裝置的資訊進行同步化，廣受全球用戶喜愛。

▲ 圖 13-19 LINE 網路通話手機版

隨著網路電話技術成熟，越來越多的人開始使用網路電話代替一般電話，雖然語音品質無法像行動固網語音依樣好，但隨著 4G 行動通訊的發展，整體無線網路的基礎設施將升級為 4G，不管在靜止還是移動間使用網路電話時，都將大幅提升網路通話的品質，屆時網路電話會不會對原有的行動固網電話造成衝擊，將是大家矚目的議題。

13-8 應用服務與網路安全

- 認識網路攻擊
- 認識網路安全機制
- 網路應用服務存在的資訊安全風險

13-8-1 認識網路攻擊

網路上存在著許多的風險與威脅，從電腦連接上網際網路的那一刻起，人們便與世界各地的資訊接軌、暢遊於網際網路的世界裡，但當電腦曝露在網路環境之中，各種危害電腦的風險與威脅便會出現，網路攻擊在網路中伺伏著，若想遠離網路攻擊，必須先從認識它們開始，接下來我們會簡單地介紹網路攻擊的種類與一些相關的重要字詞解釋。

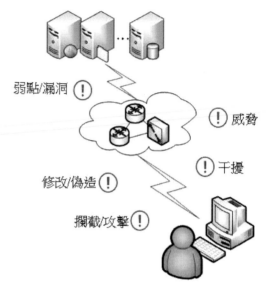

▲ 圖 13-20 認識網路攻擊

認識網路攻擊前，必須先釐清網路攻擊相關的一些重要字詞：

- **威脅（Threat）**：是指環境中潛在的風險，可能會導致資料的遺失或是系統的損害。
- **弱點（Vulnerability）**：指的是系統或網路連線中存在缺失，這些缺失可能是設計上的疏漏，可能會導致資料的遺失甚至系統的損害。
- **攔截（Interception）**：在未經授權存取權限的情況下，取得網路連線中存取的權限，進而對連線中傳輸的資料進行監看或偷聽。
- **攻擊（Attack）**：針對系統或網路連線中的弱點與漏洞，進行惡意的侵入、竊取、修改（Modification）、偽造（Fabrication）甚至損害。

在一個偌大的網路中，資料的遺失或是系統的損害背後存在著許多不同的原因，可能是連接未知的網路連線，或是造訪具有潛在風險的網頁；也可能是電腦或是網路連線中存在著既有的設計缺失，導致連線時的安全疏漏；甚至是有心人士的惡意攻擊，目的可能為了竊取重要資料、報復性地損害或甚至沒有任何目的，只是單純為了滿足個人的成就感。基本上這些網路攻擊的方式分作被動式與主動式，而攻擊的種類又是千變萬化，常見的攻擊種類有：

- **病毒（Virus）**：寄宿在其他程式或檔案之中，透過使用者瀏覽網頁、下載檔案、開啟電子郵件、插入抽取式硬碟等途徑散播。當病毒進入一台電腦時，會開始搜尋電腦中可被感染的檔案或程式，當搜尋到目標後，病毒會開始複製自身去感染乾淨的檔案。病毒具有許多種避免偵測的方式，例如：隱藏在乾淨的檔案中、自行加密、修改自身代碼變形成多樣型態等。

- **特洛伊木馬程式（Trojan Horse）**：不像病毒會感染其他檔案，木馬程式不會複製自身程式碼，而是暗藏在某些檔案或程式中，隨使用者下載時附帶且進入系統後不會自行啟動或執行，唯有當依附的檔案或程式執行或是透過遠端控制時，木馬程式才會啟動。木馬的功能是繞過電腦系統的授權限制，取得系統的控制權，進而竊取資料、取得電腦設備控制權（如：web cam）等各種入侵。木馬甚至會在每次電腦重新啟動時更改檔名，也因此在沒有防毒軟體的系統中非常難以發現。

- **蠕蟲（Worm）**：主要透過垃圾郵件傳播，具有主動傳播且不須寄宿在任何檔案或程式的特性，主要的作用為發動阻絕服務以癱瘓電腦網路，以及降低電腦系統的使用效率。

- **阻絕服務（Denial of Service；DOS）**：透過不斷對伺服器發送請求的方式，藉以癱瘓伺服器，讓伺服器無法回應其他服務請求，DOS 攻擊主要為點對點的攻擊方式，通常攻擊都是透過殭屍網路（Botnet），散播蠕蟲至許多電腦中，而這些被感染的電腦再發動同樣的 DOS 攻擊，這種攻擊方式稱為分散式阻絕服務（Distributed Denial of Service；DDOS），發送大量的網路封包占用網路頻寬，發揮龐大的癱瘓作用，如圖 13-21。

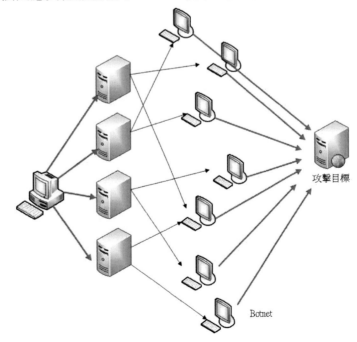

▲ 圖 13-21 DDOS 攻擊

認識網路攻擊的方式及種類後，應該更能體會安裝防毒軟體等電腦防護措施的重要性，事實上，確保網路安全的方式有很多，像是不造訪未知的網頁、不下載來路不明的檔案、不去開啟具潛在風險的電子郵件等動作，都是能有效杜絕電腦危害的好方式。

13-8-2　認識網路安全與防護機制

何謂網路安全？網路安全主要具備三項原則：

1. **完整性（Integrity）**：隔絕損毀、竄改、偽造等可能性，以確保資料與系統的完整。

2. **可用性（Availability）**：電腦或網路等資源須因應服務的需求，具備提供有效服務的能力。

3. **保密性（Confidentiality）**：資料唯有經授權的用戶或是系統才能存取。

網路中存在著許多潛在的風險，自從 1960 年代第一支具備病毒概念的程式問世後，病毒與其他網路威脅開始不斷地出現，唯有建立良好的電腦使用習慣以及防毒知識，才是杜絕電腦曝露於風險之中的因應之道，以下介紹幾點網路安全防範與防護的方法，以及因應危害發生的防護步驟，如圖 **13-22**：

- **定期系統、防毒更新**：作業系統在設計上的缺失，工程師會偵測並定期發佈系統更新的通知，以對所有終端機進行系統安全的修補；防毒軟體定期都會依照新型的病毒型態及攻擊模式進行更新，確保電腦的更新處於最新的狀態往往是有效防護電腦安全的第一步。

- **不開啟來路不明的網站、檔案、電子郵件。**

- **定期進行檔案資料備份**：定期將檔案資料備份是安全防護的基本作業，不論是人為的惡意損害，或是非人為的自然災禍，定期排程備份作業與建立有效的備份策略都，能在災害發生後的第一時間做系統的復原。

- **使用網路防火牆**：防火牆會過濾網路連線中路由器傳輸的封包，過濾可疑、不符合規則、惡意的封包，有效在網路連線上建立一堵防護的高牆。

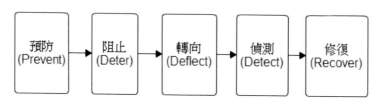

▲ 圖 13-22 安全防護步驟

1. **預防（Prevent）**：建立良好的使用習慣及防毒措施，有效建立阻擋攻擊的防護措施，以及降低安全漏洞產生的可能性。

2. **阻止（Deter）**：將攻擊阻擋在外，提高外部再次入侵的難度。

3. **轉向（Deflect）**：將惡意程式隔離至安全區域，避免再次成為感染的目標。

4. **偵測（Detect）**：即便是檔案已遭感染，還是必須立即偵測系統，有效控制感染範圍。

5. **修復（Recover）**：將系統還原成災害影響前之狀態。

除了建立良好的使用習慣與防毒知識之外，面對網路攻擊，網路安全也因應層出不窮的攻擊種類產生多樣的安全機制：

1. **資料加密／解密（Encryption/Decryption）**：依照金鑰的類型分做兩大類，對稱式加密（Symmetric）與非對稱式加密（Asymmetric），常見的加密演算法如：DES（Data Encryption Standard）、RSA（Ron Rivest，Adi Shamir，Leonard Adleman）。

2. **數位簽章與數位憑證（Digital Signature/Digital Certificate）**：使用加密演算法保護檔案或是文件，確保檔案遺失或遭竄改，簽署文擋附有認證；憑證則是針對使用者與用戶的驗證機制，簽章與憑證的產生都是由第三方的公信單位提供。

3. **SSL（Secure Socket Layer）**：一種在傳輸層加密的機制，由 Netscape 在 1995 年推出的公開金鑰加密技術，目的在確保資料傳輸過程中的保密性，許多 Web 瀏覽器都以支援 SSL 的加密技術。

13-8-3 網路應用服務存在的資訊安全風險

透過瀏覽器、行動裝置使用雲端網路應用服務及電子商務，帶給人們更便利的生活，這種模式已經成為現代人不可或缺的一環，然而嶄新的科技帶給人們的便利性，往往潛伏著許多安全性上風險，導致資安疑慮、隱私外洩等事件不斷發生，國際資訊安全會議（RSA）在 2013 年列舉出雲端運算的 9 大資安威脅排名分別為：

1. **資料外洩**

   重要、敏感的資料若放置於雲端中，面臨外洩、竊取等疑慮。

2. **資料遺失**

   因人為或非人為的災害，造成資料的損毀或丟失。

3. **帳戶挾持／服務挾持**

   利用網路傳輸上的漏洞，竊取用戶的簽章或憑證，存取用戶的交易紀錄、帳戶資訊等行為；進而入侵用戶系統用以成為 Botnet 發送垃圾封包阻絕雲端服務。

4. **APIs 與 Interface 的設計疏漏**

   雲端服務背後支撐著的是大量的 API 及介面，時常因設計上的疏漏而成為有心人士竊取用戶資料、網路攻擊等危害，例如：Facebook 的隱私外洩事件等。

5. **DOS 攻擊**

   雲端伺服器雖然採取大量的分散式處理原則，仍存在遭受阻絕服務攻擊的可能性。

6. **關鍵人員（Key People）**

   往往關鍵的資安危害、用戶資料外洩問題並不是透過外部的入侵，而是經由內部員工、工程師等少數有心人士的操弄而產生資料外洩等危害。

7. **濫用**

   利用雲端服務的運算便利性進而作為網路攻擊的工具。

8. **缺乏瞭解**

   對雲端服務的瞭解不足便做使用，往往造成許多資安危害的起因。

9. **共享資源風險**

   雲端的共享性帶給企業與個人用戶便利，卻因資料的共享增加許多資料外洩等威脅。

   這些資安的風險與威脅，是經常使用服務的使用者及雲端提供商都必須共同努力積極排除的，隨著雲端、物聯網、BigData 等技術不斷日新月異，許多人為與非人為的資安危害將會再次展開，在使用服務的同時，更應該隨時做好個人資料的保密工作，才是保障自己、杜絕危害的方法。

Q & A 測試

1. 雲端運算分成幾個層級？各層級又提供什麼樣的服務？

2. 1PB 約等於多少 GB？

3. 物聯網三層架構為何？

4. NFC 所運行的頻率為何？主動式 NFC 可分作哪兩種模式？

5. 網路電話的應用方式有哪幾種？

6. 網路電話系統中 ITG 的功能為何？

7. Which of the following protocol is designed for short range wireless communication（e.g.between personal devices）？（台大資管所 98 年計算機概論）

   (A) 802.11

   (B) Bluetooth

   (C) RFID

   (D) WiMAX

   (E) 802.11g

8. A software distribution model in which applications are hosted by a vendor or service provider and made available to customers over a network, typically the Internet：（台大資管所 103 年計算機概論）

   (A) Software as a Service

   (B) Shareware

   (C) Cloud computing

   (D) Internet Service Provider

   (E) Software virtualization

9.　Amazon's Elastic Compute Clod（Amazon EC2）is best characterized as：（台大資管所 103 年計算機概論）

(A) Platform as a Service

(B) Infrastructure as a Service

(C) Web as a Service

(D) Storage as a Service

(E) None of the above

10.　Which of the following is not a benefit of cloud computing？（台大資管所 103 年計算機概論）

(A) cost efficiency

(B) easy backup and recovery

(C) quick deployment

(D) on-demand provisioning

(E) all of them are benefit

11.　Which of the following communication technology is best used for data transmission between personal devices？（台大資管所 103 年計算機概論）

(A) 802.11

(B) NFC

(C) Bluetooth

(D) IrDA

(E) None os the above

12.　Please explain briefly the term "Software as a Service（SaaS）".（交大資管所 100 年資料結構與網路概論）

13.　Explain the term "NFC（Near Field Communication）".（交大資管所 101 計算機概論甲）

14.　What is cloud computing？（成大資管所 98 年計算機概論）

15.（Multiple choice）Which of the following about cloud computing is true？（成大資管所 100 計算機概論）

(A) Almost all services of cloud IaaS are built on servers

(B) Can be called as Internet-based computing

(C) Cloud PaaS clients pay license fee to deploy cloud applications

(D) Cloud PaaS requires clients to run applications on their own computers

(E) Scalability can be realized in it

◎ 參考解答 ◎

1. 三層：應用層：SaaS；平台層：PaaS；基礎設施層：IaaS

2. 1PB 約等於 2 的 20 次方 GB，等於 1024GB

3. 應用層、網路層、感知層

4. NFC 所運行的頻率為 13.56MHz；（1）模擬卡模式（Card emulation mode）（2）點對點模式（P2P mode）。

5. PC TO PC、PC TO PHONE、PHONE TO PHONE

6. ITG（Internet Telephony Gateway）網路電話閘道器服務，其目的是在作轉換的工作。轉送包含聲音、傳真和影像等多項資料型態。

7. (B)

    Bluetooth 是一種無線電射頻技術，其規格標準由 IEEE802.15.1 所制定，主要設計用於手機裝置間的資料傳輸（請見本書 13-5-2）。

8. (A)

9. (B)

    EC2 建立在大規模的運算平台之上，提供了可調整的運算能力，實現 IaaS 運算雲的功能，用戶可以將應用部屬在 EC2 上並監控管理之（請見本書 13-2-3）。

10. (E)（請見本書 13-2-4）

11. (C)

    🌐 NFC：106 Kbps、212 Kbps、424 Kbps

    🌐 Bluetooth 4.0：1Mbps

    🌐 Bluetooth 4.0＋HS：24Mbps

    （請見本書 13-5-2）

12. 提供直接的軟體應用的服務，提供現成的軟體應用給用戶使用，用戶不須額外作功能的開發，簡易既便利，但因此用戶欲運用多樣的功能時，便失去靈活性，例如：Google Doc，Amazon AWS，Microsoft Azure。

13. 近場通訊（Near Field Communication；NFC）是由 PHILIPS、NOKIA 和 SONY 聯合開發的一種短距高頻無線電技術，是由 RFID 延伸而來，NFC 所運行的頻率為 13.56MHz 屬高頻頻率，運行有效距離 20cm，其用途為透過高頻無線電在短時間內進行資訊的傳輸交換，NFC 傳輸速度分為 106 Kbps、212 Kbps 與 424 Kbps 三種，其主要分為主動與被動兩種運作型態。

14. 根據美國國家標準技術研究所（NIST）對雲端運算的定義：「雲端運算是依照需求，能方便存取網路上所提供的電腦資源的一種模式，這些電腦資源包括：網路、伺服器、儲存空間、應用程式，以及服務等，同時減少管理的工作，可以降低成本並提升效能」。

15. (A)、(B)、(C)、(E)

（請見本書 13-2）

PART 5

網路規劃篇

14

CHAPTER

網路規劃建議書

14-1　網路規劃簡介

　　一個良好的網路規劃建議書，必須要能做到下列二件事，一是能確認出客戶的需求，二是要能設計良好的網路架構，以滿足客戶的需求。對於大部份的網路初學者而言，可能不知道該如何下手規劃，因此，我們提供基本的網路規劃流程圖如下：

◎ 規劃流程圖

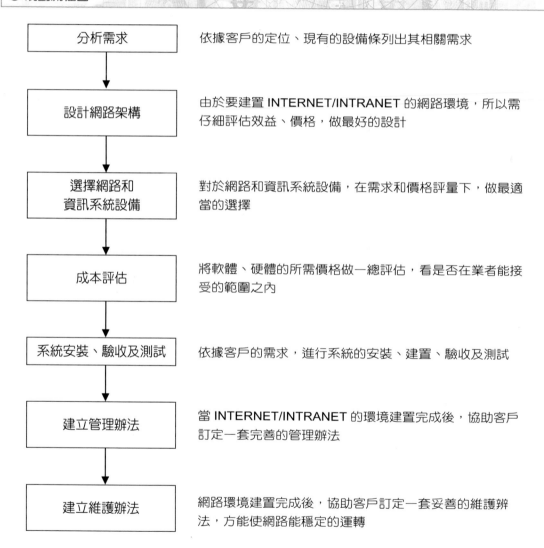

分析需求	依據客戶的定位、現有的設備條列出其相關需求
設計網路架構	由於要建置 INTERNET/INTRANET 的網路環境，所以需仔細評估效益、價格，做最好的設計
選擇網路和資訊系統設備	對於網路和資訊系統設備，在需求和價格評量下，做最適當的選擇
成本評估	將軟體、硬體的所需價格做一總評估，看是否在業者能接受的範圍之內
系統安裝、驗收及測試	依據客戶的需求，進行系統的安裝、建置、驗收及測試
建立管理辦法	當 INTERNET/INTRANET 的環境建置完成後，協助客戶訂定一套完善的管理辦法
建立維護辦法	網路環境建置完成後，協助客戶訂定一套妥善的維護辨法，方能使網路能穩定的運轉

　　我們提供基本的網路規劃流程並非是一成不變的，必須因地制宜，隨著客戶的需求而增加或刪減項目，我們提供小型的網路規劃和中大型的網路規劃案例如後。

14-2　小型的網路規劃建議書

 　目　錄

一　公司簡介

　　Magic 資訊成立於 2000 年，是以提供整體解決方案為導向的服務公司，經營團隊成員皆有多年經的資訊與網路系統整合的實務經驗，除了提供國內外大廠──Cisco、Microsoft、Sun、IBM、DLink、Accton…等相關軟硬體設備外，更提供顧問諮詢服務、企業電子化整合服務和售後管理維護服務，以協助客戶建置最適用的資訊與網路系統，整合企業內外資源，提昇整體的競爭力。

　　Magic 資訊的營運據點有台北總公司、桃園、新竹、台中和高雄，全省都可以提供及時和有效的服務，面對資訊科技的快速成長和變動，今年率先成立各類解決方案的 Solution Center，以提供客戶最先進的資訊與網路整合技術，我們提供了「健全的企業資訊管理系統」、「完善的企業資訊基礎架構」、「放心的企業資訊安全方案」及「領先的企業資訊軟體服務」等全方位企業資訊服務。使得 Magic 資訊的各類解決方案可以立足台灣，放眼全球，成為一個國際化的網際網路專業服務公司。

　　從過去的努力、現在的發展到未來的展望，本著「創造客戶服務新價值」的觀念持續努力地和客戶合作，共同創造更好的價值和利潤，以永續經營的理念成為客戶在資訊科技領域中，永遠的最佳合作夥伴。

二　服務項目

　　本公司的企業精神是與客戶一起追求成長和成功，除了可以深入了解客戶的需求外，更透過完善的系統規劃、分析與設計，加以優秀的專案管理，每次都能順利地完成專案，本公司的服務項目如下：

- 軟硬體專業技術顧問諮詣服務

- 企業電子化 ERP 諮詢與建置服務

- 企業電子化 SEM 諮詢與建置服務

- 企業電子化 CRM 諮詢與建置服務

- 企業電子化 KM 諮詢與建置服務

- 企業電子化 BI 諮詢與建置服務

- 提供完善的資訊安全技術與服務

- 提供 LAN/WAN/Internet 系統整合規劃、建置和維護

- 提供 Unix/Linux/Windows…等跨平台系統整合規劃、建置和維護

- 提供兩岸三地、資訊和網路系統整合規劃、建置和維護

三 企業的網路需求分析

企業網路系統建置

藉由企業內電信之自備線路將寬頻訊號傳送至企業內部，讓用戶端不需另行佈線而致破壞屋內觀瞻。上網時不必額外支付電話費，無須佔用電話線及數據機即可"開機即上網"。

企業網站

提供一般客戶發表意見、瀏覽內容、議題分類等功能。

四 企業的組織架構圖

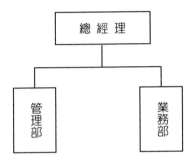

五 企業的平面圖

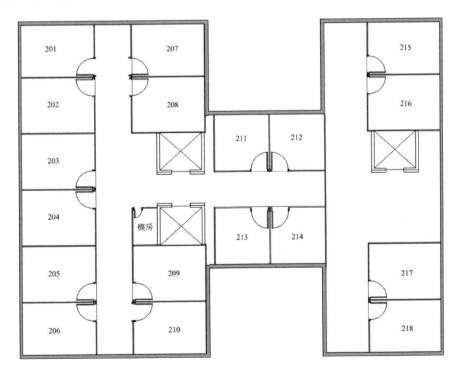

六 企業的網路架構圖

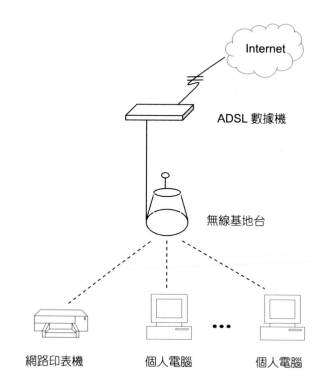

七 各家 ADSL 費率

◎ AAxx

速率	上網費	電路費	合計
2M/64K	121	119	240
5M/384K	329	219	548
8M/640K	389	348	737

◎ BBxx

速率	上網費	電路費	合計
2M/64K	91	119	210
5M/384K	219	219	438
8M/640K	339	348	687

◎ CCxx

速率	上網費	電路費	合計
2M/64K	80(+399分享器)	119	199(598)
5M/384K	185	219	404
8M/640K	299	348	647

◎ DDxx

速率	上網費	電路費	合計
2M/64K	121	119	240
5M/384K	329	219	548
8M/640K	389	348	737

◎ EExx

速率	上網費	電路費	合計
2M/64K	121	119	240
5M/384K	329	219	548
8M/640K	389	348	737

八 解決方案

Internet

◎ 2M/64K 之各家業者費率

ISP業者	月租費	電路費	合計
AAxx	121	119	240
BBxx	91	119	210
CCxx	80	119	199
DDxx	121	119	240
EExx	121	119	240

建議向 CC xx 申請其 2M/64K 之速率，來供應使用者同時上網，不致使上網速度過慢。且其每月上網負擔費用也最為便宜。

區域網路

為了避免線路的繁雜，所以使用無線網路架構來建置其區域網路，來避免電腦或相關的網路產品越來越多，達到網路無線化。從建置成本上來看，WLAN 可省下一筆可觀的佈線（Cabling）費用及裝潢的重新修改費用，而有線網路會因為時間的久遠，造成實體線路上的損耗導致將來可能發生的諸多問題。

九 設備與器材清單

無線基地台

SMC-DDD 無線基地台 ×1 台

功能：

- 內建 USB 埠 Printer Server 功能。
- 可拆式天線。
- 4x10/100Mbps RJ-45 PORT

PC

Genuine-AAA×3 台

功能：

- Intel(r) 處理器
- DDR400 RAM 256MB

PRINTER

EPSON-CCC×1 台

功能：

- 列印、掃描、影印、附光罩可掃底片、可插記憶卡、不用透過 PC 可直接列印。
- 傳輸介面 - 標準，USB 2.0 埠。

◎ **無線網路卡**

SMC-EEE 無線網路卡 ×3 片

功能：

- 符合 IEEE 802.11b 及 IEEE 802.11g 網路標準。

- 外接式全向性傳輸天線。

- 提供廣大操作範圍，操作範圍：1155 呎。

✛ 報價明細

◎ 硬體需求				
產品型號	採購數量	單位	單價	總價
Genuine-AAA	3	臺	27,300	81,000
SAMPO-BBB	3	臺	7,560	22,680
EPSON-CCC	1	臺	8,990	8,990
SMC-DDD無線基地台	1	臺	4,200	4,200
SMC-EEE無線網路卡	3	張	1,564	4,692

合計： 121,562

◎ **維修方式**

各電腦硬體及其網路週邊設備皆保固一年，在保固期間內皆到府收送。

保固期外之維修以電話連絡公司後，再派維修人員到府維修。

維修之計費方式為：

- 車馬費縣內為 300 元，外縣市 1500 元。

- 維修材料費用另計。

✛ 系統安裝、驗收及測試

◎ **硬體點收**

- 檢視 PC、無線基地台、PRINT 等硬體設備與當初所規劃之型號與規格是否一致。

- 各硬體設備之數量、手冊等是否完整。

◎ **設備安裝及設定**

- 各硬體設備定位，安裝及設定。

- 無線基地台設定，區域網路連線及 Internet 設定。

◎ **驗收及測試**

- 測試是否能正常上網。

- 區域網路內印表機能正常分享資源。

- 各項電腦硬體設備均能正常運作。

Ⓐ 附錄

請附上國內外原廠之型錄和規格。

14-3　中大型的網路規劃建議書

 目　錄

一 公司簡介

二 服務項目：

三 企業的需求分析

四 企業的組織架構圖

五 企業的平面圖

六 企業的網路架構圖

七 企業的網路昇位圖

八 解決方案

九 設備與器材清單

十 報價明細

土 系統安裝、驗收及測試

A 附錄

一 公司簡介

　　Magic 資訊成立於 2000 年，是以提供整體解決方案為導向的服務公司，經營團隊成員皆有多年經的資訊與網路系統整合的實務經驗，除了提供國內外大廠——Cisco、Microsoft、Oracle、IBM、DLink、Accton…等相關軟硬體設備外，更提供顧問諮詢服務、企業電子化整合服務和售後管理維護服務，以協助客戶建置最適用的資訊與網路系統，整合企業內外資源，提昇整體的競爭力。

　　Magic 資訊的營運據點有台北總公司、桃園、新竹、台中和高雄，全省都可以提供及時和有效的服務，面對資訊科技的快速成長和變動，今年率先成立各類解決方案的 Solution Center，以提供客戶最先進的資訊與網路整合技術，我們提供了「健全的企業資訊管理系統」、「完善的企業資訊基礎架構」、「放心的企業資訊安全方案」及「領先的企業資訊軟體服務」等全方位企業資訊服務。使得 Magic 資訊的各類解決方案可以立足台灣，放眼全球，成為一個國際化的網際網路專業服務公司。

　　從過去的努力、現在的發展到未來的展望，本著「創造客戶服務新價值」的觀念持續努力地和客戶合作，共同創造更好的價值和利潤，以永續經營的理念成為客戶在資訊科技領域中，永遠的最佳合作夥伴。

二　服務項目

　　本公司的企業精神是與客戶一起追求成長和成功，除了可以深入了解客戶的需求外，更透過完善的系統規劃、分析與設計，加以優秀的專案管理，每次都能順利地完成專案，本公司的服務項目如下：

- 軟硬體專業技術顧問諮詣服務
- 企業電子化 ERP 諮詢與建置服務
- 企業電子化 SEM 諮詢與建置服務
- 企業電子化 CRM 諮詢與建置服務
- 企業電子化 KM 諮詢與建置服務
- 企業電子化 BI 諮詢與建置服務
- 提供完善的資訊安全技術與服務
- 提供 LAN/WAN/Internet 系統整合規劃、建置和維護
- 提供 Unix/Linux/Windows…等跨平台系統整合規劃、建置和維護
- 提供兩岸三地、資訊和網路系統整合規劃、建置和維護

⬡ 企業的需求分析

◎ **企業網路系統建置**

藉由企業內電信之自備線路將寬頻訊號傳送至企業內各部門，讓用戶端不需另行佈線而致破壞屋內觀瞻。上網時不必額外支付電話費，無須佔用電話線及數據機即可"開機即上網"。建立企業網路系統的優點有：

- 資源共享，減少設備重複投資，節約成本。
- 資訊可集中管理，節省找資料時間，使資源分享更加有效率。
- 提供全自動化的環境，電子文件往來，節省人事，減少企業行政開銷。
- 增強企業內部之間的溝通與合作。
- 可將資料分類管理，確實做到資料保密。
- 可與其他網路連結，進入網際網路的世界。

◎ **企業網站**

提供一般客戶發表意見、瀏覽內容、議題分類等功能。建立企業網站的優點有：

- 業務簡介。
- 建立企業形象。
- 價格低，效率高的廣告媒體，可以開發新客戶、拓展商業機會。
- 整合上下游廠商與客戶，降低成本，創造更多利潤。
- 可以結合收發信件／傳真功能。
- 提供低成本、全年無休客戶諮詢服務。
- 提供線上訂貨、售後服務、創造更多利潤。
- 提供招標型式的採構、員工招募。

四 企業的組織架構圖

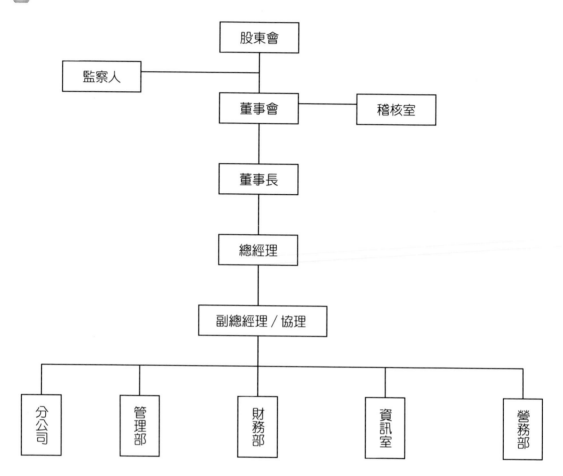

五 企業的平面圖

🌏 企業的平面圖　一樓

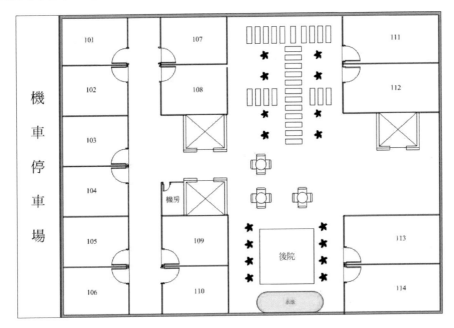

🌏 企業的平面圖　二樓

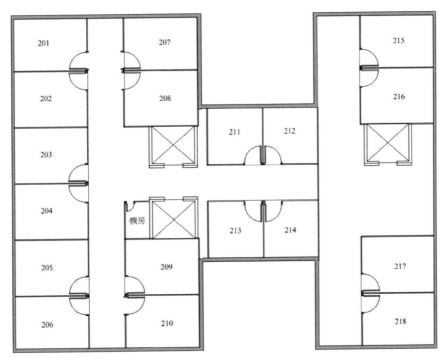

🌐 **企業的平面圖　三樓**

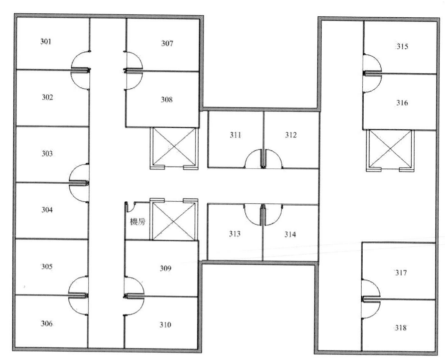

🌐 **企業的平面圖　四樓**

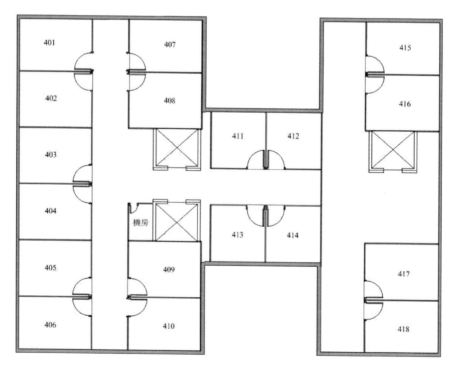

◎ **企業的平面圖 五樓**

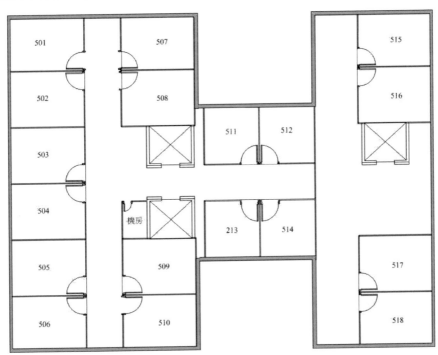

◎ **企業的平面圖 六樓**

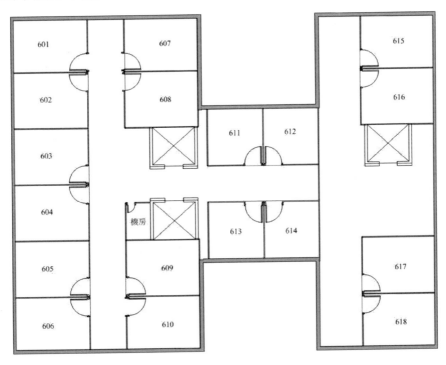

六　企業的網路架構圖

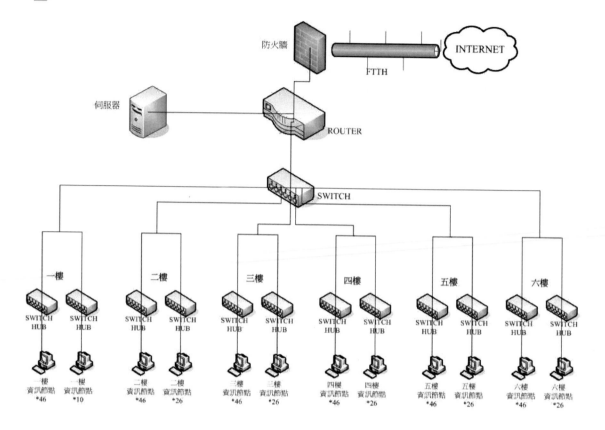

七 企業的網路昇位圖

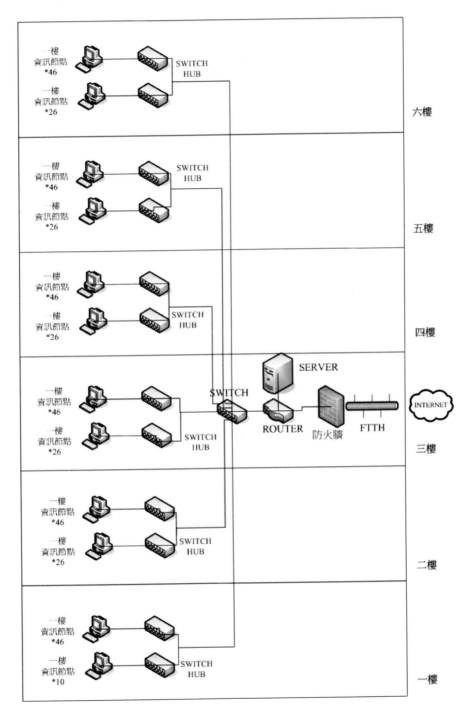

八 解決方案

1. 連外網路選擇

以 FTTB 架構來連接 INTERNET。其優處如下：

- 以光纖取代傳統銅纜，可避免干擾，傳輸品質佳。
- 服務不中斷，網路架構簡單，障礙少。
- 具有客戶頻寬管理功能，可依客戶需求提供更彈性、更高頻寬（至 1Gbps）。
- 提供高速上網外，可提供企業 VPN、都會網路、校園專案及互動式多媒體（MOD）等多樣寬頻服務。

費率：

傳輸速率	2M	4M	5M	10M	局間中繼長度（公里）	50M	100M	1G
月租費	8,900	15,500	18,800	32,800	<=10	59,500	96,300	438,700
					>10~<=20	74,400	120,400	548,400
					>20	96,700	156,500	712,900

採取 5M 之頻寬每月 18,800 元。

2. 網路架構分析

- 對外是使用 AAxx 的 FTTH，連接 AAxx 網路再連上 INTERNET。
- 內部網路的 ROUTER → SWITCH → ACER SERVER → SWITCH HUB →各處的 PC。
- 以 Fast Etherneth 網路為主軸。
- 以 Acer - AAA 放置全部的 SERVER，主機置於 3 樓機房。

3. 硬體分析

電腦數量尚未達到需用 L3 SWITCH 切割 VLAN 的功能，所以目前仍使用 L2 SWITCH。

4. 軟體分析

- ACER 主機上有 MAIL、WWW 等各種 SERVER，架站的作業系統採用 Linux 系統。
- 個人電腦以 WINDOWS 8.X 為作業系統。

5. 網路安全

對於社區網路環境的建置，網路安全性的問題主要在於防毒的規劃，對於駭客入侵的可能性遠較商業性網站來的小。沒有 MIS 人員，內部網路的容錯機制需求又相對提高。所以在規劃網路安全時，如何能降低網路設施與電腦的故障率，才是本規劃環境中有效控制網路安全的規劃。

九 設備與器材清單

ROUTER

CISCO Router×1 台

功能：

- 支援 Multicast control 功能。

- 支援 NAT 位址轉換功能。

- 支援 PAP、CHAP、RADIUS、TACACS＋或 ACLs 使用者認證功能。

- 支援 SNMP 標準及 Telnet、Console Port 控管。

SWITCH

CISCO SWITCH * 1 台

功能：

- 提供 24 個自動偵測（Auto-Sensing）10/100Base-TX 埠（含）以上。

- 可支援至少兩埠（含）擴充埠功能：提供 1000Base-SX 或 1000Base-LX 或 1000Base-T 1 埠（含）以上。

- 網管提供 SNMP、RMON、IEEE 802.1p 802.1Q VLAN 與 Web 介面網管功能，並可提供流量分析、事件紀錄、韌體更新等功能。

Fire Wall

Fortinet-FFF 防火牆 ×1 台

功能：

- FORTINET 即時的內容安全保護。

- 具備入侵偵測／內容過濾 Content-filtering／系統管理／防火／防毒 Firewall／防毒與蠕蟲偵測／使用者帳號與設備管理／使用者認證／紀錄與監控／虛擬私有網路 VPN／網路功能／頻寬管理。

SERVER

Acer-AAA 機架型伺服器 ×1 台

功能：

- 兩顆 Intel 處理器，可支援速率涵蓋 2.8 到 3.6 GHz 或更高 800 MHz 前置匯流排（FSB）。

- Altos EasyDiagnostics 簡易診斷功能。

- 系統異常警示燈、電源偵測警示燈、資料傳輸顯示燈。

- 門戶入侵警訊。

SWITCH HUB

SMC -SSS 48PORT SWITCH HUB×12 台

功能：

- 符合 IEEE802.3 ／ 802.3u ／ 802.3x ／ 802.1p 網路標準。

- 提供 48 埠 10 ／ 100Base-TX 及兩個擴充槽。

- 每一個 RJ45 埠皆支援全／半雙工，皆可自動偵測跳線。

- 主機上燈號（LEDs），可顯示每埠之連線狀態及連線速率。

- Portbase VLAN 可達 32 個群組。

PC

個人電腦 ×112 台

- Intel 處理器。

- 1TB 硬碟 7200 轉。

- 2GB RAM。

- 22 吋 TFT LCD。

十 報價明細

◎ 硬體需求

產品型號	採購數量	單位	單價	總價
CISCO 路由器	1	台	104,440	104,440
CISCO SWITCH	1	台	106,000	106,000
SMC-SSS 48PORT SWITCH HUB	12	台	8,900	106,800
Acer-AAA 1U機架型伺服器	1	台	63,000	63,000
Fortinet-FFF	1	台	126,000	126,000
UTP CAT 5E	40,000	公尺	8	320,000
資訊插座	416	個	220	91,520
PVC 管線	2000	公尺	80	160,000
個人電腦	112	台	29,990	3,358,880
施工費用			800,000	800,000
合計：				5,236,640

施工費用估計

包括事前之網路規劃、佈線施工和系統安裝，以及完工後之測試費用，初估費用為 800,000 元。

十一 系統安裝、驗收及測試

網路設施安裝

- 配管方式均由牆角邊垂直埋管佈放，以利美觀。
- 室內線路垂直部份應採用正字廠牌的 PVC 管施工保護，不能有脫落現象。若經輕鋼架天花板時，可直接排放於輕鋼架天花板上，且管線不與電源線同管佈放。
- 訊號接頭壓接均需做適當之處理，不能有鬆脫或短路、斷路現象。
- 各處房屋內在牆壁設置資訊插座。
- 將 SERVER 及 ROUTER 等網路設備置於 3 樓機房內，其於樓層均放置 SWITCH HUB。

- 各處須有一致性之線碼管理及標示，將各樓層房屋內之相關設備（含伺服器、個人電腦、集線器與路由器）在 UTP 線之兩端以號碼環標示，以利後續調整與維修。

◎ 驗收與測試

- 檢視網路設備所須之 CAT-5　UTP 線材，其相關配件如跳線架上及房間出現之 UTP 接頭（RJ-45）、Patchcord 等均需採用相同標準。
- 網路纜線系統之完工測試，須以符合雙向測試儀器進行各佈線點之峻工測試，其細項讀值報告可以磁片或列印報表等方式做完整記錄。
- 測試各網路節點是否明確標示資料終端設備（DTE）端之位置。
- 號碼環之尺寸必須與線才配合，不得有鬆動現象。

◎ 硬體點收

- 檢視 ROUTER、SWITCH、SERVER、SWITCH HUB、PC、等硬體設備與當初所規劃之型號與規格是否一致。
- 各硬體設備之數量、手冊等是否完整。

Ⓐ 附錄

請附上國內外原廠之型錄和規格。

期末作業

請依照本章提供之網路規劃格式，實作一份中大型的網路規劃建議書。

15

綜合測驗與解答

Q & A 測試

1. 一般而言，訊號可以分成哪二類？

   A. 數位與相位訊號　　　　　C. 相位與類比訊號

   B. 數位與類比訊號　　　　　D. 以上皆非

2. 訊號在傳輸上有哪幾種不同的方式？

   A. 單工、半雙工、全雙工　　C. 同步、非同步式

   B. 串列、並列式　　　　　　D. 以上皆是

3. 下列何者是單工傳輸模式？

   A. 收音機

   B. 警用對講機

   C. 電話

4. 下列何者是半雙工傳輸模式？

   A. 收音機　　　　　　　　　C. 同步、非同步式

   B. 警用對講機　　　　　　　D. 以上皆是

   C. 電話

   D. 擴音器

5. 下列何者是全雙工傳輸模式？

   A. 收音機　　　　　　　　　C. 電話

   B. 警用對講機　　　　　　　D. 擴音器

6. IEEE 488 是屬於何種傳輸的方式？

   A. 合列傳輸　　　　　　　　C. 並列傳輸

   B. 串列傳輸　　　　　　　　D. 中列傳輸

7. RS232-C 是屬於何種傳輸的方式？

   A. 串列傳輸　　　　　　　　C. 中列傳輸

   B. 並列傳輸　　　　　　　　D. 合列傳輸

8. 下列何者常用於類比訊號的傳送？

   A. FDM

   B. TDM

9. 下列何者常用於數位訊號的傳送？

    A. FDM

    B. TDM

10. 在類比資料轉換成類比訊號的調變技術中，下列何者是正確的？

    A. 調幅（AM）　　　　　　　　C. 調相（PM）

    B. 調頻（FM）　　　　　　　　D. 以上皆是

11. 在數位資料轉換成類比訊號的技術中，下列何者為正確？

    A. 調幅（AM）　　　　　　　　C. 相位移轉鍵式調變（PSK）

    B. 調頻（FM）　　　　　　　　D. 以上皆是

12. 在類比資料轉換成數位訊號的技術中，下列何者為正確？

    A. 相位移轉鍵式調變（PSK）　　C. 調幅（AM）

    B. 調頻（FM）　　　　　　　　D. 脈波振幅調變（PAM）

13. 在數位資料轉換成數位訊號的編碼技術中，下列何者為正確？

    A. 曼徹斯特（Manchester）　　　C. 調頻（FM）

    B. 脈波振幅調變（PAM）　　　　D. 調幅（AM）

14. RS232-C 是採用哪一種邏輯方式來表示訊號準位？

    A. 正邏輯方式　　　　　　　　C. 中邏輯方式

    B. 負邏輯方式　　　　　　　　D. 多邏輯方式

15. 一般而言，對於網路的分類，下列何者是正確的？

    A. 廣域網路（WAL）　　　　　C. 大都會網路（MAN）

    B. 區域網路（LAN）　　　　　D. 以上皆是

16. 對於區域網路的拓樸，下列何者是正確的？

    A. 星型（Star）　　　　　　　C. 匯流排型（Bus）

    B. 環型（Ring）　　　　　　　D. 以上皆是

17. 10Base 2 使用下列哪一種拓樸？

    A. 星型（Star）　　　　　　　C. 匯流排型（Bus）

    B. 環型（Ring）　　　　　　　D. 以上皆非

18.　10Base T 使用下列哪一種拓樸？

　　A.　星型（Star）　　　　　　　　C.　匯流排型（Bus）

　　B.　環型（Ring）　　　　　　　　D.　以上皆是

19.　10Base 5 使用下列哪一種拓樸？

　　A.　星型（Star）　　　　　　　　C.　匯流排型（Bus）

　　B.　環型（Ring）　　　　　　　　D.　以上皆是

20.　細型網路（10Base 2）使用幾歐姆的電阻？

　　A.　40Ω　　　　　　　　　　　C.　60Ω

　　B.　50Ω　　　　　　　　　　　D.　93Ω

21.　電話網路使用下列哪一種交換技術？

　　A.　電路交換　　　　　　　　　　C.　分封交換

　　B.　訊息交換　　　　　　　　　　D.　以上皆是

22.　下列何者是錯誤檢測的方法？

　　A.　ABC　　　　　　　　　　　　C.　ISO

　　B.　CRC　　　　　　　　　　　　D.　OSI

23.　OSI 七層中，負責電氣信號在二個裝置間交換工作的是哪一層？

　　A.　實體層（Physical Layer）　　　C.　網路層（Network Layer）

　　B.　資料連結層（Data Link Layer）　D.　傳輸層（Transport Layer）

24.　OSI 七層中，負責資料傳輸的錯誤偵測、錯誤更正等工作，以建立一個可靠的通訊協定介面的是哪一層？

　　A.　傳輸層（Transport Layer）　　　C.　網路層（Network Layer）

　　B.　資料連結層（Data Link Layer）　D.　實體層（Physical Layer）

25.　OSI 七層中，負責建立、維護和終止二個使用者之間的連結，具有定址能力的是下列哪一層？

　　A.　實體層（Physical Layer）　　　C.　網路層（Network Layer）

　　B.　資料連結層（Data Link Layer）　D.　傳輸層（Transport Layer）

26. OSI 七層中，負責確保資料的傳輸是正確、沒有遺失、沒有重複的是哪一層？

    A. 網路層（Network Layer）　　　　C. 會議層（Session Layer）

    B. 傳輸層（Transport Layer）　　　D. 展示層（Presentation Layer）

27. OSI 七層中，負責管理各使用者之間資料的交換型式（單工、半雙工、全雙工）的是哪一層？

    A. 網路層（Network Layer）　　　　C. 會議層（Session Layer）

    B. 傳輸層（Transport Layer）　　　D. 展示層（Presentation Layer）

28. OSI 七層中，負責字碼的轉換、編碼與解碼的是下列哪一層？

    A. 應用層（Application Layer）　　C. 會議層（Session Layer）

    B. 網路層（Network Layer）　　　　D. 展示層（Presentation Layer）

29. OSI 七層中，負責檔案的交換、模擬終端機……等等的是下列哪一層？

    A. 應用層（Application Layer）　　C. 會議層（Session Layer）

    B. 網路層（Network Layer）　　　　D. 展示層（Presentation Layer）

30. IEEE 802.3 中，媒體存取控制的方式是下列哪一種？

    A. CSMA/CA　　　　　　　　　　　C. CSMA/CC

    B. CSMA/CB　　　　　　　　　　　D. CSMA/CD

31. 10Base T 傳送速度是多少 Mbps？

    A. 1Mbps　　　　　　　　　　　　C. 100Mbps

    B. 10Mbps　　　　　　　　　　　　D. 1000Mbps

32. IEEE 802.3 的訊號傳送與調變的方式是下列哪一種？

    A. 調頻　　　　　　　　　　　　　C. 寬頻

    B. 基頻　　　　　　　　　　　　　D. 高頻

33. 10Base 5 中，每區段最大距離為多少公尺？

    A. 2500　　　　　　　　　　　　　C. 1000

    B. 1500　　　　　　　　　　　　　D. 500

34. IEEE 802.4 網路拓樸型態是下列哪一種？

    A. 星型（Star）　　　　　　　　　C. 匯流排型（Bus）

    B. 環型（Ring）　　　　　　　　　D. 粗型（Thick）

35. Token Ring 傳送的速度有多少 Mbps ？

    A. 12Mbps
    B. 14Mbps
    C. 16Mbps
    D. 18Mbps

36. 下列何者抗雜訊力最好？

    A. 細同軸電纜
    B. 粗同軸電纜
    C. 雙絞線
    D. 光纖電纜

37. 使用 10Base 2 來佈線，可連接之網路最大區段數是多少？

    A. 3
    B. 4
    C. 5
    D. 6

38. 下列哪一項是網路作業系統？

    A. Microsoft 的 Windows NT Server
    B. Novell 的 Netware Server
    C. IBM 的 OS2 Warp Server
    D. 以上皆是

39. 下列哪一項是印表機伺服器？

    A. 網路作業系統內附印表機伺服務
    B. 盒式印表機伺服器
    C. 以上皆是

40. 對於印表機接在網路上的方法，下列何者是正確的？

    A. 本地印表機
    B. 外地印表機
    C. 內地印表機
    D. 中地印表機

41. RAID 共分為幾段？

    A. 7
    B. 6
    C. 5
    D. 4

42. 伺服器透過 TTS（異動追蹤系統）來維護系統下列哪一項功能？

    A. 列印
    B. 複製檔案
    C. 安全
    D. 公用程式

43. 對於伺服器的備份型態，下列哪一項是正確的？

    A. 增加式的備份
    B. 減少式的備份
    C. 乘法式的備份
    D. 除法式的備份

44. 網路上的病毒散播能力是：

    A. 很慢

    B. 很快

    C. 不快不慢

    D. 以上皆非

45. 好的區域網路管理是：

    A. 技術很高超

    B. 技術平庸

    C. 解決網路上的問題

    D. 產生網路上的問題

46. 電腦網路可以傳送的資料包含：

    A. 文字

    B. 圖形

    C. 聲音

    D. 以上皆是

47. 下列何者是群組軟體？

    A. Notes

    B. Exchange

    C. GroupWise

    D. 以上皆是

48. 下列何者是資料庫？

    A. Oracle 的 SQL

    B. Sybase 的 SQL

    C. Microsoft 的 SQL

    D. 以上皆是

49. 下列何者是廣域網路中使用電話網路的連接方式？

    A. 類比式線路

    B. 封包式線路

    C. 訊息式線路

    D. 以上皆是

50. X.25 對照到 OSI 七層中，總共有幾層？

    A. 2

    B. 3

    C. 4

    D. 5

51. Frame Relay 對照到 OSI 七層中，總共有幾層？

    A. 2

    B. 3

    C. 4

    D. 5

52. 訊號增強器（Repeater）會對應到 OSI 七層中的第幾層？

    A. 1

    B. 2

    C. 3

    D. 4

53. 橋接器（Bridge）會對應到 OSI 七層中的第幾層？

    A. 1　　　　　　　　　　　　C. 3
    B. 2　　　　　　　　　　　　D. 4

54. 高速乙太網路是傳統 10Base T 的幾倍？

    A. 5　　　　　　　　　　　　C. 15
    B. 10　　　　　　　　　　　 D. 20

55. GB Ethernet（超高速乙太網路）是傳統 10Base T 的幾倍？

    A. 10　　　　　　　　　　　 C. 1000
    B. 100　　　　　　　　　　　D. 10000

56. 路由器（Router）是對應 OSI 七層中的第幾層？

    A. 1　　　　　　　　　　　　C. 3
    B. 2　　　　　　　　　　　　D. 4

57. 一般個人電腦是透過什麼設備單獨連接上 ISP？

    A. 網路卡　　　　　　　　　　C. 數據機
    B. 集線器　　　　　　　　　　D. 路由器

58. 下列哪一項是達成數位訊號轉成類比訊號的技術？

    A. 解調變電路　　　　　　　　C. 控制定時電路
    B. 介面電路　　　　　　　　　D. 調變電路

59. 外接式的 Modem 有下列哪一型？

    A. 桌上型　　　　　　　　　　C. 行動電話型
    B. PCMCIA 型　　　　　　　　D. 以上皆是

60. 資料的壓縮與偵錯中的 MNP（Microm Network Protocol）常用的有幾等級？

    A. 5　　　　　　　　　　　　C. 3
    B. 4　　　　　　　　　　　　D. 2

61. 下列何者為數據機公認的標準？

    A. IEEE 802.3　　　　　　　　C. ISO/OSI
    B. CCITT　　　　　　　　　　D. 100Base T

62. ISDN 基本傳輸率是多少？

    A. 1B + 1D
    B. 1B + 2D
    C. 2B + 1D
    D. 2B + 2D

63. ISDN 的 U 實體介面為幾線式？

    A. 8
    B. 4
    C. 2
    D. 16

64. ISDN 的 T 實體介面為幾線式？

    A. 8
    B. 4
    C. 2
    D. 16

65. ISDN 的 NT1 對應到 OSI 七層中的第幾層？

    A. 1
    B. 2
    C. 3
    D. 4

66. ISDN 的 NT2 對應到 OSI 七層中的第幾層？

    A. 1
    B. 2
    C. 3
    D. 4

67. ISDN 的 TE1 對應到 OSI 七層中的第幾層？

    A. 上四層（4、5、6、7）
    B. 下三層（1、2、3）
    C. 第一、二層
    D. 第五、六層

68. ISDN 的 TE2 對應到 OSI 七層中的第幾層？

    A. 上四層（4、5、6、7）
    B. 下三層（1、2、3）
    C. 第三、四層
    D. 第六、七層

69. 下列哪一項是 ISDN 的應用？

    A. 視訊會議
    B. 傳真
    C. 上 Internet
    D. 以上皆是

70. FDDI 的單模式可達幾公里？

    A. 20
    B. 40
    C. 60
    D. 80

71. FDDI 的多模式可達幾公里？

   A. 1
   B. 2
   C. 3
   D. 4

72. FDDI 的資料傳輸速度可高達多少 Mbps？

   A. 50
   B. 75
   C. 100
   D. 1000

73. CDDI 中兩點的距離可達幾公尺？

   A. 50
   B. 100
   C. 150
   D. 200

74. ATM 採用何種傳輸方式？

   A. 串列
   B. 並列
   C. 上列
   D. 下列

75. 我們的 NII 在寬頻通訊建設規劃部份，主要是以何者為骨幹？

   A. ATM
   B. FDDI
   C. Fast Ethernet
   D. GB Ethernet

76. 下列哪一項是使用粗型網路作為骨幹的優點？

   A. 粗型網路傳送速度比細型網路快
   B. 粗型網路傳送距離比細型網路遠
   C. 粗型網路容易安裝
   D. 粗型網路較便宜

77. 下列哪一項是衰減的定義？

   A. 訊號發生交越的情形
   B. 訊號傳送長距離，會增加封包
   C. 訊號傳送長距離，會減少封包
   D. 訊號傳送長距離，會有減弱的現象

78. 在大多數的網路中，最常用的數位線路是下列哪一項？

   A. X.25
   B. E1
   C. T1
   D. T3

79. 10 Base T 使用哪一種電纜？

   A. 細型
   B. 粗型
   C. Fiber
   D. RJ45

80. 當公司決定使用 100 TX 網路佈線時，你需要買哪一種 UTP 電纜？

    A. CAT.5　　　　　　　　　　C. CAT.3

    B. CAT.4　　　　　　　　　　D. CAT.2

81. 下列哪一種電纜是最便宜的？

    A. UTP　　　　　　　　　　　C. 光纖

    B. 組型網路　　　　　　　　　D. IBM 類型

82. 10Base 5 電纜又稱為：

    A. 細同軸電纜　　　　　　　　C. UTP

    B. 粗同軸電纜　　　　　　　　D. CAT5

83. 在 OSI 七層中的哪一層負責將原始資料轉換成資料框？

    A. 實體層　　　　　　　　　　C. 資料連結層

    B. 網路層　　　　　　　　　　D. 會議層

84. 在 OSI 七層中的哪一層負責翻譯資料的格式？

    A. 應用層　　　　　　　　　　C. 資料連結層

    B. 會議層　　　　　　　　　　D. 展示層

85. 下列哪一項連接器是使用於雙絞線？

    A. RG45　　　　　　　　　　　C. AUT

    B. BNC　　　　　　　　　　　D. T 型接頭

86. 下列哪一項裝置可以加長 10Base 2 的距離？

    A. 示波器　　　　　　　　　　C. 電流表

    B. 電壓表　　　　　　　　　　D. 訊號增強器

87. 在雙絞線網路中，下列哪一項設備是必須的？

    A. 橋接器　　　　　　　　　　C. 收發器

    B. 集線器　　　　　　　　　　D. 路由器

88. 在 OSI 七層中的哪一層開始建立封包？

    A. 實體層　　　　　　　　　　C. 應用層

    B. 網路層　　　　　　　　　　D. 會議層

89. 下列哪一項是電子郵件的標準？

    A. X.400
    B. X.500
    C. SMTP
    D. SNMP

90. 10Base T 需要幾對線來連接網路？

    A. 1 對
    B. 2 對
    C. 3 對
    D. 4 對

91. 所有的運算都集中在主機處理，我們稱之為：

    A. 集中式的運算
    B. 分散式的運算
    C. 主從式的運算
    D. 主機式的運算

92. 客戶端和伺服器共同處理資料，我們稱之為：

    A. 集中式的運算
    B. 主機式的運算
    C. 客戶端的運算
    D. 主從式的運算

93. 數據機中，CCITT 標準編號 V.34 的最高速度是多少 bps？

    A. 9600
    B. 2400
    C. 28800
    D. 57600

94. 下列哪一項是遠距教學的優點？

    A. 學習效果不符合成本效益
    B. 有空間的限制
    C. 有時間的限制
    D. 教育資源可以分配得較均衡

95. 下列哪一項是遠距教學的模式？

    A. 即時群播
    B. 虛擬教室
    C. 課程隨選
    D. 以上皆是

96. 遠距教學所使用的寬頻技術是下列哪一種網路技術？

    A. ATM
    B. ISDN
    C. GB Ethernet
    D. FDDI

97. 遠距教學所使用的窄頻技術是下列哪一種網路技術？

    A. ATM
    B. ISDN
    C. GB Ethernet
    D. FDDI

98. 網路電話又稱為：

    A. Mail Over IP

    B. Data Over IP

    C. Voice Over IP

    D. Image Over IP

99. 下列何者是網路電話使用的方式？

    A. PC To PC

    B. PC 對電話機

    C. 電話機對電話機

    D. 以上皆是

100. 網路電話效益最大的是：

    A. 市內電話

    B. 長除電話

    C. 以上皆是

    D. 以上皆非

101. 請解釋何謂載波感應與多重存取。

102. 使用 TCP 型式運行的 Web 服務，是否能與 UDP 型式且使用埠口為 80 的 HTTP 服務同時運行？

103. 何謂雲端運算？服務又分作幾層架構？請分別說明之。

104. 試提出 3 項雲端運算的優點。

105. 主動式 NFC 可分作哪兩種模式？請分別說明之。

◎參考解答◎

1. B	21. A	41. B	61. B	81. A
2. D	22. B	42. C	62. C	82. B
3. A	23. A	43. A	63. C	83. C
4. B	24. B	44. B	64. B	84. D
5. C	25. C	45. C	65. A	85. A
6. C	26. B	46. D	66. C	86. D
7. A	27. C	47. D	67. A	87. B
8. A	28. D	48. D	68. A	88. C
9. B	29. A	49. A	69. D	89. C
10. D	30. D	50. B	70. A	90. B
11. C	31. B	51. A	71. B	91. A
12. D	32. B	52. A	72. C	92. D
13. A	33. D	53. B	73. B	93. C
14. B	34. C	54. B	74. B	94. D
15. D	35. C	55. B	75. A	95. D
16. D	36. D	56. C	76. B	96. A
17. C	37. C	57. C	77. D	97. B
18. A	38. D	58. D	78. C	98. C
19. C	39. C	59. D	79. D	99. D
20. B	40. A	60. A	80. A	100. B

101. **(1)** 載波感應（Carrier Sense；CS）：當某主機要開始傳送資料時，首先會檢查目前傳輸媒體上是否有其他主機正在傳送資料，即載波感應。

(2) 多重存取（Multiple Access；MA）：當傳送資料產生碰撞情形時，則此資料立即停止傳送，而欲接收資料的主機，會放棄此筆資料，其欲傳送資料的主機會等待一段隨機時間（Random Time）後，再準備重新傳送資料，此稱為多重存取。

102. 否

103. **(1)** 是依照需求，能方便存取網路上所提供的電腦資源的一種模式，這些電腦資源包括：網路、伺服器、儲存空間、應用程式、以及服務等，同時減少管理的工作，可以降低成本並提升效能。

(2) 基礎設施層、平台層、應用層

104. 降低終端設備成本、靈活調配資源、自動化監控管理

105. **(1)** 模擬卡模式（Card emulation mode）模擬卡模式就如同是一張具備 RFID 功能的 IC 卡，必須在近距離接觸被動端的 NFC 電子標籤進行資料傳輸交換。

(2) 點對點模式（P2P mode）即兩台具有 NFC 功能的裝置，進行裝置間的資料傳輸與交換。

電腦網路概論與實務(第七版)

作　　者：蕭文龍 / 徐瑋廷
企劃編輯：江佳慧
文字編輯：江雅鈴
設計裝幀：張寶莉
發 行 人：廖文良

發 行 所：碁峰資訊股份有限公司
地　　址：台北市南港區三重路 66 號 7 樓之 6
電　　話：(02)2788-2408
傳　　真：(02)8192-4433
網　　站：www.gotop.com.tw
書　　號：AEN004600
版　　次：2017 年 11 月七版
　　　　　2024 年 06 月七版十三刷
建議售價：NT$490

國家圖書館出版品預行編目資料

電腦網路概論與實務 / 蕭文龍, 徐瑋廷著.-- 七版.-- 臺北市：碁峰資訊, 2017.11
　　面；　公分
　　ISBN 978-986-476-634-5(平裝)
　　1.電腦網路
312.16　　　　　　　　　　　　　　106020399